周期表

10	11	12	13	14	15	16	17	18
								$_2$He ヘリウム 4.003
			$_5$B ホウ素 10.81	$_6$C 炭素 12.01	$_7$N 窒素 14.01	$_8$O 酸素 16.00	$_9$F フッ素 19.00	$_{10}$Ne ネオン 20.18
			$_{13}$Al アルミニウム 26.98	$_{14}$Si ケイ素 28.09	$_{15}$P リン 30.97	$_{16}$S 硫黄 32.07	$_{17}$Cl 塩素 35.45	$_{18}$Ar アルゴン 39.95
$_{28}$Ni ニッケル 58.69	$_{29}$Cu 銅 63.55	$_{30}$Zn 亜鉛 65.38	$_{31}$Ga ガリウム 69.72	$_{32}$Ge ゲルマニウム 72.63	$_{33}$As ヒ素 74.92	$_{34}$Se セレン 78.97	$_{35}$Br 臭素 79.90	$_{36}$Kr クリプトン 83.80
$_{46}$Pd パラジウム 106.4	$_{47}$Ag 銀 107.9	$_{48}$Cd カドミウム 112.4	$_{49}$In インジウム 114.8	$_{50}$Sn スズ 118.7	$_{51}$Sb アンチモン 121.8	$_{52}$Te テルル 127.6	$_{53}$I ヨウ素 126.9	$_{54}$Xe キセノン 131.3
$_{78}$Pt 白金 195.1	$_{79}$Au 金 197.0	$_{80}$Hg 水銀 200.6	$_{81}$Tl タリウム 204.4	$_{82}$Pb 鉛 207.2	$_{83}$Bi ビスマス 209.0	$_{84}$Po ポロニウム 〔210〕	$_{85}$At アスタチン 〔210〕	$_{86}$Rn ラドン 〔222〕
$_{110}$Ds ダームスタチウム 〔281〕	$_{111}$Rg レントゲニウム 〔280〕	$_{112}$Cn コペルニシウム 〔285〕	$_{113}$Nh ニホニウム 〔284〕	$_{114}$Fl フレロビウム 〔289〕	$_{115}$Mc モスコビウム 〔288〕	$_{116}$Lv リバモリウム 〔293〕	$_{117}$Ts テネシン 〔293〕	$_{118}$Og オガネソン 〔294〕

$_{64}$Gd ガドリニウム 157.3	$_{65}$Tb テルビウム 158.9	$_{66}$Dy ジスプロシウム 162.5	$_{67}$Ho ホルミウム 164.9	$_{68}$Er エルビウム 167.3	$_{69}$Tm ツリウム 168.9	$_{70}$Yb イッテルビウム 173.0	$_{71}$Lu ルテチウム 175.0
$_{96}$Cm キュリウム 〔247〕	$_{97}$Bk バークリウム 〔247〕	$_{98}$Cf カリホルニウム 〔252〕	$_{99}$Es アインスタイニウム 〔252〕	$_{100}$Fm フェルミウム 〔257〕	$_{101}$Md メンデレビウム 〔258〕	$_{102}$No ノーベリウム 〔259〕	$_{103}$Lr ローレンシウム 〔262〕

104番元素以降の諸元素の化学的性質は明らかになっているとはいえない.

一般化学

（四訂版）

長島 弘三・富田 功 共著

裳華房

GENERAL CHEMISTRY
fourth edition

by

KOZO NAGASHIMA

ISAO TOMITA

SHOKABO

TOKYO

四訂版まえがき

「本書は大学の初年級の一般化学の平易な教科書として書いたものである．」
　これは，1977年，本書初版のまえがきで，長島弘三先生が冒頭に述べられた言葉である．当時，本書は同先生の単著として発行され，非常な好評をもって迎えられた．その理由の一つは，高等学校の化学教科書を精査し，大学での講義にスムーズにつなげるという配慮がなされていたことであろう．この目的のために長島先生は，そのころ，都立の高等学校で教鞭をとられていた目良誠二先生のご協力をいただいた．

　高校の教科書はその折々の学習指導要領に則って書かれているが，指導要領は何年かごとに更新される．初版当時の高校の指導要領は「化学Ⅰ」，「化学Ⅱ」であったが，その後何回か変遷を繰り返し，現在は「化学基礎」，「化学」となって内容も大きく変化している．高校の教科書との接続を重視する本書は，指導要領が変わる度ではないけれども，何回か改訂を行ってきた．1991年の改訂版以降，共著者という形になった筆者は，改訂の都度，目良先生にご協力をお願いし，初版発行後40年を迎えようとする時に「四訂版」が世に出ることとなった．

　新版の特徴は，これまでのA5判からB5判としたことで，従来小活字で書かれていた部分や簡単な図表を「側注」に移し，本筋の見通しを良くしたことが挙げられる．また，新しい側注を書き加えることで，内容の理解に役立つように努めた．新しい図もいくつか加えられた．さらに術語の英訳にも意を注いだ．

　やや拘ったことは，内容が古くなったと思われる記述も，歴史の重みを考えて簡素化しながらも残したところもある，ということである．第1章のはじめなどはその典型であろう．

　逆に三訂版の序で筆者は「国内の原子力発電が全発電量の3割強を占めている現在」と記載したが，東日本大震災での大きな事故で様相は一変した．しかし，そのために放射能の知識が不要になる筈はなく，正しく理解するための記述は積極的に残した．

　「改訂」の作業は，旧版では不十分な点をただし，不要になった部分を削り，加えるべき点を加えることであるが，長島先生が最も重視された「平易な教科書」の精神は何としても残したいと考えた．その目的はかなりの程度達成できたと思う．

　「四訂版」は多くの方々のご尽力によって完成した．目良誠二先生は今回も快く筆者の依頼に応えてくださった．杉森 彰先生には，有機化学の記述で有益なご助言をいただいた．そして，本版の企画，構成，編集，校正の各面で，裳華房編集部の小島敏照氏ならびに内山亮子さんには一方ならずお世話になった．皆様に感謝の他はない．

　おわりに長島弘三先生の御平安をお祈りしたい．

2016年10月

富　田　　　功

初版まえがき

本書は大学の初年級の一般化学の平易な教科書として書いたものである．近年の科学，科学技術の進展はめざましい．大学の講義の内容はますます高級になり，その影響により初年級の一般化学，さらに高校の化学まで内容が高度のものとなった．そのことは学問の進歩という点では結構なことであるが，将来，化学を専門としない学生諸氏には，初めから化学はとっつきにくいもの，理屈が多くてあまり役に立たないものという印象を与えていはしないだろうか．

また将来，多少は化学と関連のある学科 —医学，生物学，農学，生活科学，家政理学あるいは応用分野の諸学科— に進む学生諸氏にとって，それほど高度の化学を勉強する必要があるであろうか．むずかしい化学結合論はともかく，水は H_2O であって HO_2 ではないというようなことを覚えてもらった方がよいのではないか．そのような考えでこの"一般化学"を書いてみたのである．

現在，高校の化学は化学Ⅰ，化学Ⅱに分かれていて，化学Ⅱはやや進んだ内容を含んでいるのであるが，化学Ⅱの履修者は化学Ⅰの履修者の数分の一に過ぎない．また大学の入学試験では，化学Ⅰのみを課しているところも多い．そうすると大学の初年級の化学は，高校の化学Ⅰに続くものとした方が実情に則しており，当然化学Ⅱの内容を含んでいなければならぬと考えられる．本書はこのように高校との連絡を特に重視し，東京都立千歳高等学校の目良誠二氏のご協力によってなったものである．

高校の化学Ⅰに続くものではあるが，本書が一般化学の教科書として一冊の本となるためには，化学の基礎的な部分を全く省くことはできないので，それらの点にも簡単にふれることとした．書き方は新しさを追わず，できるだけ従来の教科書の体裁を踏襲した．

近年，公害問題について世間の声が高いため，化学が嫌われ，化学関係の諸学科に進学を希望する学生諸君の数が減っているようである．しかし，薬学も，医学も，衣類や住居の材料の製造化学も，食品の製造も，化学なくしては何一つ成立しない．公害の問題などは一日も早く解決して，われわれは化学とその成果を楽しみたいものである．

おもしろい化学を，というのは本書執筆のときの目標の一つであったが，頁数を多くできないため，全く不十分に終った．先生方および学生諸氏のご努力で，補っていただかざるを得ない．

本書は先に述べたように目良誠二氏との協力によってできたものであるが，筑波大学化学系講師 杉谷嘉則氏，同 楠見武徳氏に原稿にはよく目を通していただいた．ここにお礼を申上げたい．

本書の執筆は，著者がまだ東京大学教養学部に勤めていたころからの，裳華房前社長 安孫子貞次氏のおすすめであった．完成のいま同氏に感謝したい．また本書は裳華房の吉野達治氏，遠藤恭平氏のご尽力と，編集部の坂倉正昭氏，植田圭子さんの一方ならぬお世話によってできたものである．それらの諸氏にお礼申上げる．

昭和 52 年 1 月

長 島 弘 三

目　　　次

第1章　原子と分子

- 1-1 元　素 ··················· 1
  1. 元素の概念 ··············· 1
  2. 単体と化合物 ············· 2
- 1-2 原子・分子 ··············· 2
  1. ドルトンの原子説 ········· 2
  2. アボガドロの分子説 ······· 3
  3. 原子の構造 ··············· 3
  4. 原子番号の決定法（モーズリーの方法） ··· 4
  5. 同位体 ··················· 5
  6. イオン ··················· 6
- 1-3 原子量・分子量 ··········· 6
  1. 原子量・分子量 ··········· 6
  2. 物質量（mol） ············ 7
  3. 物質量と気体の体積 ······· 8
- 1-4 元素の周期表 ············· 8
  1. 元素の周期律 ············· 8
  2. 元素の性質と周期表 ······· 9
- 1-5 原子の電子構造 ··········· 11
  1. 水素原子のスペクトルと波長 ··· 11
  2. ボーアの水素原子モデルと水素原子の輝線スペクトル ··· 12
  3. 量子数と軌道の形 ········· 14
  4. 電子配置 ················· 16
- 1-6 放射性元素 ··············· 20
  1. 放射線 ··················· 20
  2. 原子核の壊変 ············· 20
  3. 放射性核種と年代測定 ····· 22
  4. 原子核の壊変と人工放射性核種 ··· 23
- 演習問題 ····················· 25

第2章　化学結合

- 2-1 イオン結合 ··············· 26
  1. イオン化エネルギー ······· 26
  2. 電子親和力 ··············· 27
  3. イオン結合 ··············· 28
  4. イオン結合のエネルギー ··· 29
  5. イオン結合性物質の一般式 · 29
- 2-2 共有結合 ················· 30
  1. 共有結合 ················· 30
  2. 分子軌道 ················· 30
  3. 混成軌道 ················· 32
  4. 配位結合 ················· 33
  5. 結合エネルギー ··········· 34
- 2-3 分子の構造 ··············· 34
  1. 結合距離と結合角 ········· 34
  2. 結合角と軌道 ············· 35
- 2-4 分子間力 ················· 37
  1. 電気陰性度 ··············· 37
  2. 極性 ····················· 38
  3. 双極子モーメント ········· 39
  4. 分子間力 ················· 40
  5. 水素結合 ················· 41
- 2-5 金属結合 ················· 42
  1. 金属結合と自由電子 ······· 42
- 演習問題 ····················· 44

第3章　物質の状態

- **3-1 物質の状態** ……………… 46
  1. 物質の三態 ……………… 46
  2. 融点と沸点 ……………… 47
- **3-2 気体** ……………… 48
  1. 気体の状態方程式 ……………… 48
  2. 気体分子運動論 ……………… 49
  3. 実在気体とファンデルワールス式 ……………… 51
  4. 気体の分子量 ……………… 53
- **3-3 液体・溶液** ……………… 53
  1. 液体 ……………… 53
  2. 溶液 ……………… 54
  3. 水溶液 ……………… 54
  4. 飽和溶液と溶解平衡 ……………… 55
  5. 固体の溶解度 ……………… 55
  6. 液体の溶解度 ……………… 56
  7. 気体の溶解度 ……………… 56
- **3-4 希薄溶液の性質** ……………… 57
  1. 溶液の沸点・融点 ……………… 57
  2. ラウールの法則 ……………… 58
  3. 浸透圧 ……………… 59
  4. 電解質の希薄水溶液 ……………… 60
- **3-5 コロイド** ……………… 61
  1. コロイド ……………… 61
  2. コロイドの性質 ……………… 62
  3. コロイドの分類 ……………… 63
  4. 乳化と表面活性 ……………… 64
  5. ゾル・ゲル ……………… 65
- **3-6 固体** ……………… 65
  1. 結晶の種類と性質 ……………… 65
  2. 結晶の構造 ……………… 66
- **演習問題** ……………… 69

第4章　化学反応

- **4-1 反応速度** ……………… 71
  1. 反応速度 ……………… 71
  2. 反応速度と濃度 ……………… 72
  3. 多段階反応と律速段階 ……………… 72
  4. 反応速度と温度 ……………… 74
  5. 反応の機構 ……………… 75
  6. 触媒 ……………… 76
- **4-2 化学変化とエネルギー** ……………… 77
  1. 反応熱 ……………… 77
  2. 熱化学方程式 ……………… 78
  3. ヘスの法則 ……………… 78
  4. 変化の起こる方向 ……………… 79
- **4-3 化学平衡** ……………… 81
  1. 化学平衡 ……………… 81
  2. 化学平衡の法則（質量作用の法則）……………… 81
  3. 圧平衡定数 ……………… 82
  4. 平衡の移動 ……………… 83
  5. 電離定数と電離度 ……………… 84
  6. 溶解度積 ……………… 85
- **4-4 酸・塩基反応** ……………… 86
  1. アレニウスの酸・塩基 ……………… 86
  2. ブレンステッドの酸・塩基 ……………… 87
  3. 水のイオン積とpH ……………… 88
  4. 弱酸・弱塩基の電離定数とpH ……………… 89
  5. 緩衝液 ……………… 90
- **4-5 酸化還元反応** ……………… 91
  1. 酸化・還元と酸化数 ……………… 91
  2. 標準電極電位 ……………… 93
  3. 酸化剤・還元剤とその反応 ……………… 95
- **演習問題** ……………… 96

第 5 章　無 機 物 質

- 5-1 元素の分類 ……………………… 98
  1. 周期表による元素の分類 ……… 98
  2. 典型元素 ………………………… 99
  3. 遷移元素 ………………………… 100
- 5-2 非金属単体 ……………………… 101
  1. 希ガス …………………………… 101
  2. ハロゲン ………………………… 101
  3. 酸素と硫黄 ……………………… 102
  4. 窒素とリン ……………………… 103
  5. 炭素とケイ素 …………………… 104
- 5-3 非金属の水素化物と酸化物 …… 105
  1. 非金属の水素化物 ……………… 105
  2. 非金属の酸化物 ………………… 106
- 5-4 金属単体 ………………………… 108
  1. 金属の物理的通性 ……………… 108
  2. 金属のイオン化傾向 …………… 109
  3. 冶金 ……………………………… 110
- 5-5 金属の化合物 …………………… 111
  1. 金属の酸化物 …………………… 111
  2. 金属の酸素酸塩 ………………… 112
  3. 塩類 ……………………………… 113
- 5-6 錯イオン ………………………… 114
  1. 錯イオンと錯体 ………………… 114
  2. 錯イオンの立体構造 …………… 114
  3. 錯イオンの電子配置 …………… 115
  4. アクアイオン …………………… 116
  5. キレート ………………………… 117
- 5-7 金属イオンの定性分析 ………… 119
  1. 金属イオンの分属 ……………… 119
  2. 金属イオンの分離・確認 ……… 120
  3. 周期表の族と定性分析の属 …… 121
  4. 金属イオンの検出 ……………… 122
- 演習問題 ……………………………… 123

第 6 章　有機化学の基礎

- 6-1 有機化合物 ……………………… 126
  1. 有機化合物と無機化合物 ……… 126
  2. 有機化合物の分類 ……………… 126
  3. 有機化合物中の原子の結合 …… 127
- 6-2 有機化合物の化学式 …………… 128
  1. 元素分析 ………………………… 128
  2. 化学式の決定 …………………… 130
- 6-3 異性体 …………………………… 131
  1. 異性体 …………………………… 131
  2. 構造異性体 ……………………… 131
  3. 立体異性体 ……………………… 132
- 6-4 有機反応 ………………………… 134
  1. イオン反応とラジカル反応 …… 134
  2. 鎖式化合物の置換反応 ………… 135
  3. 芳香族化合物の置換反応 ……… 136
  4. 付加反応 ………………………… 138
- 演習問題 ……………………………… 139

第 7 章　低分子有機化合物

- 7-1 炭化水素 ………………………… 140
  1. 炭化水素の分類 ………………… 140
  2. アルカン ………………………… 141
  3. アルケン ………………………… 142
  4. アルキン ………………………… 143
  5. 石油 ……………………………… 143
- 7-2 脂肪族化合物 …………………… 144
  1. アルコール ……………………… 144
  2. アルデヒドとケトン …………… 146
  3. カルボン酸 ……………………… 148

4. エステル ……………………………… 150
7-3 芳香族炭化水素 ……………………… 150
　　1. 芳香族炭化水素の製造 ………………… 150
　　2. 芳香族炭化水素の反応 ………………… 151
　　3. おもな芳香族炭化水素 ………………… 151
7-4 芳香族化合物 ……………………… 152
　　1. フェノール類 …………………………… 152
　　2. 芳香族ニトロ化合物 …………………… 154
　　3. 芳香族アミン …………………………… 154
　　4. その他の芳香族化合物 ………………… 156
演習問題 ………………………………… 157

第8章　天然有機化合物と高分子化合物

8-1 油　脂 ……………………………… 159
　　1. 油　脂 …………………………………… 159
　　2. けん化価とヨウ素価 …………………… 160
　　3. 不飽和度と油脂の性質 ………………… 160
　　4. セッケンと合成洗剤 …………………… 161
8-2 炭水化物 …………………………… 161
　　1. 炭水化物 ………………………………… 161
　　2. 単糖類 …………………………………… 162
　　3. 二糖類 …………………………………… 163
　　4. 多糖類 …………………………………… 164
8-3 タンパク質 ………………………… 166
　　1. タンパク質 ……………………………… 166
　　2. アミノ酸 ………………………………… 168
　　3. 酵　素 …………………………………… 170
8-4 核　酸 ……………………………… 171
　　1. 核　酸 …………………………………… 171
　　2. RNA と DNA …………………………… 171
　　3. DNA の複製とタンパク質の合成 …… 172
8-5 アルカロイド ……………………… 172
8-6 ホルモンとビタミン ……………… 173
　　1. ホルモン ………………………………… 173
　　2. ビタミン ………………………………… 174
8-7 繊　維 ……………………………… 175
　　1. 天然繊維 ………………………………… 175
　　2. 再生繊維と半合成繊維 ………………… 176
　　3. 合成繊維 ………………………………… 177
　　4. 炭素繊維 ………………………………… 178
8-8 合成樹脂 …………………………… 178
　　1. 合成樹脂 ………………………………… 178
　　2. 熱可塑性合成樹脂 ……………………… 179
　　3. 熱硬化性合成樹脂 ……………………… 180
8-9 ゴ　ム ……………………………… 181
　　1. 天然ゴム ………………………………… 181
　　2. 合成ゴム ………………………………… 182
演習問題 ………………………………… 183

問題解答 ……………………………… 184
索　引 ………………………………… 198
元素の周期表 ……………………… 表見返し

第1章　原子と分子

　科学の世界では，実証できることを実証なしに信じることは許されない．化学における原子や分子などの概念もその例外ではないはずであるが，歴史的には，物質の最小単位として哲学的な概念や仮説などが存在し，近代になってようやく原子の実在が明らかとなった．

1-1　元　素

1. 元素の概念

　人は昔から，すべての物質の根元となるものがあると考え，解明に努めてきた．これが**元素**の考えである．古代中国では，木，火，土，金，水の五行，古代ギリシャでは土，水，空気，火の4元素などである．

　これらの元素の概念は，物質の抽象化された性質を特定の物質で代表させたものと考えられる．たとえばギリシャの4元素は，固体，液体，気体，エネルギーに対応する．

　このような素朴な元素観を打ち破ったのはボイル（**図 1-1**）である．彼は，1661年，『懐疑的化学者』という著書で，「化学者は抽象的推理によるべきでなく，実証できない理論に固執してはならない」と述べ，また「実証的にそれ以上分解することのできない物質を元素とすべきである」として，今日の元素観の基礎を築いた．

　17世紀から18世紀にかけて，各種の実験・観察から科学者は物質が不滅であることに気づいた．そして，化学変化に対する質的・量的変化から，現在も用いられている元素の概念を確立したのはラボアジェ（**図 1-2**）であった．彼は，空気中に酸素の存在を指摘し，酸素を元素と考えて，燃焼の本質を明らかにした人である．そして「分析の結果達しうる最後の物質に元素という言葉を与えるならば，すべての物質は元素まで分解しうる」とした．現在知られている例でいえば，純粋な水は（電気分解などによって）水素と酸素に分けることができる．そして「水は水素と酸素という2つの元素からできている」と表現する．

　現在では，原子番号を用いて元素を定義すると「特定の原子番号をもつ原子によって代表される物質種を元素という」となり，また，「元素は同じ原子番号をもつ複数の原子である」ということもできる．したがって，元素の種類は原子番号の数だけ存在する．2016年現在，人工元素を含めて118種の元素が知られている．

元素　elements

『懐疑的化学者』
(The Sceptical Chymist)

図 1-1　ボイル
R. Boyle (1627～1691)
イギリスの化学者・物理学者．気体の体積と圧力に関するボイルの法則を発見．元素の概念を提案し，現在の元素観の基礎を確立した．ボイルの周囲に集まった学者の交わりが後にRoyal Societyに発展した．

図1-2　ラボアジェ
A. L. Lavoisier (1743～1794)
フランスの化学者．酸素の発見，燃焼の本質の解明，質量保存の法則の提唱，元素の概念の確立など，近代化学の創始者の一人．

図1-3　ドルトン
J. Dalton (1766～1844)
イギリスの化学者・物理学者．原子説を提唱．初めて原子量や元素記号を発表．マンチェスター大学教授．

2．単体と化合物

空気は窒素や酸素などが混じり合ったもので，また砂糖水は水に砂糖（ショ糖，スクロース）が溶けたもので，これらは**混合物**である．一方，窒素・酸素，水，スクロースのように物理的な方法でそれ以上分けることのできない物質は**純物質**である．窒素や酸素のように1種の元素からなる純物質を**単体**といい，スクロース（炭素・水素・酸素からなる）のように2種以上の元素からなる純物質を**化合物**という．

混合物　mixture
純物質　pure substance
単体　simple substance
化合物　chemical compound

● 1-2　原子・分子 ●

1．ドルトンの原子説

18世紀には物質の燃焼における質量変化など，化学変化と質量に関する各種の実験が行われた．ラボアジェは「化学変化において反応前の質量の総和と反応後の質量の総和は等しい」という**質量保存の法則**を発表した（1774年）．また，プルーストは「同じ化合物の成分元素の質量比は一定である」という**定比例の法則**を提出した（1799年）．

ドルトン（図1-3）は，質量保存の法則や定比例の法則，また彼が発見した分圧の法則などを説明するために，**ドルトンの原子説**を発表した（1803年）．

「すべての元素は，原子と呼ばれる小さな粒子からなり，同じ元素の原子は質量・性質が等しく，異なる元素の原子はそれが異なっている．化学変化は原子の集まり方が変わるだけであって，原子は，なくなることも新たに生まれることもない」．

ドルトンは，彼の原子説に基づいて質量保存の法則や定比例の法則などを説明すると同時に，同じ元素からなる異なる化合物の元素間に次のような関係があることを確かめ，**倍数比例の法則**として発表した（1803年）．

「A, B 2種の元素から2種以上の化合物ができるとき，Aの一定量と化合するBの質量の間には簡単な整数比が成り立つ」．

質量保存の法則　the law of conservation of mass
プルースト　J. L. Proust, 仏
定比例の法則　the law of definite proportions

原子　atom
ドルトンの原子説
　Dalton's atomic theory

倍数比例の法則　the law of multiple proportion

〔例〕現在の原子量で考えると，一酸化炭素では炭素3gに対して酸素4gが化合するが，二酸化炭素では，炭素3gに対して酸素8gが化合している．すなわち，同一質量の炭素に対する酸素の質量比は4:8＝1:2のように簡単な整数比になる．

19世紀の初め，ベルセリウスは多くの元素を発見し，多数の物質の化学式を決定し，多くの元素の原子量を求め，ラボアジェ-ドルトンの化学の体系を実験的に築き上げた．

ベルセリウス
 J.J. Berzelius, スウェーデン

2. アボガドロの分子説

ゲーリュサックは，種々の気体の反応について，その体積関係を調べ，次のような関係があることを見出した．「**気体間の反応においては，その体積間に簡単な整数比が成り立つ**」．これを**気体反応の法則**という（1809年）．

ゲーリュサック
 J.L. Gay-Lussac, 仏
気体反応の法則
 the law of gaseous reaction

〔例〕水素と酸素が反応して水蒸気が生成するとき，これらの気体の体積の間には水素:酸素:水蒸気＝2:1:2の関係がある．

ドルトンの原子説によれば，反応するA原子の数とB原子の数が整数比となり，気体反応の法則によると，反応する気体Aの体積と気体Bの体積が整数比となる．これらの関係から「同温・同圧の気体では，同体積中に同数の原子が含まれる」という帰結になる．ところが，水素2体積と酸素1体積が反応する場合に，同体積中に同数の原子が存在するならば，酸素原子がさらに二つに割れなければならないことになる．

この問題を解決するために，アボガドロ（**図1-4**）は次のような分子説を提案した（1811年）．

「**気体は分子という粒子からなり，同温・同圧では，どの気体も同体積中に同数の分子を含む．また，通常の気体の分子は2原子からなる**」．これを**アボガドロの分子説**という．

図1-4 アボガドロ
 A. Avogadro (1776～1856)
イタリアの化学者・物理学者．ドルトンの原子説とゲーリュサックの気体反応の法則を矛盾なく説明する分子説を提案したが，これは50年後（1860），カニツァーロ（S. Cannizzaro）によって国際会議で紹介され，ようやく認められた．

3. 原子の構造

ドルトンが原子説を提唱してから数十年間，物質を構成する究極的な粒子である原子の内部構造などは全く問題にされなかった．しかし，電子の発見や放射性元素の研究などから，原子の構造がしだいに明らかにされていった．

原子構造の解明の過程 クルックスは，ごく低圧の真空放電管（クルックス管）を用いて陰極線を発見し（1874年），トムソンは，この陰極線は負に帯電した粒子であることを明らかにし（1897年），**電子**の存在を確立した．さらにゴルトシュタインによって陽極線が発見され（1889年），**陽子**の存在が明らかになった．**中性子**は，放射性元素の出すα粒子と，ベリリウムの原子核との反応によって見出された（チャドウィック，1932年）．一方，ラザフォードは，金箔にα粒子を照射すると，大部分はまっすぐ通りぬけるが，ごく一部は大きく曲げられるという実験結果から**原子核**の存在を確かめ，「**原子の中心には，極めて小**

分子 molecule
アボガドロの分子説
 Avogadro's molecular theory
クルックス W. Crookes, 英
トムソン J.J. Thomson, 英
電子 electron

ゴルトシュタイン
 E. Goldstein, 独
陽子 proton
中性子 neutron
チャドウィック
 J. Chadwick, 英
ラザフォード E. Rutherford, 英
原子核 atomic nucleus

ボーア　N. Bohr, デンマーク

シュレーディンガー
　　E. Schrödinger, オーストリア

* e は電荷の最小単位で **電気素量** (elementary electric charge) といい，1.60×10^{-19} C（クーロン）である．クーロンは電気量の単位で，1 A（アンペア）の電流が1秒間に運ぶ電気量を1 C（クーロン）とする．

原子番号　atomic number
質量数　mass number

さいが質量の大きい正電荷をもった核が存在し，そのまわりを電子が何らかの配列をして運動している」という原子モデルを提唱した (1912年)．ボーアは，ラザフォードの原子モデルに，定常状態の概念を導入し，電子の軌道理論を展開し (1913年)，さらにシュレーディンガーは，波動力学にもとづく量子力学を確立した (1926年)．

原子は，直径 10^{-8} cm 程度の大きさで，中心に位置する原子核と，これをとりまく電子からなる．原子核は正電荷 e をもつ陽子と電荷をもたない中性子からなる*．この原子核中の陽子の数を **原子番号** といい，原子番号を Z とすると，原子核は Ze の正電荷をもつ．原子核は直径 $10^{-13} \sim 10^{-12}$ cm の極めて小さい粒子であるが，原子の質量の大部分を占めている．陽子と中性子の質量はほぼ等しい．原子核中の陽子の数と中性子の数の和を **質量数** といい，原子の質量は質量数によって決まる．電子1個は $-e$ の負電荷をもち，原子番号 Z の中性原子は，Z 個の電子をもつ．電子の質量は極めて小さく，陽子や中性子の約1840分の1しかない．原子番号・質量数・陽子の数・中性子の数・電子の数の関係をまとめると，次のようになる．

原子番号 Z：陽子の数 ＝ 中性原子の核外電子の数 ＝ Z

質量数　 A：陽子の数 Z ＋ 中性子の数 $N = A$

なお，原子番号は元素によって決まり，逆に原子番号が決まれば元素が決まる．

表 1-1　陽子・中性子・電子の比較

	電荷	質量（静止質量*）	原子質量単位**	記号
陽　子	正電荷 e	1.673×10^{-27} kg	1.007275	p（または H^+）
中性子	電荷なし	1.675×10^{-27} kg	1.008669	n
電　子	負電荷 $-e$	9.11×10^{-31} kg	0.0005486	e^-

*　物体の速度が限りなくゼロに近づいたときの，その物体の質量．
**　7ページ参照．

4. 原子番号の決定法（モーズリーの方法）

物質に真空中で電子の流れ（陰極線）をあてるとX線が発生する．

ブラッグ　W. H. Bragg, 英
モーズリー　H. Moseley, 英

ブラッグは結晶体を用いてX線を分光する方法を発見した．モーズリーはこれを利用して多数の元素に陰極線をあててX線を発生させ，その波長を調べた．各元素はそれぞれ特有の線スペクトル（特性X線）を生じるが，ある一定の系列のX線については，原子番号が増すとその波長が次第に短くなることを発見した（図 1-5 (a)）．そして原子番号 Z とX線の振動数 ν との間には，次のような関係のあることを見出した．

$$\sqrt{\nu} = a(Z-b)$$

なお a, b は系列によって決まり，元素の種類に関係のない定数である．

X線の波長 λ を用いれば $\dfrac{1}{\sqrt{\lambda}} = \dfrac{a}{\sqrt{c}}(Z-b)$，$c = \lambda \nu$（$c$ は光の速度）

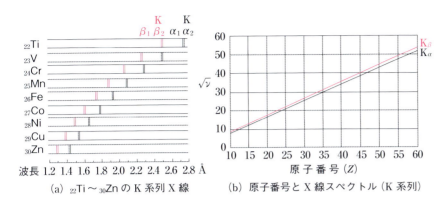

(a) $_{22}$Ti〜$_{30}$Zn の K 系列 X 線　　(b) 原子番号と X 線スペクトル（K 系列）

図 1-5　原子番号と特性 X 線の波長

　この関係をグラフにしたのが**図 1-5 (b)** で，これを利用して元素の定性分析を行うことができる．特性 X 線の波長がわかれば，原子番号を知ることができるわけで，72 番元素ハフニウム Hf と 75 番元素レニウム Re は，X 線を手がかりにして発見された．

　原子に電子がぶつかって，内側の軌道の電子がはじき飛ばされ，その空いたところに外側の軌道の電子が落ちるとき X 線が発生する．K 系列というのは，K 軌道（一番内側の軌道）に L 軌道やさらにその外側の軌道から電子が落ちるとき発生する X 線である（1-5-1 〜 1-5-2 項参照）．モーズリーの研究成果により，それまでは単なる周期表上の席順にすぎなかった原子番号が，測定しうる量となった．すなわち，当時知られていたうちで一番重い元素ウランまでの元素の数，未発見元素の原子番号などがわかった．

5. 同位体

　原子番号が互いに異なる原子は，陽子の数も電子の数も異なり，違う元素に属する．ところが，中性子の数が互いに異なっていても原子番号が同じ原子であれば，質量数は異なるが同じ元素に属する．このように原子番号が同じで，質量数が異なる原子を，互いに**同位体**であるという．

　同位体は，質量数が互いに異なるから，その質量は違うが同じ元素であり，電子数が同じ，したがって電子配置が互いに同じであるから，化学的性質はほとんど同じである*．なお天然に存在する元素の同位体の存在率は，ほとんどの元素では試料物質に関係なくほぼ一定している（**表 1-2**）．同位体は複数種の原子核の相対的な関係を示すが，個々の原子核に独立の意味をもたせる場合は**核種**という．^{12}C と ^{13}C は互いに同位体であるが，異なる核種である．

　質量分析　同位体を分析する装置に，**質量分析器**がある．**図 1-6** はその原理図である．イオン源で原子をイオンとし，スリットを通して方向をそろえたのち電場に通してイオンを曲げる．さらにスリットを通したイオン流を紙面に垂

同位体　isotope

＊　化学的性質は電子配置によるところが大きい．

核種　nuclide

質量分析器　mass spectrograph

表1-2 同位体の例†

原子番号	元素	質量数	存在率(%)	原子番号	元素	質量数	存在率(%)
1	H	1	99.9885	17	Cl	35	75.76
		2	0.0115			37	24.24
		3	10^{-16}	26	Fe	54	5.845
6	C	12	98.93			56	91.754
		13	1.07			57	2.119
8	O	16	99.757			58	0.282
		17	0.038	29	Cu	63	69.15
		18	0.205			65	30.85

† 地球だけでなく，隕石や月の試料でも，多くの元素の同位体の存在率はほぼ一定である．なお質量数1の水素の原子核は陽子だけで，中性子を含まない．

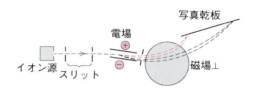

図1-6 アストンの質量分析器の原理

アストン　F. W. Aston, 英

直な磁場に入れる．電場と磁場の強さのかね合いで，同じ質量のイオン（1価のイオンを考えている．一般的には質量/イオン価に従って分離される）を一点に集めることができる．ここに写真乾板を置くと，同位体の質量に応じて感光位置が違ってくる．また感光の度合いから，同位体の存在率がわかる．現在では，乾板でなく，電気的に検出する**質量分析計**が一般的である．

質量分析計　mass spectrometer

6. イオン

ファラデー　M. Faraday, 英
アレニウス　S. A. Arrhenius, スウェーデン

ファラデーの電気分解の法則（1833年）や，アレニウスの電離説（1887年；86ページ）などから，電解質は水溶液中で帯電した粒子すなわち**イオン**に分かれて存在していることが明らかになった．イオンは，原子あるいは原子団（基）が電子を1～数個失って，あるいは1～数個得て生じるもので，電子を失った場合は正電荷を帯び**陽イオン**といい，電子を得た場合は負電荷を帯び**陰イオン**という．また失った電子あるいは得た電子の数をイオン価といい，1価，2価，3価の陽（陰）イオンなどという．

イオン　ion
陽イオン　cation
陰イオン　anion

〔例〕1価の陽イオン：水素イオン H^+，ナトリウムイオン Na^+，2価の陽イオン：カルシウムイオン Ca^{2+}，3価の陽イオン：アルミニウムイオン Al^{3+}，1価の陰イオン：塩化物イオン Cl^-，水酸化物イオン OH^-，2価の陰イオン：硫化物イオン S^{2-}，硫酸イオン SO_4^{2-}，3価の陰イオン：リン酸イオン PO_4^{3-}．

●1-3　原子量・分子量

1. 原子量・分子量

質量数12の炭素原子 ^{12}C 1個の質量を基準にして12と決め，これに対

する各原子 1 個の相対質量を**原子質量**という．

このようにして決めた質量の単位を**原子質量単位**といい，1 原子質量単位は ^{12}C 原子 1 個の質量の 1/12（1.66054×10^{-24} g）である．

天然の元素の多くは，2 種以上の同位体の混合物であるから，それぞれの同位体の原子質量と，それらの自然界における存在割合から，その元素について原子 1 個の平均の原子質量が求められる．これをその元素の**原子量**という*．いろいろな元素について，同位体の原子質量や存在率は，質量分析計を使って詳しく調べられる．たとえば，天然の炭素は，質量数 12 と質量数 13 の炭素原子からなり，その原子質量は，それぞれ 12, 13.003，存在率は，それぞれ 98.93 %，1.07 % である．したがって炭素の原子量は次のように計算される．

$$12 \times \frac{98.93}{100} + 13.003 \times \frac{1.07}{100} = 12.011$$

以上からわかるように，元素の原子量は，自然界における各元素の原子の相対的な質量を表している．

原子量の基準の変遷 原子説をとなえたドルトンは，原子量の基準として H = 1 を用いたが，その後，ベルセリウスは O = 100 を用い，さらに O = 16 が採用され，19 世紀半ば以降はもっぱらその基準が用いられた．しかし同位体が発見され，元素によっては同位体組成が試料によってわずかではあるが違っていることがわかってきたので，^{16}O = 16 を基準とする物理的原子量が生まれ，物理と化学で 2 種の原子量が用いられた．そこで 1961 年，国際純正応用化学連合（IUPAC）において，^{12}C = 12 を基準とすることに統一され，現在に至っている．

天然の元素の多くは，同位体の混合物であり，われわれが扱う元素はこの混合物である．また多くの元素では，天然の同位体の存在率は材料物質に関係なくほぼ一定であることから，ある元素の原子量は，その同位体の存在率に応じた平均値で示される．

原子の場合の原子量と同じように，分子の相対的な質量を**分子量**といい，その基準は原子量の基準と同じである*．したがって分子量は，分子を構成する原子の原子量の総和となる．

2. 物 質 量 (mol)

^{12}C 原子からなる炭素 12 g（0.012 kg）中に存在する ^{12}C 原子の数と同数の単位粒子（原子，分子，イオンなど）が集まってできる物質の量を **1 mol**（モル）といい，物質量の単位として用いる*．物質 1 mol 当りの単位粒子の数を**アボガドロ定数**といい，**6.022×10^{23}/mol** である．

a）**物質量と粒子数** 1 mol 当りの単位粒子の数がアボガドロ定数であるから，物質量 n〔mol〕と粒子数の関係は次のようである．

$$粒子数 = 6.022 \times 10^{23}/\text{mol} \times n \, [\text{mol}]$$

b）**物質量と質量** 物質 1 mol の質量を**モル質量**〔g/mol〕という．^{12}C 原子のモル質量は 12 g/mol であり，原子量や分子量は ^{12}C 原子の質量 12

原子質量　atomic mass
原子質量単位　atomic mass unit

原子量　atomic weight
* 自然界における同位体の存在割合は，元素によって若干変動の幅が異なる．このため，原子量表で与えられる原子量の値の桁数に違いが出る．

国際純正応用化学連合
International Union of Pure and Applied Chemistry
（IUPAC；アイユーパック）

分子量　molecular weight
* 固体の塩化ナトリウムなどのように分子をもたないものは，その成分原子の組成を示す組成式で分子式の代わりとする．そして組成式の原子の原子量の総和を化学式量（chemical formula weight）または単に式量といい，分子量と同じように扱う．

* 2019 年 5 月 20 日から，国際単位系（SI）の基本単位は物理定数から導かれるように改められた．新しいモルの定義では，1 モル中の粒子数は正確に $6.02214076 \times 10^{23}$ である．従来の定義では，^{12}C のモル質量（kg）に関連づけられていたが，新しい定義ではこれを取り消した．

アボガドロ定数 N_A
Avogadro's constant

モル質量　molar mass

を基準にしていることから，原子量や分子量を M とすると，モル質量は M〔g/mol〕である．物質量 n〔mol〕と質量との関係は次のようである．

$$質量〔g〕= M〔g/mol〕\times n〔mol〕$$

アボガドロ定数の求め方

a) 電気分解に関連した方法：1 mol のイオン（Ag^+ なら 107.8 g）を電気分解により金属 Ag として析出させるには，$1F = 96485$ クーロン（C/mol）の電気量を要するが，これは**アボガドロ数 N だけの電子の電荷**である（$F = Ne$）*．電子の電荷は別に測定（$e = 1.6022 \times 10^{-19}$ C）されるから，それによって求められる．

アボガドロ数 N
　Avogadro's number
　（/mol が付かず数のみ）
* F はファラデー定数を表し，電子 1 mol 当りの電気量の絶対値である．

b) X 線回折で結晶を調べ，原子の配列や間隔が正確にわかれば，それと 1 mol の体積とからアボガドロ定数 N_A がわかる．

c) 放射性元素の壊変を利用する．たとえば Ra から単位時間にでる α 粒子の数を調べ，生じたヘリウムの体積を測定して N_A を求める．

3. 物質量と気体の体積

1811 年，アボガドロが分子説（3 ページ）を提案したが，現在は分子の存在が確かめられ，分子説にある「同温・同圧では，どの気体も同体積中に同数の分子を含む」という気体の体積と分子数の関係をアボガドロの法則という．

アボガドロの法則は，次のように言い換えることができる．

「同温・同圧では，どの気体も同数の分子は同体積を占める」

いま，同温・同圧を「0 ℃，1.013×10^5 Pa」*，同数の気体分子を「1 mol の気体」とすると，各気体は同体積を占めることになり，値は「22.4 L」である．

* 大気の標準の圧力は 1.013×10^5 Pa で，気圧（atm）ともいう．また 0 ℃，1.013×10^5 Pa（1 atm）を標準状態という．

モル体積　molar volume

物質 1 mol の占める体積を**モル体積**といい，気体のモル体積は 0 ℃，1.013×10^5 Pa で，22.4 L/mol である．したがって，物質量 n〔mol〕と気体の 0 ℃，1.013×10^5 Pa における体積の関係は次のようである．

$$体積〔L〕= 22.4 \text{ L/mol} \times n〔mol〕$$

● 1-4　元素の周期表 ●

1. 元素の周期律

デベライナーは，多数の元素のうち三つの元素の化学的性質が互いに類似している組合わせがあり，さらにそれらのうち，Cl, Br, I や Ca, Sr, Ba のように原子量に等差級数的な差があり，性質も原子量の順に変化している組合わせと，Fe, Co, Ni のように原子量が接近し，性質も類似している組合わせがあることを見出した（1817 年，以上の組合わせは典型元素と遷移元素に相当している）．またニューランズは，元素を原子量の順に配列すると，八つ目ごとに性質のよく似た元素が周期的に現れることを発見した（1864 年）*．

デベライナー
　J. W. Döbereiner, 独

ニューランズ　J. Newlands, 英

* 当時，希ガス類は未発見だったので，八つ目ごとであった．

メンデレーエフ（**図 1-7**）は「元素の原子量とその性質との関係」という論文を発表し（1869 年），「元素を原子量の順に並べると，元素の性質が順に少しずつ変わり，また類似した性質の元素が周期的に現れる」と述べた．これを**元素の周期律**といい，周期律に従って元素を配列した表を，**元素の周期表**という．

その後，原子構造にもとづく周期律の理論が確立し，現在では元素を**原子番号の順**に配列した周期表となっている．

(1) 次の 4 個所では，原子量の順と原子番号の順が一致していない．

$$\begin{cases} _{18}\text{Ar} & (39.948) \\ _{19}\text{K} & (39.0983) \end{cases} \quad \begin{cases} _{27}\text{Co} & (58.933194) \\ _{28}\text{Ni} & (58.6934) \end{cases}$$

$$\begin{cases} _{52}\text{Te} & (127.60) \\ _{53}\text{I} & (126.90447) \end{cases} \quad \begin{cases} _{90}\text{Th} & (232.0377) \\ _{91}\text{Pa} & (231.03588) \end{cases}$$

たとえば，K は Ar に比べて質量数の小さな同位体の割合が多いので，このようなことになる．上記の組について同位体組成を化学便覧などで調べてみよ．

(2) マイヤーもメンデレーエフと同じ年，独立に周期表を発表し，時にはメンデレーエフよりも正確なデータを示したが，未発見元素の性質の予言の正確さなどにより，周期律・周期表はおもにメンデレーエフの名を冠して呼ばれることとなった．

(3) 表 1-3 に，元素の周期表を示す（いわゆる長周期型*）．メンデレーエフの発表から 130 年以上たち，細部には種々の改良が加えられたが，大筋は変わっていない．130 年前と大きく変わったところは，19 世紀の末から 20 世紀の初めにかけて**希ガス****元素が発見され，現在の 18 族が加えられたこと，メンデレーエフも配列に困った現在のランタノイドが下に張り出されたことである．また，第二の希土類元素***ともいうべきアクチノイドが周期表に位置を占めるようになったのは，第 2 次世界大戦後である．

2. 元素の性質と周期表

(1) **金属元素と非金属元素**　周期表では，左の方に陽イオンになりやすい元素が位置し，また，右端にある 18 族元素を除いて右の方に陰イオンになりやすい元素が位置している．陽イオンになりやすい元素を**陽性元素**，陰イオンになりやすい元素を**陰性元素**という．

周期表の縦の列，すなわち同族の元素は互いに性質が類似しているが，原子番号が大きい元素，したがって周期表の下の方に位置する元素ほど陽性が強い．逆に，表の上の方に位置する元素ほど陰性が強い．また，周期表の右の方に位置する元素ほど陰性が強く，表の左の方に位置する元素ほど陽性が強い．

陽性元素は，その単体が電気をよく導き，金属に特有の光沢をもつなどの性質のものが多く，**金属元素**と呼ばれ，陽性のことを**金属性**ともいう．陽性元素（金属元素）に対して，陰性元素は**非金属元素**といい，陰性のこ

図 1-7　メンデレーエフ
D. I. Mendeleev (1834～1907)
ロシアの化学者．元素の周期表を発表．未発見元素の性質を予言．独創的な思索家で，溶液論や石油などの研究もある．

元素の周期律
　periodic law of elements
元素の周期表
　periodic table of elements
マイヤー　J. L. Meyer，独

*　日本の高校では長周期型の周期表しか教えないが，短周期型の周期表もあり，それぞれ一長一短がある．
希ガス　rare gas
**　貴ガス（noble gas）ということもある（第 5 章 101 ページ参照）．
***　希土類元素はランタノイドおよび Sc，Y の総称であるが，アクチノイドの概念が確立したとき，ランタノイドとの類似から「第二の希土類元素」といわれた．

陽性元素
　electropositive elements
陰性元素
　electronegative elements

金属元素　metallic elements
非金属元素
　non-metallic elements

表 1-3　18族方式の長周期型周期表

族周期	1	2	3	4	5	6	7	8	9	10	11	12	13	14	15	16	17	18
1	1 H																	2 He
2	3 Li	4 Be											5 B	6 C	7 N	8 O	9 F	10 Ne
3	11 Na	12 Mg											13 Al	14 Si	15 P	16 S	17 Cl	18 Ar
4	19 K	20 Ca	21 Sc	22 Ti	23 V	24 Cr	25 Mn	26 Fe	27 Co	28 Ni	29 Cu	30 Zn	31 Ga	32 Ge	33 As	34 Se	35 Br	36 Kr
5	37 Rb	38 Sr	39 Y	40 Zr	41 Nb	42 Mo	43 Tc	44 Ru	45 Rh	46 Pd	47 Ag	48 Cd	49 In	50 Sn	51 Sb	52 Te	53 I	54 Xe
6	55 Cs	56 Ba	57* La	72 Hf	73 Ta	74 W	75 Re	76 Os	77 Ir	78 Pt	79 Au	80 Hg	81 Tl	82 Pb	83 Bi	84 Po	85 At	86 Rn
7	87 Fr	88 Ra	89** Ac	104 Rf	105 Db	106 Sg	107 Bh	108 Hs	109 Mt	110 Ds	111 Rg	112 Cn	113 Nh	114 Fl	115 Mc	116 Lv	117 Ts	118 Og
*	ランタノイド			58 Ce	59 Pr	60 Nd	61 Pm	62 Sm	63 Eu	64 Gd	65 Tb	66 Dy	67 Ho	68 Er	69 Tm	70 Yb	71 Lu	
**	アクチノイド			90 Th	91 Pa	92 U	93 Np	94 Pu	95 Am	96 Cm	97 Bk	98 Cf	99 Es	100 Fm	101 Md	102 No	103 Lr	

とを**非金属性**ともいう．以上のことから，一般に次のようにいえる．

「周期表の18族を除く右上の元素ほど陰性（非金属性）が強く，左下の元素ほど陽性（金属性）が強い」．また，18族元素（希ガス）はイオンになりにくいが，この18族元素を境にして，最も陰性（非金属性）の強い17族（ハロゲン）から，最も陽性（金属性）の強い1族（アルカリ金属）へと移る．

（2）**典型元素と遷移元素**　1族・2族，12族～18族の元素を**典型元素**，典型元素以外の元素（3族～11族）を**遷移元素**という*．遷移元素は第1周期～第3周期にはなく，第4周期以降のほぼ中央に位置する．典型元素では，各周期において原子番号が増すにつれて陰性が強くなるが（**表1-4**），遷移元素は金属元素であり，左右の元素の性質も類似している．

典型元素　typical elements, representative elements
遷移元素　transition elements
*　周期表12族は，日本では典型元素に含めるが，欧米では遷移元素として扱う場合がある（第5章演習問題20およびその解答などを参照のこと）．

表 1-4　第3周期の酸化物と水素化合物

族	1	2	13	14	15	16	17
元　素	Na	Mg	Al	Si	P	S	Cl
酸化物（水溶液）	Na_2O（強塩基性）	MgO（塩基性）	Al_2O_3（両性）	SiO_2（弱酸性）	P_2O_5（酸性）	SO_3（強酸性）	Cl_2O_7（強酸性）
水素化合物（水溶液）				SiH_4（中性）	PH_3（弱塩基性）	H_2S（弱酸性）	HCl（強酸性）
代表的酸化数	+1	+2	+3	±4	+5 −3	+6 −2	+7 −1

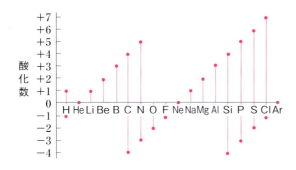

図 1-8 元素の酸化数の周期性

(3) **酸化数** 同族の元素は，同じ酸化数をとることが多い．典型元素における最高の酸化数は，族の数値（12族〜17族では，族の数値から10を差し引いた値）に等しいことが多い（**図 1-8**）．

(4) **物理的性質** 元素の周期律は，原子容，イオン半径，イオン化エネルギー，沸点・融点などの物理的性質にも見られる．**図 1-9** に原子容の周期性の例を示す．

元素の原子容とは原子量/密度で，その元素のモル体積に等しい．なお，イオン半径は表2-4（28ページ），イオン化エネルギーは表2-2（27ページ）を参照されたい．

酸化数　oxidation number
＊ 原子の酸化状態を示す数で，電子を失ったとき＋，電子を得たとき－とし，授受した電子の数を示す．

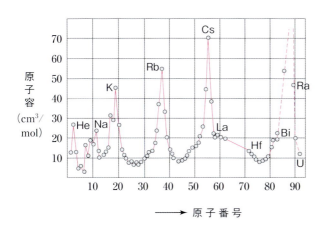

図 1-9 原子容の周期性

1-5 原子の電子構造

1. 水素原子のスペクトルと波長

ガラス管に水素を低圧で封入し，放電を起こさせ，分光器で観察すると，図 1-10 のように 4101.8 Å と，それより長波長に3本，短波長の紫外部に近いところに多数の輝線スペクトルの一群が認められる．この一群のスペクトルを，その発見者にちなんでバルマー系列という．

バルマー　J.J. Balmer, スイス

図 1-10 水素原子の輝線スペクトル（バルマー系列）

リュードベリは，バルマーの与えた式を書き直し，これらの輝線の波長 λ は，次のような一般式で与えられることを示した（1890 年）．

$$\frac{1}{\lambda} = R\left(\frac{1}{2^2} - \frac{1}{n^2}\right)$$

ただし，R は**リュードベリ定数**と呼ばれ，$R = 1.097373 \times 10^5 \text{ cm}^{-1}$ であり，n は 3 から始まる整数である．その後，紫外部にはライマン系列，赤外部にはパッシェン系列，ブラケット系列などの線スペクトル群が見出された．これらの波長 λ は，次の式で与えられる．

$$\frac{1}{\lambda} = R\left(\frac{1}{n_1^2} - \frac{1}{n_2^2}\right) \tag{1.1}$$

ここで n_1，n_2 は正の整数で，$n_2 > n_1$ であり，n_1 はライマン系列では 1，パッシェン系列では 3，ブラケット系列では 4 である．

水素原子の無数の輝線の波長がこのような簡単な式で表されることは興味深い．この光の発生機構を水素原子の構造と結びつけてみごとに解明し，同時に水素原子の構造を示したのがボーアである（1913 年）．

2. ボーアの水素原子モデルと水素原子の輝線スペクトル

ボーアは，原子の中心には正電荷を有するごく小さな核があり，電子はそれに比べればずっと離れたところを運動しているというラザフォードの原子モデルを基準にし，プランクが導入したエネルギー量子の考えを使ってこの問題にとりくんだ．彼は，水素原子にはいくつかの特定のエネルギー状態が存在し，それは電子が種々の半径をもった軌道を運動していることに対応しており，一つの軌道（エネルギー準位）から他の軌道に電子が移るときエネルギーを電磁波（光）の形で放出または吸収すると考えた．

ボーアのモデルの要点を示すと，次のようになる．

1) 電子は決まった軌道だけをとることができ，中間の軌道には入れない（$h/(2\pi)$）の整数倍の角運動量をもつ軌道だけが許される．h：プランク定数*）．

2) 太陽系の惑星の運動のように，核のまわりの円軌道を，電子はエネルギーの損失なく運動する．

3) 電子は普通は，最低のエネルギー準位（後述の $n = 1$，K 殻と呼ばれる）にある．他の準位は，この殻よりも核から離れていてエネルギーが大

リュードベリ　J. R. Rydberg, スウェーデン

リュードベリ定数
　Rydberg constant
ライマン　T. Lyman, 米
パッシェン　F. Paschen, 独
ブラケット　F. S. Brackett, 米

プランク　M. Planck, 独

* **プランク定数**
　エネルギーが振動数に比例したとびとびの値（連続していない値）をとると考え，その比例定数をプランク定数 h とした（角運動量が量子化されている，と表現する：13 ページ参照）．

きい.

4) 電子がエネルギーを吸収すると基底状態 (K 殻) から外側の励起準位 (L 殻 $n=2$, M 殻 $n=3$ ……) にとび上がる. このとき両者の差に相当するエネルギーをもつ光子が吸収される.

5) 外側の殻にある電子が内側の殻にもどるとき, エネルギーが放出される. その光子のエネルギーは, 両方の殻のエネルギーの差に等しい.

ボーアによる水素原子の構造と原子スペクトルの関係を, もう少し詳しく見てみよう. 高いエネルギー準位 E_2 から低いエネルギー準位 E_1 に電子が移るとき放出するエネルギーと光の波数 ($1/\lambda$), または振動数 ν との間には次のような関係がある.

$$E_2 - E_1 = h\nu \quad h : プランク定数, 6.63 \times 10^{-34} \text{J} \cdot \text{s} \quad (1.2)$$

質量 m, 電荷 $-e$ の電子が電荷 $+e$ の原子核から距離 r を保って速度 v で円運動しているとすると (**図 1-11**), 遠心力とクーロン引力が等しいから

$$m\frac{v^2}{r} = k_0 \frac{e^2}{r^2} \quad k_0 : クーロンの法則の定数, 8.99 \times 10^9 \text{N} \cdot \text{m}^2/\text{C}^2 \quad (1.3)$$

また, 角運動量は量子化されている (前ページ側注) から, n を整数として,

$$mvr = \frac{nh}{2\pi} \quad (1.4)$$

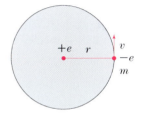

図 1-11 水素型原子

一方, 全エネルギー E は, 運動エネルギー $\frac{1}{2}mv^2$ と位置エネルギー $-k_0\frac{e^2}{r}$ の和であるから

$$E = \frac{1}{2}\frac{k_0 e^2}{r} - \frac{k_0 e^2}{r} = -\frac{1}{2} \cdot \frac{k_0 e^2}{r} \quad (1.5)$$

(1.4) 式から v を求め, (1.3) 式へ代入して r を, さらに (1.5) 式から E を求めると

$$r = \frac{n^2 h^2}{4\pi^2 k_0 m e^2} \quad E = -\frac{1}{n^2} \cdot \frac{2\pi^2 k_0^2 m e^4}{h^2} \quad (1.6)$$

このエネルギーを (1.2) 式の E_1, E_2 に対応させれば,

$$h\nu = E_2 - E_1 = \frac{2\pi^2 k_0^2 m e^4}{h^2}\left(\frac{1}{n_1^2} - \frac{1}{n_2^2}\right)$$

$$\therefore \nu = \frac{2\pi^2 k_0^2 m e^4}{h^3}\left(\frac{1}{n_1^2} - \frac{1}{n_2^2}\right)$$

光の速度を $c \,(= 3.00 \times 10^8 \text{m/s})$ とすると, $c/\nu = \lambda$ であるから

$$\frac{1}{\lambda} = \frac{2\pi^2 k_0^2 m e^4}{ch^3}\left(\frac{1}{n_1^2} - \frac{1}{n_2^2}\right) \quad (1.7)$$

(1.7) 式と (1.1) 式を比較すると, 次のような対応関係が成り立つ.

$$R = \frac{2\pi^2 k_0^2 m e^4}{ch^3}$$

右辺の π, k_0, m, e, c, h はすべて既知であるから, それを入れて計算すると

$$\frac{2\pi^2 k_0^2 m e^4}{ch^3} = \frac{2 \times 3.14^2 \times (8.99 \times 10^9)^2 \times (9.11 \times 10^{-31}) \times (1.60 \times 10^{-19})^4}{(3.00 \times 10^8) \times (6.63 \times 10^{-34})^3}$$

$$= 108.8 \times 10^5 = 1.09 \times 10^7 \text{ m}^{-1} = 1.09 \times 10^5 \text{ cm}^{-1}$$

となり，リュードベリ定数とよく一致する．

水素原子において，$n=1$ に対応する電子の軌道は最も内側にある．その半径 r_1 をボーア半径といい，次のように与えられる．

$$r_1 = \frac{h^2}{4\pi^2 k_0 m e^2} \fallingdotseq 5.3 \times 10^{-11} \text{ m} = 0.53 \text{ Å}$$

主量子数 n
principal quantum number

n は**主量子数**と呼ばれ，$n=1$ が基底状態，$n=2, 3, 4 \cdots$ となるにつれて高いエネルギー状態（軌道，殻）を示す．

3. 量子数と軌道の形

ボーアは，このように水素の原子構造と原子スペクトルを巧みに説明したが（**図 1-12**），この理論は水素以外の原子にはあてはめられず，一般の原子の構造論は，ゾンマーフェルト，アインシュタイン，ド・ブロイ，

ゾンマーフェルト
  A. J. Sommerfeld, 独
アインシュタイン
  A. Einstein, 独
ド・ブロイ　L-V. de Broglie, 仏

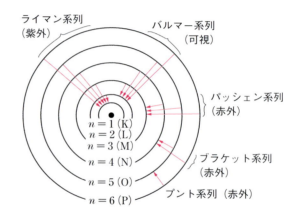

図 1-12 (a)　水素原子の電子軌道
$n=1$ の軌道に比べ，$n=2$，$n=3$ の軌道の半径はずっと大きいのであるが，描けないので縮めてある．

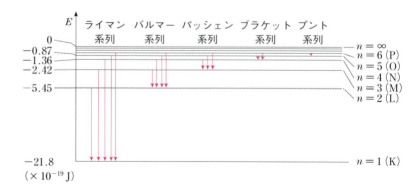

図 1-12 (b)　水素原子のエネルギー準位とスペクトル系列
ボーアが水素の構造論を発表したときには，パッシェン，ブラケットの両系列はまだ発見されていなかった．構造論によって推定され発見された．

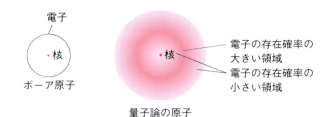

図 1-13 ボーアの原子モデルと量子論（波動方程式）による原子モデル

シュレーディンガー，その他の研究者によってつくりあげられた．ここでは結果の大要だけにふれよう．

電子は全エネルギーを一定に保ちながら，**図 1-13 左**のように核の周囲の決まった軌道を運動するのではなく，濃淡の存在確率をもって分布している（**図 1-13 右**）．電子雲と呼ばれるのはそのためである*．

各元素の原子核のまわりの電子の数は原子番号と同じであるが，これらの電子はエネルギー状態に従って，決まった軌道に配置される．すなわち電子は K, L, M などの殻に大別され，殻はさらに s, p, d, f などの軌道に分けられる．これをもう少し詳しく見てみよう．

電子の状態を決めるのは，n, l, m の三つの量子数である．n は**主量子数**で，ボーアの (1.6) 式の n に相当し，軌道の大きさ，およびそれに入る電子のエネルギーは，ほぼこれによって決まる．$n=1$ のエネルギー準位を K 殻，$n=2$ を L 殻，$n=3$ を M 殻，$n=4$ を N 殻，$n=5$ を O 殻，$n=6$ を P 殻と呼ぶ（**図 1-12 (a), (b)** 参照）．

l は**方位量子数**と呼び，軌道の形を決める．与えられた n の値に対し，l は 0 から $(n-1)$ までの整数値をとる．m は**磁気量子数**と呼び，電子の磁気的性質を決める．決まった l に対し，$-l$ から $+l$ までの，$2l+1$ 種類の正負の整数値をとる．

原子内電子の状態を表示するのに，主量子数 n は数字で，方位量子数 l は次のように文字記号で示す．

$$l \quad 0 \quad 1 \quad 2 \quad 3$$
文字記号　s　p　d　f

〔例〕$n=1, l=0$ の状態の電子は 1s，$n=2, l=1$ の状態の電子は 2p，$n=3, l=2$ の状態の電子は 3d のように表す．

$\begin{cases} \text{s 電子}：l=0, m=0 \text{ の 1 種類の軌道がある．} \\ \text{p 電子}：l=1, m=-1, 0, +1 \text{ の 3 種類の軌道がある．} \\ \text{d 電子}：l=2, m=0, \pm1, \pm2 \text{ の 5 種類の軌道がある．} \\ \text{f 電子}：l=3, m=0, \pm1, \pm2, \pm3 \text{ の 7 種類の軌道がある．} \end{cases}$

s, p, d 軌道の形を**図 1-14** に示す．

n, l, m などの量子数は，電子の原子核に対する運動に相当し，天体の

* 量子力学ではこのような電子の状態を軌道関数（オービタル：orbital）というが，本書では「軌道」と表現する．

方位量子数 l
  azimuthal quantum number
磁気量子数 m
  magnetic quantum number

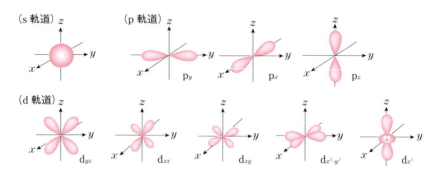

図 1-14　軌道の形
　s 軌道は球で示してあるが，この球面は図 1-13 のように，電子が存在する確率の大きい場所を示している．
　p 軌道は軸方向に沿って電子の存在する確率が大きく，亜鈴形である．

運動でいえば公転にあたる．また，原子内の電子の状態を表す量子数には n, l, m の他，**スピン量子数** s がある．スピン量子数は，いわば電子の自転方向を示すもので，$+1/2$ と $-1/2$ の二つの値をとる．

スピン量子数 s
spin quantum number

4. 電子配置

　多電子の原子中での各電子の状態は，n, l, m, s の四つの量子数によって決まる．さらに**パウリの排他原理**によれば，「一つの原子中では，2 個の電子の n, l, m, s の四つの量子数が同じであることはない」．

パウリの排他原理
Pauli's exclusion principle

　同じ局番で，異なる電話番号が必ず異なる個人に所属することにたとえられよう．この原理によって，各軌道はスピンの異なる 2 個の電子しか収容することができない．$n = 1, 2, 3$ の各軌道の量子数，電子数は，**表 1-5** のようになる．

表 1-5　電子のいろいろな状態の量子数と電子数

主量子数 n	1	2				3								
方位量子数 l	0	0	1			0	1			2				
磁気量子数 m	0	0	-1	0	$+1$	0	-1	0	$+1$	-2	-1	0	$+1$	$+2$
スピン量子数 s	$+\frac{1}{2}$ $-\frac{1}{2}$	$+\frac{1}{2}$ $-\frac{1}{2}$	$+\frac{1}{2}$ $-\frac{1}{2}$	$+\frac{1}{2}$ $-\frac{1}{2}$	$+\frac{1}{2}$ $-\frac{1}{2}$	$+\frac{1}{2}$ $-\frac{1}{2}$	$+\frac{1}{2}$ $-\frac{1}{2}$	$+\frac{1}{2}$ $-\frac{1}{2}$	$+\frac{1}{2}$ $-\frac{1}{2}$	$+\frac{1}{2}$ $-\frac{1}{2}$	$+\frac{1}{2}$ $-\frac{1}{2}$	$+\frac{1}{2}$ $-\frac{1}{2}$	$+\frac{1}{2}$ $-\frac{1}{2}$	$+\frac{1}{2}$ $-\frac{1}{2}$
軌道の種類	1s	2s	2p$_y$	2p$_z$	2p$_x$	3s	3p$_y$	3p$_z$	3p$_x$	3d$_{xy}$	3d$_{yz}$	3d$_{z^2}$	3d$_{zx}$	3d$_{x^2-y^2}$
l の値における最大電子数	2	2	6			2	6			10				
n の値における最大電子数 ($2n^2$)	2	8				18								

多電子原子の電子の運動は，原子核以外に他の電子の影響も受ける．したがって，水素原子内の電子のエネルギー準位は，主量子数 n によって決まるが，多電子原子では方位量子数 l も関係する．したがって，「多電子原子の電子のエネルギー準位は，n と l の二つの量子数によって決まる」．

$n+l$ の値の小さいものほど，軌道のエネルギーが低く，$n+l$ の値が同じ場合には，n の値の小さいものの方がエネルギーが低い．

たとえば，4s 軌道 ($n+l=4$) は 3p ($n+l=4$) よりエネルギーが高いが，3d ($n+l=5$) よりエネルギーが低い．各軌道をエネルギー準位の低い順に並べると，ほぼ次のようになる（図 1-15）．

1s, 2s, 2p, 3s, 3p, 4s, 3d, 4p, 5s, 4d, 5p, 6s, 4f, 5d, 6p, 7s, 5f, 6d

4s 以上ではエネルギー値が接近し，必ずしも上の順でないこともある．

原子内の電子は，エネルギー準位の低い軌道から順に配置されていく．この際，たとえば 2p 軌道に電子を 2 個詰めるとき，$2p_x$ に 2 個入るのか $2p_x$ と $2p_y$ に 1 個ずつ入るのかということが問題になるが，「同じエネルギー準位の軌道へいくつかの電子が入る場合は，電子が異なった軌道に入り，しかもスピンを平行にした場合がエネルギーが低い（その状態をとりやすい）．そして均等に配置された後は，一つの軌道にスピンが逆向きの 2 個の電子が入る」（**フントの規則**）．

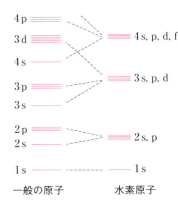

図 1-15 軌道のエネルギー準位
p 準位の 3 重線，d 準位の 5 重線は本当は重なっているが，磁場におけば分かれる．

フントの規則　Hund's rule

〔例〕少数の原子の基底状態での電子配置とスピンの向きを書いてみよう．ただし，スピン量子数 s の ＋，－を ↑，↓ で示す．

元素	原子番号	$n=1$ 1s	$n=2$ 2s	$n=2$ 2p	$n=3$ 3s	$n=3$ 3p	$n=3$ 3d	電子配置記号
H	1	↑						$1s^1$
Li	3	↑↓	↑					$1s^2 2s^1$
C	6	↑↓	↑↓	↑ ↑				$1s^2 2s^2 2p^2$
N	7	↑↓	↑↓	↑ ↑ ↑				$1s^2 2s^2 2p^3$
Al	13	↑↓	↑↓	↑↓ ↑↓ ↑↓	↑↓	↑		$1s^2 2s^2 2p^6 3s^2 3p^1$

N 原子の電子配置を図示すると**図 1-16** のようになる．

表 1-6 は基底状態における原子の電子配置である．原子番号 1 の H の 1 個の電子は 1s に入り，次の He の 2 個の電子はやはり 1s に入る．K 殻はこれで満員なので，Li の 3 個目の電子は 2s に入る．Be は $1s^2 2s^2$，B は $1s^2 2s^2 2p^1$ となり，Ne は $1s^2 2s^2 2p^6$ となり L 殻が完成する．Na から M 殻に入り Ar $1s^2 2s^2 2p^6 3s^2 3p^6$ で M 殻が完成する．K は $4s^1$（内側の殻を略す），Ca は $4s^2$ であるが，Sc では 4p に入らず，それよりエネルギーの低い 3d に入る（図 1-15 参照）．このことは $3d^{10}$ の Zn まで続く．Ga から 4p に入り，Ge, As と 4p が増えていく．$_{21}$Sc から $_{30}$Zn までのような内

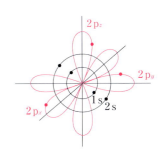

図 1-16 N 原子の電子配置

表 1-6　元素の電子配置

	K	L		M			N				O				P			Q
	1s	2s	2p	3s	3p	3d	4s	4p	4d	4f	5s	5p	5d	5f	6s	6p	6d	7s
1 H	1																	
2 He	2																	
3 Li	2	1																
4 Be	2	2																
5 B	2	2	1															
6 C	2	2	2															
7 N	2	2	3															
8 O	2	2	4															
9 F	2	2	5															
10 Ne	2	2	6															
11 Na	2	2	6	1														
12 Mg	2	2	6	2														
13 Al	2	2	6	2	1													
14 Si	2	2	6	2	2													
15 P	2	2	6	2	3													
16 S	2	2	6	2	4													
17 Cl	2	2	6	2	5													
18 Ar	2	2	6	2	6													
19 K	2	2	6	2	6		1											
20 Ca	2	2	6	2	6		2											
21 Sc	2	2	6	2	6	1	2											
22 Ti	2	2	6	2	6	2	2											
23 V	2	2	6	2	6	3	2											
24 Cr	2	2	6	2	6	5	1											
25 Mn	2	2	6	2	6	5	2											
26 Fe	2	2	6	2	6	6	2											
27 Co	2	2	6	2	6	7	2											
28 Ni	2	2	6	2	6	8	2											
29 Cu	2	2	6	2	6	10	1											
30 Zn	2	2	6	2	6	10	2											
31 Ga	2	2	6	2	6	10	2	1										
32 Ge	2	2	6	2	6	10	2	2										
33 As	2	2	6	2	6	10	2	3										
34 Se	2	2	6	2	6	10	2	4										
35 Br	2	2	6	2	6	10	2	5										
36 Kr	2	2	6	2	6	10	2	6										
37 Rb	2	2	6	2	6	10	2	6			1							
38 Sr	2	2	6	2	6	10	2	6			2							
39 Y	2	2	6	2	6	10	2	6	1		2							
40 Zr	2	2	6	2	6	10	2	6	2		2							
41 Nb	2	2	6	2	6	10	2	6	4		1							
42 Mo	2	2	6	2	6	10	2	6	5		1							
43 Tc	2	2	6	2	6	10	2	6	5		2							
44 Ru	2	2	6	2	6	10	2	6	7		1							
45 Rh	2	2	6	2	6	10	2	6	8		1							
46 Pd	2	2	6	2	6	10	2	6	10									
47 Ag	2	2	6	2	6	10	2	6	10		1							
48 Cd	2	2	6	2	6	10	2	6	10		2							
49 In	2	2	6	2	6	10	2	6	10		2	1						
50 Sn	2	2	6	2	6	10	2	6	10		2	2						
51 Sb	2	2	6	2	6	10	2	6	10		2	3						
52 Te	2	2	6	2	6	10	2	6	10		2	4						
53 I	2	2	6	2	6	10	2	6	10		2	5						
54 Xe	2	2	6	2	6	10	2	6	10		2	6						

	K	L		M			N				O				P			Q
	1s	2s	2p	3s	3p	3d	4s	4p	4d	4f	5s	5p	5d	5f	6s	6p	6d	7s
55 Cs	2	2	6	2	6	10	2	6	10		2	6			1			
56 Ba	2	2	6	2	6	10	2	6	10		2	6			2			
57 La	2	2	6	2	6	10	2	6	10		2	6	1		2			
58 Ce	2	2	6	2	6	10	2	6	10	1	2	6	1		2			
59 Pr	2	2	6	2	6	10	2	6	10	3	2	6			2			
60 Nd	2	2	6	2	6	10	2	6	10	4	2	6			2			
61 Pm	2	2	6	2	6	10	2	6	10	5	2	6			2			
62 Sm	2	2	6	2	6	10	2	6	10	6	2	6			2			
63 Eu	2	2	6	2	6	10	2	6	10	7	2	6			2			
64 Gd	2	2	6	2	6	10	2	6	10	7	2	6	1		2			
65 Tb	2	2	6	2	6	10	2	6	10	9	2	6			2			
66 Dy	2	2	6	2	6	10	2	6	10	10	2	6			2			
67 Ho	2	2	6	2	6	10	2	6	10	11	2	6			2			
68 Er	2	2	6	2	6	10	2	6	10	12	2	6			2			
69 Tm	2	2	6	2	6	10	2	6	10	13	2	6			2			
70 Yb	2	2	6	2	6	10	2	6	10	14	2	6			2			
71 Lu	2	2	6	2	6	10	2	6	10	14	2	6	1		2			
72 Hf	2	2	6	2	6	10	2	6	10	14	2	6	2		2			
73 Ta	2	2	6	2	6	10	2	6	10	14	2	6	3		2			
74 W	2	2	6	2	6	10	2	6	10	14	2	6	4		2			
75 Re	2	2	6	2	6	10	2	6	10	14	2	6	5		2			
76 Os	2	2	6	2	6	10	2	6	10	14	2	6	6		2			
77 Ir	2	2	6	2	6	10	2	6	10	14	2	6	7		2			
78 Pt	2	2	6	2	6	10	2	6	10	14	2	6	9		1			
79 Au	2	2	6	2	6	10	2	6	10	14	2	6	10		1			
80 Hg	2	2	6	2	6	10	2	6	10	14	2	6	10		2			
81 Tl	2	2	6	2	6	10	2	6	10	14	2	6	10		2	1		
82 Pb	2	2	6	2	6	10	2	6	10	14	2	6	10		2	2		
83 Bi	2	2	6	2	6	10	2	6	10	14	2	6	10		2	3		
84 Po	2	2	6	2	6	10	2	6	10	14	2	6	10		2	4		
85 At	2	2	6	2	6	10	2	6	10	14	2	6	10		2	5		
86 Rn	2	2	6	2	6	10	2	6	10	14	2	6	10		2	6		
87 Fr	2	2	6	2	6	10	2	6	10	14	2	6	10		2	6		1
88 Ra	2	2	6	2	6	10	2	6	10	14	2	6	10		2	6		2
89 Ac	2	2	6	2	6	10	2	6	10	14	2	6	10		2	6	1	2
90 Th	2	2	6	2	6	10	2	6	10	14	2	6	10		2	6	2	2
91 Pa	2	2	6	2	6	10	2	6	10	14	2	6	10	2	2	6	1	2
92 U	2	2	6	2	6	10	2	6	10	14	2	6	10	3	2	6	1	2
93 Np	2	2	6	2	6	10	2	6	10	14	2	6	10	4	2	6	1	2
94 Pu	2	2	6	2	6	10	2	6	10	14	2	6	10	5	2	6	1	2
95 Am	2	2	6	2	6	10	2	6	10	14	2	6	10	6	2	6	1	2
96 Cm	2	2	6	2	6	10	2	6	10	14	2	6	10	7	2	6	1	2
97 Bk	2	2	6	2	6	10	2	6	10	14	2	6	10	8	2	6	1	2
98 Cf	2	2	6	2	6	10	2	6	10	14	2	6	10	10	2	6		2
99 Es	2	2	6	2	6	10	2	6	10	14	2	6	10	11	2	6		2
100 Fm	2	2	6	2	6	10	2	6	10	14	2	6	10	12	2	6		2
101 Md	2	2	6	2	6	10	2	6	10	14	2	6	10	13	2	6		2
102 No	2	2	6	2	6	10	2	6	10	14	2	6	10	14	2	6		2
103 Lr	2	2	6	2	6	10	2	6	10	14	2	6	10	14	2	6	1	2
104 Rf	2	2	6	2	6	10	2	6	10	14	2	6	10	14	2	6	2	2
105 Db	2	2	6	2	6	10	2	6	10	14	2	6	10	14	2	6	3	2
106 Sg	2	2	6	2	6	10	2	6	10	14	2	6	10	14	2	6	4	2
107 Bh	2	2	6	2	6	10	2	6	10	14	2	6	10	14	2	6	5	2
108 Hs	2	2	6	2	6	10	2	6	10	14	2	6	10	14	2	6	6	2
109 Mt	2	2	6	2	6	10	2	6	10	14	2	6	10	14	2	6	7	2
110 Ds	2	2	6	2	6	10	2	6	10	14	2	6	10	14	2	6	9	1
111 Rg	2	2	6	2	6	10	2	6	10	14	2	6	10	14	2	6	10	1
112 Cn	2	2	6	2	6	10	2	6	10	14	2	6	10	14	2	6	10	2

側の軌道への電子の詰めこみは，このあと $_{39}$Y から $_{48}$Cd（4 d）までと，$_{57}$La から $_{80}$Hg まで，および $_{89}$Ac〜$_{112}$Cn に見られる．$_{57}$La から $_{71}$Lu までは 4 f に対する詰めこみであり，$_{89}$Ac 以降は 5 f さらには 6 d に対する詰めこみである．

d 軌道や f 軌道に電子が詰められる過程の元素を，遷移元素という．それ以外の元素が典型元素である．表 1-6 を見ると，同族の元素は最外殻の電子数がよく似ていることがわかる．アルカリ金属元素 Li, Na, K, Rb, Cs, Fr はすべて s 電子 1 個をもっており，2 族元素 Be, Mg, Ca, Sr, Ba, Ra は s 電子 2 個を有する．それに対しハロゲン元素 F, Cl, Br, I は p^5，酸素族元素 O, S, Se, Te は p^4，窒素族元素 N, P, As, Sb, Bi は p^3 である．d 遷移金属では，最外殻が s^2 または s^1 であり，そのことが周期表の横の元素同士の類似と関連している．f 遷移元素は内（部）遷移元素とも呼ばれ，その相互の性質の類似は，d 遷移元素よりさらに著しい（第 5 章 5-1 節参照）．

1-6 放射性元素

1. 放射線

レントゲン W. C. Röntgen, 独
ベクレル A. H. Becquerel, 仏

レントゲンが X 線を発見した（1895 年）すぐあと，ベクレルは，ウラン化合物から，X 線と同じように物質を透過し，写真乾板を感光させ，まわりの空気をイオン化するある種の放射線が出ていることを発見した（1896 年）．さらにキュリー夫妻は，ウランの主要鉱石のピッチブレンド（UO_2〜U_3O_8）がウランよりも強い放射線を出すことを知り，ピッチブレンドを詳しく分析して，ウランよりはるかに強い放射能をもつ新元素ポロニウムとラジウムを発見した（1898 年）．

キュリー夫妻
　　P. Curie, M. S. Curie, 仏

同じ年にトリウムも放射能をもつことが発見され，翌年にはまた新しい放射性元素アクチニウムが発見された．次項に述べるように，これらの元素は放射線を出して壊れて，他の元素になってしまうのであるが，この壊変現象はこのように天然の重い元素（81 番タリウム以上），および一部の軽い元素（43 番テクネチウム，61 番プロメチウムなど）の同位体に見られる．これらを放射性核種と呼ぶ．

放射性核種から出される放射線の種類は，ほぼ三つに大別される．放射線に，垂直方向に磁場をかけると，磁場によって曲げられるものは荷電粒子と考えられ，正の電荷をもったものを **α線**，負の電荷をもったものを **β線**，磁場によって曲げられないものを **γ線** という（**図 1-17**）．

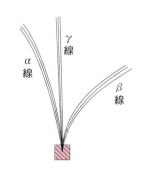

図 1-17 α線・β線・γ線
紙面に垂直方向に磁場（手前 N 極）をかけると，α，β 線は図のように曲がり，γ 線は曲がらない．

α線・β線・γ線を発見したのは，イギリスのラザフォードである．α線，β線を出した核がまだ高いエネルギー状態にあるとき，その核は γ線（光子）を放出して低いエネルギー準位に移る（**表 1-7**）．

2. 原子核の壊変

α 壊変　α-decay,
　　α-disintegration

原子核が壊変するとき放射線を出すが，α線を放出するときを **α壊変**，

表 1-7 α線・β線・γ線の比較

	α 線	β 線	γ 線
本 体	ヘリウムの原子核	電子	電磁波
透 過 力	最も弱い	α線より強い	最も強い
感光作用 イオン化作用	最も強い	α線より弱い	最も弱い
エネルギー	核種に固有	最大エネルギーは核種に固有（連続スペクトル）	核種に固有

β線を放出するときを **β壊変** という.

α壊変は, α線すなわちα粒子を原子核から放出する壊変であり, α粒子は高速のヘリウム原子核 (He^{2+}) で, 陽子2個と中性子2個からなる. またβ壊変は, β線を原子核から放出する壊変であり, β線は電子の流れで, 原子核から電子を放出することによって中性子が陽子に変わる*. したがって

「α壊変によって, 原子番号が2, 質量数が4減少し, β壊変によって原子番号が1増加し, 質量数は変わらない」.

これを **変位法則** といい, ソディとファヤンスがそれぞれ独立に発表した (1913年).

〔例〕 $^{238}_{92}U$ はα壊変, β壊変によって次のように変化していく.

$^{238}_{92}U \xrightarrow[4.47 \times 10^9 \text{年}]{\alpha 壊変} {}^{234}_{90}Th \xrightarrow[24.1 \text{日}]{\beta 壊変} {}^{234}_{91}Pa \xrightarrow[1.17 \text{分}]{\beta 壊変} {}^{234}_{92}U \xrightarrow[2.46 \times 10^5 \text{年}]{\alpha 壊変}$

$^{230}_{90}Th \xrightarrow[7.5 \times 10^4 \text{年}]{\alpha 壊変} {}^{226}_{88}Ra \xrightarrow[1.6 \times 10^3 \text{年}]{\alpha 壊変} {}^{222}_{86}Rn \xrightarrow[3.824 \text{日}]{\alpha 壊変} \cdots\cdots {}^{206}_{82}Pb$

⟶ の下の時間は半減期. 元素記号の左肩の数字は質量数を表す.

γ線はα線, β線に伴って放出される. γ線が放出される際は, 原子核のエネルギーが変化するだけである.

放射性核種の壊変の仕方は, 核種によっていろいろに違っているが, 化学変化とは異なり, 温度や圧力などの違いによって, その壊変の速度が変わることはない. 原子の壊れていく割合が一定であれば, 単位時間に壊れる原子数は, 壊れる（親）元素の数に比例し, 壊変速度は反応速度論のいわゆる1次反応の式（72ページ）で表される. ここでは, 放射性元素の壊変速度を表すのによく使う, はじめの原子数の半分に減少する時間 — **半減期** — について述べよう.

半減期を T, はじめの原子の個数を N_0 とすると, T ののちには $\dfrac{N_0}{2}$, $2T$ ののちには $\dfrac{N_0}{4}$, … nT ののちには $\dfrac{N_0}{2^n}$ となる (**図 1-18**).

時間 t ののちの個数 N は, 上の関係で $t = nT$ とおけば, 右の式のように表される.

---

* 厳密にいうとβ壊変にはこのような$β^-$壊変の他, $β^+$壊変（陽電子を放出）や軌道電子捕獲（軌道電子が核に吸収される）があり, 後二者の場合には, 原子番号が1減少する. 安定な核種より中性子数の少ない核種などで起こる.

変位法則　displacement law
ソディ　F. Soddy, 英
ファヤンス
　K. Fajans, ポーランド

半減期　half-life

$N = N_0 \left(\dfrac{1}{2}\right)^{t/T}$

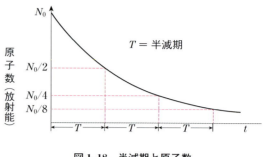

図 1-18 半減期と原子数

表 1-8 半減期の例

原子核	壊変	半減期
$^{238}_{92}$U	α	4.5×10^9 y
$^{226}_{88}$Ra	α	1600 y
$^{222}_{86}$Rn	α	3.8 d
$^{214}_{84}$Po	α	1.6×10^{-4} s
$^{231}_{90}$Th	β	25.5 h
$^{223}_{87}$Fr	β	21.8 m
$^{215}_{84}$Po	β	1.8×10^{-3} s
$^{40}_{19}$K	β	1.3×10^9 y

(y:年 d:日 h:時間 m:分 s:秒)

年代測定　age determination, dating

表 1-8 に半減期の例をあげた. 1 g の ^{226}Ra ($\frac{1}{226}$ mol すなわち 0.027×10^{23} 個) は 1600 年後には 0.5 g (0.0135×10^{23} 個) になり，さらに 1600 年後には 0.25 g になる. ^{226}Ra の出す α 粒子の数 (単位時間，たとえば 1 分当り) に比例するから，放射能も 1600 年で半減する.

3. 放射性核種と年代測定

放射性核種には $^{238}_{92}$U (何回も α 壊変，β 壊変をして $^{206}_{82}$Pb になる) などに見られる壊変系列をつくっているものと，^{40}K や ^{87}Rb のように独立して放射能を示すものとがある. ウランを含む鉱物ができてから長い年月たてば，ウランは減って鉛が増える. したがって ^{238}U と ^{206}Pb を正確に分析すれば，その鉱物ができた，すなわち固化したのが今から何年前かがわかる.

^{40}K は，軌道電子捕獲によって ^{40}Ar になる. K を含む鉱物 (それが結晶するとき，気体の Ar はとり込まれなかったと仮定する) の ^{40}K と ^{40}Ar を定量分析すれば，その鉱物の年齢が求められる. 地質時代の古生代カンブリア紀は今から 5 億年前である，というような値は，このようにして求められる. ^{238}U の 45 億年，^{40}K の 13 億年という半減期は，古い岩石の年代を測るには都合がよい. 数千年程度の年代決定が必要な考古学試料などには，半減期 5730 年の ^{14}C が用いられる. 大気の上層では，宇宙線に含まれる中性子が窒素と次のような核反応をして ^{14}C が一定速度でつくられている.

$$^{14}_{7}\text{N} + ^{1}_{0}\text{n} \longrightarrow ^{14}_{6}\text{C} + ^{1}_{1}\text{H}$$

この ^{14}C は大気中で CO_2 となり，炭酸同化作用により植物の中にとり込まれる. 植物や，それを食べて生きていた動物が死ねば，^{14}C の補給はとだえるから，^{14}C は減る一方になる. すなわち古い遺物ほど ^{14}C が少ないので，これを測定すると，動植物が生きていたのが何年前かということが推定できる.

放射性核種が壊変するとき，放射線のエネルギーが熱に変わることがある. 地球の熱の源は，岩石中に含まれる放射性核種の壊変である.

4. 原子核の壊変と人工放射性核種

放射性元素の発見によって，原子あるいは原子核は必ずしも不変のものでないことがわかるとともに，原子核を人工的に変換させようとする試みがなされるようになった．

ラザフォードは，$^{214}_{83}$Bi（RaCともいう）から出るα線を窒素に打ちあてると，水素の原子核H$^+$（陽子）が生じることを発見した．

$$^{14}_{7}N + ^{4}_{2}He \longrightarrow ^{17}_{8}O + ^{1}_{1}H \qquad ^{1}_{1}H：陽子$$

このようなα線を利用した低質量数の安定な原子核の転換は，その後種々の元素に適用され，チャドウィックはPoより放出されるα線をBeに打ちあてることによって，初めて中性子を発見した（1932年）．

$$^{9}_{4}Be + ^{4}_{2}He \longrightarrow ^{12}_{6}C + ^{1}_{0}n \qquad ^{1}_{0}n：中性子$$

さらに，α粒子の代わりに陽子を電場で加速してLiに打ちあて，α粒子を生成させることに成功した．

$$^{7}_{3}Li + ^{1}_{1}H \longrightarrow ^{4}_{2}He + ^{4}_{2}He \qquad ^{4}_{2}He：α粒子$$

この陽子による原子の転換は，コッククロフトとウォルトンによって行われたが，これは人工的に加速した粒子を使って原子の転換に成功した最初の実験である．

その後，原子核の人工転換には，α粒子・陽子の他に重陽子（$^{2}_{1}$H）・中性子なども用いられるようになった．さらに，ジョリオ・キュリー夫妻は，AlにPoから放出されるα線を照射したところ，それまで知られていなかった種類の放射能をもつ$^{30}_{15}$Pができることを発見した（1933年）．

$$^{27}_{13}Al + ^{4}_{2}He \longrightarrow ^{30}_{15}P + ^{1}_{0}n$$

この$^{30}_{15}$Pは，約3.2分の半減期で，陽電子e$^+$を出して安定なSiとなる．

$$^{30}_{15}P \longrightarrow ^{30}_{14}Si + e^+$$

このように，人工によって新たに生じた核種が，さらに放射線を放出して壊変するような核種を**人工放射性核種**という．

> コッククロフト
>   J. D. Cockcroft, 英
> ウォルトン
>   E. Walton, アイルランド

> ジョリオ・キュリー夫妻
>   J. F. Joliot, I. Joliot-Curie, 仏

> 人工放射性核種
>   artificial radionuclide

荷電がないため，他の原子核の反発を受けず，したがって核反応を起こしやすい中性子でウランを照射して，天然には存在しないウランよりも重い元素（超ウラン元素）をつくろうとする試みが1930年代に盛んになされた．その研究の過程で思いがけずウランの**核分裂**が発見され，数年後には原子爆弾として使われたが，原子力時代の開幕となった．

$$^{235}_{92}U + ^{1}_{0}n \longrightarrow ^{91}_{36}Kr + ^{142}_{56}Ba + 3^{1}_{0}n + Q（莫大なエネルギー）$$

上式の^{91}Krと^{142}Baは一つの例で，ウランの核分裂によって種々の核種ができる．左辺の原子質量の和は右辺の原子質量の和よりも大きく（陽子や中性子の数は両辺で同じである），その消失した質量が莫大なエネルギーとなって現れるのである（核反応では質量保存の法則は成り立たない）．

また中性子との反応，および加速した原子核で照射する方法によって超ウラン元素も次第につくられていき，1940年代までの周期表には全く書

> 核分裂　nuclear fission

【発展】 113番元素

2015年12月，新元素発見の認定機関であるJWP（国際純正応用化学連合と国際純粋応用物理学連合の合同作業部会）は，日本の理化学研究所の研究グループに対して，113番元素の発見を認め，命名権を与えると発表した．欧米以外の研究グループが元素の命名権を得たことは初めてのことである．この元素はニホニウムと名づけられた（元素記号はNh）．

理研グループが用いた方法は，原子番号30で質量数70の亜鉛（^{70}Zn）の原子核を加速器で光速度のほぼ10％に加速し，これを原子番号83，質量数209のビスマス（^{209}Bi）の薄膜に当て，核融合反応で原子番号113を合成しようというものであった．この方法は「冷たい核融合」といわれ，生成した核のエネルギー状態が比較的低い．なお，ロシアとアメリカの合同チームも113, 115, 117, 118番元素の合成研究を「熱い核融合」で進めていたが，113番元素以外の3元素には彼らに命名権が与えられた．

113番元素についての理研チームの成功は，113番元素の壊変のルートを既知のメンデレビウム（^{254}Md）までたどることができたためであった．^{70}Znと^{209}Biの核融合によって生成する^{279}[113]は，非常に不安定で中性子1個を放出して^{278}[113]になる．これがさらにα壊変を6回起こしてメンデレビウム-254（^{254}Md）という既知の核種となることを立証したのである．このような原子番号の高い元素では，α壊変以外に自発核分裂という壊変が起きて，既知の核種までたどれないことが多い．

$$^{278}[113] \xrightarrow{\alpha} {}^{274}Rg \xrightarrow{\alpha} {}^{270}Mt \xrightarrow{\alpha} {}^{266}Bh \xrightarrow{\alpha} {}^{262}Db \xrightarrow{\alpha} {}^{258}Lr \xrightarrow{\alpha} {}^{254}Md$$

発見された新元素の半減期は1000分の2ミリ秒程度という．また，合成された原子数は3個であったという．

かれていなかった，93番元素から118番元素までの全元素がつくられた．このような重い元素は不安定ですべて放射性である．

原子核が，α粒子や陽子・中性子などとの作用によって変化することを**核反応**といい，核反応を化学反応式のように書き表したものを**核反応式**という．比較的低いエネルギーでの核反応式では，次のような関係がある*．

核反応　nuclear reaction
核反応式　nuclear reaction formula

* 高エネルギー核反応では，若干の電荷がπ中間子などに運び去られることがある．

$$\begin{cases} \text{左辺の質量数の和} = \text{右辺の質量数の和} \\ \text{左辺の原子番号の和} = \text{右辺の原子番号の和} \end{cases}$$

このように核反応の前後で，陽子，中性子，電子などはなくならないが，ウランの核分裂のところで述べたように，両辺の質量が変化するときは莫大なエネルギーの出入りがある．23ページで見たリチウムを陽子で照射する反応の両辺の質量は次のとおりである．

$$^{7}_{3}Li + {}^{1}_{1}H \longrightarrow 2[{}^{4}_{2}He] + Q$$

反応前 $\begin{cases} {}^{7}_{3}Li \text{ の質量} = 7.01601（原子質量単位で）\\ {}^{1}_{1}H \text{ の質量} = 1.00782（\quad 〃 \quad）\end{cases}$ 合計 8.02383

反応後 $\begin{cases} {}^{4}_{2}He \text{ の質量} = 4.00260（原子質量単位で）\\ {}^{4}_{2}He \text{ の質量} = 4.00260（\quad 〃 \quad）\end{cases}$ 合計 8.00520

エネルギーに変換した質量 = 0.01863（原子質量単位）

この質量を，アインシュタインの質量とエネルギーの関係式 $E = mc^2$ を用いてエネルギーに直し，1 mol当りのJで表すと 1.67×10^{12} Jとなる．この反応では ${}^{4}_{2}$He が巨大な運動のエネルギーを得てとび去る．原子

力というのは，このような質量 → エネルギーの変換によって生じる巨大なエネルギーを利用するものである．

═══════════════ 演習問題 ═══════════════

1. 3種の窒素化合物 A, B, C を分析したら，右の結果を得た．この事実が倍数比例の法則に合致することを説明せよ．

	A	B	C
窒 素	63.63 %	46.67 %	30.44 %
酸 素	36.37 %	53.33 %	69.56 %

2. 特性 X 線のうち K_α 線についての波長が，Zn では 1.435 Å，Ni では 1.658 Å である．ある元素の K_α 線の波長は 1.789 Å である．この元素の原子番号を求めよ．光の速度 $c = 2.998 \times 10^{10}$ cm/s とする．

3. Mn^{2+} は 23 個の電子をもっている．質量数 55 の Mn の中性子の数はいくつか．

4. ある元素 X を含む 3 種類の気体化合物がある．それぞれの化合物中の X の含有質量 % は 57.5 %, 69.5 %, 76.0 % で，酸素に対する比重はそれぞれ 2.06, 2.56, 3.12 であった．この元素 X の原子量を求めよ．

   このような方法は，カニツァーロの方法と呼ばれ，化学的に原子量を決定する基礎である．

5. 原子量 10.8 の元素がある．この元素は天然には 2 種の同位体が存在する．その一つの質量数は 11，自然に存在する割合は 80 % である．もう一つの同位体の質量数はどれだけか．

6. 比重 2.7 の金属を X 線で調べたところ，一辺の長さが 4.0 Å の立方体の中に 4 個の原子を含むことがわかった．アボガドロ定数を 6.0×10^{23}/mol とすれば，この金属の原子量はいくらか．

7. 気体の重水素 1 g 中の電子の数はおよそいくらか．アボガドロ定数を N_A とする．

8. 質量数 1 の水素の精密な原子質量は 1.00794 である．また，電子 1 個の質量は 9.1094×10^{-28} g であるという．電子と陽子のおおよその質量を原子質量の単位で表すとそれぞれいくらになるか．アボガドロ定数は 6.022×10^{23}/mol とする．

9. ある金属の酸化数は 3 で，その酸化物の組成は金属が 70 % である．この金属の原子量を求めよ．

10. マイヤーは，原子容の周期性を見出した．同じ周期で一番大きい原子容を示すものは何族元素か．

11. At は元素の周期表 17 族の第 6 周期に位置している．この元素につき a ～ c を推定せよ．
    a) 単体の常温の状態（気体・液体・固体），b) 単体の蒸気の分子式，c) ナトリウム塩の化学式．

12. 原子番号 9, 10, 11, 17, 19, 35, 37, 53, 55 の元素のうち，同族に属するものを選び出せ．

13. 次のような原子番号をもつ元素の組合わせのうち，XY_2 の化学式となるのはどれか．
    a. 3 と 9   b. 10 と 14   c. 6 と 8   d. 13 と 17   e. 2 と 20

14. 水素原子のスペクトルのライマン系列中の第 1，第 2 輝線の波長を求めよ．

15. 水素原子の電子が，$n = 6$ から $n = 5$ へ移行する際に放出するエネルギーと，その際に発生する電磁波の波長を求めよ．ただし，$h = 6.63 \times 10^{-34}$ J·s，$c = 3.00 \times 10^8$ m/s とする．

16. 主量子数 $n = 3$ までで，軌道は，全部でいくつになっているか．

17. F, Al, Cl^- の電子配置を s, p, d を用いて表せ．

18. 次の (1)，(2) の各変化の間に，α 線と β 線はそれぞれ何回放射されるか．
    (1) $^{238}_{92}U$ から $^{234}_{92}U$ (2) $^{226}_{88}Ra$ から $^{210}_{82}Pb$

19. $^{238}_{92}U$ の原子核が中性子 1 個を吸収して他の原子核に変わった後，これが 2 回の β 壊変を行って生成する原子核を示せ．

20. ^{226}Ra 1 g は 3.7×10^{10}/s の割合で α 粒子を出し，この α 粒子は 1 日で 0.119 mm^3 (0 ℃，1.013×10^3 Pa) のヘリウムの気体になるという．これからアボガドロ定数を求めよ．

21. ^{226}Ra の半減期は約 1.6×10^3 年である．はじめ 1 g あった Ra は，8.0×10^3 年後には何 g になるか．

第2章　化学結合

　原子と原子が結合するのは，一つの原子の原子核と他の原子の電子との間に引力が働くからである．ある物質が水に溶けたり溶けなかったり，固体が硬かったり軟らかかったり，電気を伝えたり伝えなかったりする．そのような性質の違いは，ほとんど化学結合の違いによって生じるのである．

● 2-1　イオン結合 ●

1. イオン化エネルギー

どのような原子が陽イオンになりやすいのであろうか．原子の核外電子は，その軌道や配置の状態によって，軌道に束縛される強さが異なる．中性の原子から1個の電子をとり去るのに必要なエネルギーを**第1イオン化エネルギー**という．なお2個めの電子をとり去る場合を第2イオン化エネルギー，3個めの電子の場合を第3イオン化エネルギーという．

イオン化エネルギー
ionization energy

$$Mg = Mg^+ + e^- - 737 \text{ kJ/mol}$$
$$Mg^+ = Mg^{2+} + e^- - 1443 \text{ kJ/mol}$$

1原子当りのイオン化エネルギー（イオン化ポテンシャル）を，eV（エレクトロンボルト，電子ボルト）単位で表すと，次のようになる．

$$Mg = Mg^+ + e^- - 7.65 \text{ eV}$$

なお

$$1 \text{ eV} = 1.60 \times 10^{-19} \text{ J} \quad \text{アボガドロ定数} = 6.02 \times 10^{23}/\text{mol}$$

より，次の関係がある．

$$7.65 \text{ (eV)} \times 6.02 \times 10^{23} \times 1.60 \times 10^{-19} \fallingdotseq 7.37 \times 10^5 \text{ (J/mol)}$$

　第1イオン化エネルギーを原子番号順に並べてみると，周期性がある．同族の原子の第1イオン化エネルギーは，互いに類似しているが，原子番号が大きいほどその値は小さい．すなわち陽イオンになりやすい．また同周期の原子では，原子番号が大きくなるにつれてその値が大きくなり，陽イオンになりにくくなる（**図 2-1**）．

　同族の原子では，最外殻の電子数が等しく，原子番号が大きいほど原子が大きくなり，原子核と最外殻の距離が大きくなるため，電子がより離れやすくなる．また同周期の原子では，原子番号が増えるほど電子が離れにくくなるのは，① 右にいくほど核の荷電が大きくなること，② ある一つの電子に対する核の＋の荷電の働き方を考えると，その電子より内側の殻にある電子は核の荷電をよく遮るが，同じ殻の電子はあまり遮らないので，同じ殻の電子が増えるほど電子に核の力が強く働き，電子が離れにくくなること，③ **表 2-1** に見られる

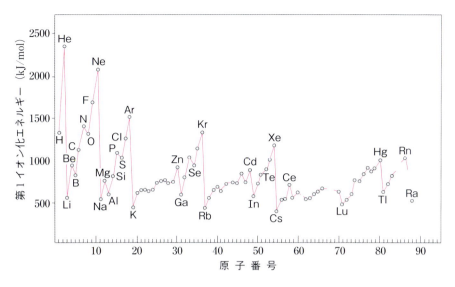

図 2-1 原子番号と第 1 イオン化エネルギーの関係

ように右にいくほど原子がだんだん小さくなること，などの理由による．イオン化エネルギーは種々の方法で実測されている．

また同周期の元素の第 1, 2, 3 … イオン化エネルギーを調べてみると，最外殻の電子，すなわち価電子のイオン化エネルギーは，それより内側の電子に比べてずっと小さいことがわかる（**表 2-2**）．第 2 周期の元素では内側の K 殻の電子をとるのに，L 殻の電子をとるよりもずっと大きなエネルギーを要する．このように満たされた殻が安定であることが，化学結合の生成と関係が深い．

2. 電子親和力

原子から電子をとり去るのに要するエネルギーがイオン化エネルギーであるのに対し，電子を入れるとき放出されるエネルギーが**電子親和力**

表 2-1 第 2 周期の元素の原子半径

元素	半径 Å $(= 10^{-10}$ m$)$
Li	1.22
Be	0.89
B	0.80
C	0.77
N	0.74
O	0.74
F	0.72

電子親和力　electron affinity

表 2-2　第 2 周期の元素のイオン化エネルギー (kJ/mol)

原子番号	3	4	5	6	7	8	9	10
元素	Li	Be	B	C	N	O	F	Ne
第 1	519	900	800	1090	1400	1310	1680	2080
第 2	7300	1680	2420	2350	2860	3390	3380	3950
第 3	11800	14800	3660	4610	4590	5320	6050	6120
第 4		21000	25000	6220	7470	7460	8410	9350
第 5			32800	37800	9440	10970	11000	12200
第 6				46900	53100	13300	15100	15100
第 7					64000	71100	17900	18700
第 8						83700	91600	23000
第 9							106000	114600
第 10								129700

表中の赤線の上の値は，各原子の最も外側の電子殻に入っている電子のイオン化エネルギーで，内殻の電子のイオン化エネルギー（赤線の下）は，ずっと大きくなる．

表 2-3 電子親和力 (A → A⁻)

原子	電子親和力 (kJ/mol)
H	72.0
Cl	356
Br	324
I	296

である(表 2-3).原子が電子をとり入れると陰イオンとなるから,電子親和力の大きい原子ほど陰イオンになりやすい.

$$F + e^- = F^- + 3.27 \times 10^2 \text{ kJ/mol}$$
$$(F + e^- = F^- + 3.40 \text{ eV})$$

電子親和力の測定はやや困難で,一つの元素についても種々の値が報告されている.

3. イオン結合

Na ($2s^2 2p^6 3s^1$) は第1イオン化エネルギーが小さく,電子1個を放って Na⁺ ($2s^2 2p^6$) になりやすく,Cl ($3s^2 3p^5$) は電子親和力が大きく,電子1個をとり入れて Cl⁻ ($3s^2 3p^6$) になりやすい.したがって,金属ナトリウムと塩素が反応して塩化ナトリウム NaCl ができるときには,Na 原子の電子1個が Cl 原子に移動して,それぞれ Na⁺ と Cl⁻ となる.

$$\text{Na} \longrightarrow \text{Na}^+ + e^- \quad e^- + \text{Cl} \longrightarrow \text{Cl}^-$$

* クーロン力
　この場合は電気的求引力.

塩化ナトリウム NaCl は,Na⁺ と Cl⁻ のクーロン力*による結合によってできあがった化合物である.そして,このような陽イオンと陰イオンのクーロン力による結合を,**イオン結合**という.

イオン結合　ionic bond

イオン結合からなる化合物の結晶において,ある陽イオンの占める空間は,相手の陰イオンの種類が変わってもほぼ一定している.同様に陰イオンが占める空間も陽イオンの種類に関係なく,ほぼ一定している.そのためイオンは大小の球とみなすことができ,結晶はその大小の球の積み重ねとして理解できる.各球が接していると仮定して,その球の半径を**イオン半径**といい,r で表す.

イオン半径　ionic radius

イオン結晶内の陽イオンと陰イオン間の最短距離(核の間の距離)は,両イオン半径の和にほぼ等しい.また元素の周期表の同族では,原子番号が大きい元素ほどイオン半径が大きくなり,同周期の陽イオンでは,原子番号が増えて荷電数が大きくなるほど半径は小さくなる(たとえば,$r_{\text{Na}^+} > r_{\text{Mg}^{2+}} > r_{\text{Al}^{3+}}$).同周期の陰イオンでは,原子番号が増えても半径はあまり変わらない(表 2-4).

シャノン　R. D. Shanon

Å (オングストローム)
$1 \text{ Å} = 10^{-10} \text{ m}$

表 2-4　イオン半径 (Å)* (シャノンによる)

1族		2族		13族		16族		17族	
Li⁺	0.73	Be²⁺	0.41			O²⁻	1.28	F⁻	1.19
Na⁺	1.13	Mg²⁺	0.71	Al³⁺	0.53	S²⁻	1.70	Cl⁻	1.67
K⁺	1.52	Ca²⁺	1.14	Ga³⁺	0.61	Se²⁻	1.84	Br⁻	1.82
Rb⁺	1.66	Sr²⁺	1.32	In³⁺	0.94	Te²⁻	2.07	I⁻	2.06
Cs⁺	1.81	Ba²⁺	1.49	Tl³⁺	1.03				

*イオン半径の値は配位数によっても異なる.ここに掲げた値はイオンによって異なる配位数のものを含む(配位数については 66 ページを参照のこと).

4. イオン結合のエネルギー

代表的なイオン結晶である NaCl について考えてみよう．正負の電荷が近づけば，その間に引力が働く．この力は正負の電気量の積に比例し，距離の2乗に反比例する．この力を生じる位置のエネルギー U_c は，次の式で示される．

$$U_c = -k\left(\frac{e^2}{r}\right) \qquad (r は定数)$$

図 2-2 (a) に示すように，U_c は r を小さく（Na^+ と Cl^- が近づく）すればどんどん小さくなるが，両イオンが近づくと両者の電子雲の反発が始まる．そのエネルギーを U_r とすると，U_r は両方の電子雲が接触すると急に大きくなる（図 2-2 (a, b)）．結局両者は引力と反発力がつり合うところ（$U_c + U_r = U$ が最小になる距離）におちつく．そのときのイオン間距離は 2.5 Å，位置エネルギーは -5.5 eV $(= -527$ kJ/mol$)$ である．

食塩（塩化ナトリウム）を強熱し，溶融蒸発させてできる気体は，Na^+ と Cl^- のイオン対からできている．このイオン対の核間距離は 2.5 Å と実測されている．ところが，NaCl の結晶では，イオン間距離 2.82 Å（室温）で結合のエネルギーは 779 kJ/mol である．結晶中では Na^+ および Cl^- は，ただ1個の反対荷電のイオンと結合するのではなく，多数の反対荷電のイオンと力を及ぼしあっているため，このような違いができる．

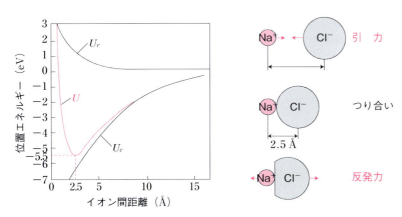

(a) Na^+ と Cl^- のイオン対の位置エネルギー　　(b) Na^+ と Cl^- の距離と働く力

図 2-2　Na^+Cl^- イオン対

5. イオン結合性物質の一般式（例）

MX 型：NaCl　MgO　KNO_3　$CaCO_3$　$AlPO_4$

M_2X 型：Na_2O　Na_2SO_4　$(NH_4)_2CO_3$

MX_2 型：CaF_2　$Mg(ClO_4)_2$　$Pb(CH_3COO)_2$

2-2 共有結合

1. 共有結合

電子を他に与える傾向の強い原子と，他から取る性質の強い原子との間には，イオン結合ができる．それに対し，電子をやりとりする傾向があまり違わない原子同士は，**共有結合**によって結合する．共有結合は2個の原子が2個の電子を共有することによってできる結合で，炭素原子同士を例にとると，C：CまたはC－Cのように書かれる．

共有結合では，電子のスピンが互いに逆向きで対になって結合する．対になった電子を対電子，対になっていない電子を不対電子というが，原子が共有結合するためには，両方の原子に不対電子があることが必要である．また，対になって共有結合に使われている電子を**共有電子対**，使われていないが，対になっている電子対を**非共有電子対**または**孤立電子対**という．

共有結合　covalent bond

共有電子対
　shared electron pair
非共有電子対
　unshared electron pair
孤立電子対　lone pair

水分子の場合の共有結合を考えてみよう．原子番号はHが1，Oが8であるから，H原子およびO原子の電子配置（基底状態）は次のように示される．↑印はスピンの向きを示すもので，＋－の2種類を↑↓で示す．

このように，H原子は1s軌道に不対電子があり，O原子は2pの三つの軌道のうち，一つは電子対（非共有電子対）であり，他の二つは不対電子である．そこでH_2O分子をつくるとき，このO原子の不対電子の2p軌道とH原子の1s軌道が重なりあって共有結合し，共有電子対となる．

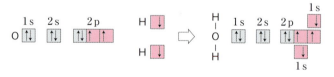

2. 分子軌道

水素原子と水素原子から水素分子ができるときは，たくさんの熱が出る．

$$H + H = H_2 + 432 \,\text{kJ/mol}$$

反対にH_2をH原子にするためには，1 mol当り432 kJの熱を与えなければならない．このことは，H原子として存在するよりもH_2分子の方がずっと安定なこと，H_2分子の結合が強いことを示している．

水素原子Hから水素分子H_2ができると，Hの1s原子軌道は融合して，2個の原子核をとり囲み，**図2-3**のような分子軌道ができると考えられる．結合前は，それぞれの原子核に属していた電子は，両方の原子核に共有されて一つの電子雲を形成する．このような結合が共有結合である．

原子軌道ではs軌道は球状，p軌道は亜鈴状をしているが（図1-14, 16

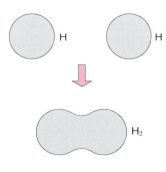

図2-3 H_2の分子軌道

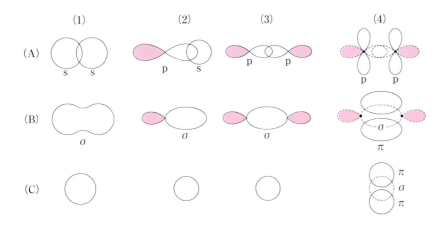

図 2-4　原子軌道 ── 分子軌道

ページ），分子軌道でも，結合軸に垂直に切ったとき，その断面が円形になればその軌道を用いた結合を σ 結合と呼び，断面が亜鈴形であれば π 結合と呼ぶ*．分子軌道の概念図を図 2-4 に示す．図の (A) は結合を原子軌道の重なりで示したものである．(B) は分子軌道，(C) はその断面の形である．

(1) は s と s からできる σ 結合で，例としては H_2，H—H があげられる．

(2) は p と s からできる σ 結合で，HCl，H—Cl やこの結合を二つ含む H_2O，H—O—H などがあげられる**．

(3) は p と p からできる σ 結合で，Cl_2，Cl—Cl などがその例である．

(4) は p と p からできる π 結合である．破線で示した p と p とから σ 軌道ができ，その他に両原子の平行な p 軌道から π 結合ができている．(4) はこのように σ と π の両方を含み，いわゆる二重結合である．例として ＞C=C＜ があげられる．

2 個の原子が結合し，両方の原子の原子軌道が融合して分子軌道ができるとき，結合に関与した原子軌道と同数の分子軌道ができる．H の 1s と H の 1s からは，分子軌道として σ と σ* ができる．σ を **結合性軌道**，σ* を **反結合性軌道** という．σ と σ* はエネルギー的に反対の性格がある（σ は H の 1s より安定，σ* は不安定）．そのようすを図 2-5 の左側に示す．図解的に書くと，図 2-5 の右側のようになる．σ* では，二つの原子核間の電子密度が減っている*．

原子軌道と同じように，分子軌道でも，一つの軌道にはスピンが反対の電子が 2 個まで入ることができる．H_2 分子では電子は結合性の σ 軌道に 2 個入り（σ^2），二つの原子は強く結合される．H と H はこのように H_2 分子になるが，He からは He_2 分子はできない．He 原子は $1s^2$ であるか

---

*　σ 結合，π 結合
　σ 結合は電子雲の重なりが大きくて強い結合で，結合軸のまわりに回転できる．π 結合は電子雲の重なりが大きくなくて，比較的弱い結合で，結合軸のまわりに回転できない．

**　ここで HCl は塩化水素で，塩酸ではない．塩化水素は気体分子であり，塩酸は塩化水素の水溶液で，H や Cl はイオン化している．

結合性軌道　bonding orbital
反結合性軌道
　　antibonding orbital

*　結合性軌道では，電荷を原子核間に集めて結合を強める．反結合性軌道ではその逆になる．

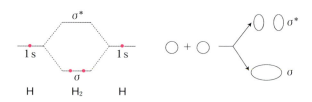

図 2-5　結合性軌道（σ）と反結合性軌道（σ*）

ら，He_2 分子ができると $σ^2 (σ^{*2})$ となり，しかも $σ^*$ による不安定化の程度が，σ による安定化の程度より少し大きいので，He_2 分子はできない．

3. 混成軌道

メタン CH_4 分子は，四つの等価な C–H 結合をもち，H–C–H の結合角 109.5° という正四面体構造をもっている．このような C 原子の共有結合の正四面体的な方向性を説明するため，ポーリングは原子軌道の混成の概念を導入した．

ポーリング　L.C.Pauling, 米

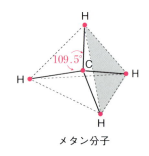

メタン分子

炭素原子は基底状態では，$1s^2 2s^2 2p^2$ の電子配置をもつ．四つの結合ができるために，励起状態で $1s^2 2s^1 2p^3$ となったとして（昇位という），CH_4 を考えると，2s 軌道を用いた一つの結合と，2p 軌道を用いた三つの結合があることになり，四つの等価な C–H 結合にはならない．

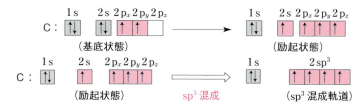

ポーリングは，C 原子の 2s 軌道と $2p_x, 2p_y, 2p_z$ 軌道の四つをまじり合わせ，正四面体の頂点方向に向かう四つの等価な新しい軌道を導いた．**このように異なった軌道から新しい軌道をつくることを混成といい，新しくできた軌道を混成軌道という**．そして上記のように，一つの s 軌道と三つの p 軌道の混成を sp^3 混成，これから生じた軌道を **sp^3 混成軌道** という．

混成　hybridization
混成軌道　hybridized orbital

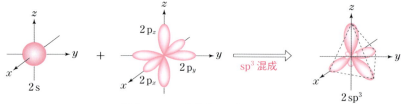

炭素原子の sp^3 混成と sp^3 混成軌道

こうしてできた sp^3 混成軌道は，4 個の H 原子の 1s 軌道と σ 結合をして，メタン分子は正四面体構造をとることになる．

エチレン C_2H_4 や三塩化ホウ素 BCl_3 の分子は，平面的な構造をとり，正

三角形の重心から三つの頂点へのびた結合が存在するが，この場合は一つのs軌道と二つのp軌道の混成によって，**sp² 混成軌道**ができるのである．

sp² 混成軌道

C_2H_4の一つのCに注目しよう．このCは三つのsp²軌道と，一つの$2p_z$をもっている．三つのsp²のうち，二つはHの1sとσ結合をする．残りの一つのsp²はもう一つのCとσ結合をするが，なお$2p_z$があまっている．二つのCの$2p_z$は互いに融合してπ結合をする（31 ページ）．

塩化ベリリウム$BeCl_2$やアセチレンC_2H_2，あるいはシアン化水素HCNの分子は，直線状の構造をとる．この場合，ベリリウムや炭素の原子では，一つのs軌道と一つのp軌道の混成によって，**sp 混成軌道**ができる．

C_2H_2では，CとCの間には，sp混成軌道同士のσ結合と，$2p_y$–$2p_y$, $2p_z$–$2p_z$の間の二つのπ結合ができる．

このように，C_2H_4の二重結合やC_2H_2の三重結合は，σ結合とπ結合から構成される．

sp 混成軌道

4. 配位結合

アンモニア水に，H⁺とCl⁻の水溶液である塩酸を加えると塩化アンモニウムの溶液になる．

塩化アンモニウムはイオン結合性の物質であるが，NH_4^+に着目すると，電子をもたない H⁺ が NH_3 の非共有電子対と結合する．

このときできる結合を電子式で示すと，次のように示される.

そしてNH_4^+における四つのN–Hの結合は（四面体の頂点方向に向かう），等価な共有結合となっている．

一般に，非共有電子対は他の原子の価電子と化学結合をつくることはないが，上のように，他の原子の軌道に電子がないときは，その軌道に一対の電子対を与えた形で共有結合することがある．このような結合を**配位結合**という．つまり配位結合とは，一方の原子の非共有電子対を二つの原子が共有した結合である．この結合は錯体または錯塩（114 ページ），たとえば $[Cu(NH_3)_4]SO_4$ の Cu と NH_3 の間の結合にみられる．

配位結合　coordination bond

* 高校では主にオキソニウムイオンとして学ぶが，ヒドロキソニウムイオンやヒドロニウムイオンという呼び方もある．元来，オキソニウムイオンは意味が広く，ヒドロニウムイオンの水素をアルキル基（141ページ側注参照）で置換したイオンにも用いられる．

〔例〕水分子からオキソニウムイオン*H_3O^+が生成する場合も，水分子と水素イオンの間で配位結合ができる．

$$H:\overset{..}{\underset{H}{O}}: + H^+ \longrightarrow \left[H:\overset{..}{\underset{H}{O}}:H \right]^+$$

N原子の電子配置は$1s^2 2s^2 2p^3$であり，NH_3はこの三つの$2p$軌道とHの$1s$軌道が重なりあって共有結合をしている．NH_4^+の場合は，$2s$の二つの電子の一つが，H^+の$1s$軌道に移り，残った$2s$軌道の電子と三つの$2p$軌道が混成してsp^3混成軌道となり，この混成軌道に四つのH原子（一つはH^+に電子が移動）の$1s$軌道が重なって共有結合している．したがって，NH_4^+はCH_4分子と同じく正四面体構造となっている．

5. 結合エネルギー

水素分子H_2はH−H間で，水分子H_2OはH−O間でそれぞれ共有結合をしているが，このような原子間の共有結合を切り離すのに要するエネルギーを**結合エネルギー**といい，結合の強さの尺度となる．

結合エネルギー bond energy, binding energy

解離エネルギー dissociation energy

共有結合からなる分子を，成分原子に切り離すのに要するエネルギーを**解離エネルギー**という．したがって解離エネルギーは，分子を構成している原子間の結合エネルギーの和となる．結合エネルギーはその結合の分子内の位置などにより多少変化する．**表2-5**の値は平均的な値である．たとえば，H−O間の結合エネルギーは459 kJ/molであり，水分子の結合はH−O−Hであるから，水分子の解離エネルギーは918 kJ/mol（459 kJ/mol × 2）となり，次のように表される．

$$H_2O = 2H + O - 918 \text{ kJ/mol}$$

C−Hの結合エネルギーを求めてみよう．気体状態（gで示す）のメタンの生成熱：C（黒鉛*）+ $2H_2$(g) = CH_4(g) + 74.9 kJ，黒鉛の昇華熱：C（黒鉛）= C（蒸気）− 718.7 kJ，H_2の解離エネルギー：H_2(g) = 2H(g) − 432 kJ，これからCH_4(g) → C(蒸気) + 4H(g)の反応熱は$432 × 2 - (-74.9) + 718.7 = 1657.6$(kJ)，結合の一つずつは，これを4で割り約414 kJとなる．

* 黒鉛
グラファイト（graphite），石墨（セキボク；鉱物名）ともいう．

表2-5 原子間の結合エネルギー (kJ/mol)

結合	結合エネルギー	結合	結合エネルギー
H−H	432	C=O	799
O−H	459	Cl−Cl	239
C−H	414	C=C	590
C−C	354	O−O	494

2-3 分子の構造

1. 結合距離と結合角

結合距離 bond length

分光学的方法を主とした研究手段によって，分子内の原子の**結合距離**や

結合角が求められる．結合距離は，結合している原子が同じで，その結合の型（単結合とか二重結合とか）が同じであれば，分子や結晶の種類に関係なくほぼ一定している．たとえば，

- ダイヤモンド（C）   のC−C間の結合距離は 1.542 Å
- エタン CH_3-CH_3 のC−C間の結合距離は 1.536 Å
- ブタン $CH_3-CH_2-CH_2-CH_3$ のC−C間の結合距離は 1.539 Å

このように結合距離は，結合する原子が同じであれば違う分子においてもほぼ一定であることから，共有結合をするとき，それぞれの原子に固有の結合距離があるとみなし，同種の原子の結合距離の1/2を，その原子の**共有結合半径**という．異種原子間の結合距離は，共有結合半径の和にほぼ等しい．

結合角　bond angle

共有結合半径　covalent radius

表 2-6　結合距離，共有結合半径

結合	結合距離 (Å)
C−C	1.54
C=C	1.34
C≡C	1.20
C−H	1.09
C−O	1.43
C−Cl	1.77
O−O	1.32
O−H	0.96
N−H	1.04
H−Cl	1.27

原子の共有結合半径

原子	単結合 (Å)	二重結合 (Å)	三重結合 (Å)
H	0.30		
F	0.64		
Cl	0.99		
Br	1.14		
I	1.33		
O	0.66	0.55	
S	1.04	0.94	
N	0.70	0.60	0.56
C	0.77	0.67	0.60
Si	1.17	1.07	1.00

2. 結合角と軌道

共有結合は原子軌道の重なりによって生ずる．もとの軌道が方向性をもつので，分子内の隣りあう二つの結合はある角度をもつことになる．先に記したように，原子の各軌道は次のような形状をもっている．

a) s軌道：球状

b) p軌道：x, y, z軸の3方向にのび，その中心軸は互いに90°の角度をもつ．

c) sp^3混成軌道：正四面体の重心から頂点に向かってのび，その中心軸は互いに109.5°の角度をもつ．

d) sp^2混成軌道：正三角形の重心から頂点に向かってのび，その中心軸は互いに120°の角度をもつ．

e) sp混成軌道：直線状にのび，その中心軸は互いに180°の角度をもつ．

c), d), e) の混成軌道は，第2周期の元素の化合物によくみられる．

メタン CH_4 分子は32ページに述べたように，C原子のsp^3混成軌道に四つのH原子のs軌道が重なって共有結合し，H−C−Hの結合角は

表 2-7 おもな結合角と分子の形

分　子	結合角の種類	結　合　角	分子の形
CO_2	O=C=O	180°	直線形
HCN	H−C≡N	180°	〃
H_2O	H−O−H	104.5°	折れ線形
BF_3	F−B−F	120°	平面正三角形
NH_3	H−N−H	107°	三角錐形
CH_4	H−C−H	109.5°	正四面体形

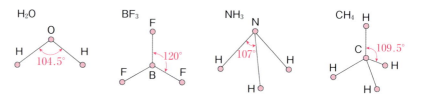

109.5°となる. フッ化ホウ素 BF_3 の場合も，B原子の sp^2 混成軌道に三つのF原子のp軌道が重なって共有結合をし，F−B−Fの結合角は120°となる.

水 H_2O 分子は，O原子の二つのp軌道（たとえば p_x, p_y）にそれぞれH原子のs軌道が重なって結合していると考えられる. ところでp軌道は互いに90°をなしているから，H−O−Hの結合角は90°になると予想されるが，実測によると結合角は104.5°で，90°からかなりずれ，むしろ四面体角109.5°に近い. おもな原因として，H原子間の静電気的反発が考えられる. すなわちH−Oの結合において，O原子の方がH原子より電子を引きつける力（電気陰性度，37ページ）が強いから，電子はO原子側に片寄り，二つのH原子が正に帯電した状態になり，H原子同士が互いに反発し，90°より大きくなる. しかしこのH原子の反発を考慮しても，95°程度にひろがるにすぎない. s軌道が少し混じりあって，sp^3 混成の性質もあわせもったと理解される. そして，左の図のように水素原子の反対側に非共有電子対が突き出している.

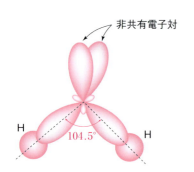

(1) 水における sp^3 混成は，CH_4 の場合と違って四つが等価ではない.

(2) 酸素族元素の水素化合物 H_2S, H_2Se, H_2Te の結合角は，92.9°，90.9°，90.0°と小さくなっている. H原子との結合距離がO＜S＜Se＜Teの順に大きくなり，H原子間の反発力も小さくなるため，結合角も順に小さくなるのである. なおこれらの場合は，混成軌道になっていないと考えられる.

アンモニア NH_3 分子は，N原子の三つのp軌道にそれぞれH原子のs軌道が重なって共有結合をしているから，H−N−Hの結合角は90°と考えられるが，実測値は107°である. この原因の一つは，水分子の場合と同様に，H原子間の静電気的反発によるが，アンモニアではH原子が三つになっているから反発がより大きいとして説明できる. また，水分子の

場合と同様に，一部 sp³ 混成となっていると考えられる．しかも水分子の場合の 104.5° より大きく，正四面体構造の結合角 109.5° により近い*.

● 2-4 分子間力 ●

1. 電気陰性度

イオン結合はもちろんであるが，共有結合においてもその結合電子は，二つの原子核に等分に配分されるわけではなく，原子によって電子を引きつける力の強いものと弱いものがあり，その分布に片寄りがある．この電子を引きつける傾向を数値的に表したものが，**電気陰性度**である．

ポーリングは，単体から化合物ができるときの生成熱は，成分元素の電気陰性度と関係が深いことから，電気陰性度を数量的に表す方法（結合エネルギーと 2 個の原子の電気陰性度の差を関係づける式）を提案した (1932 年)．

ハロゲン化水素の生成熱を比べてみよう．

$$\frac{1}{2}H_2 + \frac{1}{2}I_2 = HI + 6.3\,kJ$$

$$\frac{1}{2}H_2 + \frac{1}{2}Br_2 = HBr + 53.3\,kJ$$

$$\frac{1}{2}H_2 + \frac{1}{2}Cl_2 = HCl + 95.4\,kJ$$

$$\frac{1}{2}H_2 + \frac{1}{2}F_2 = HF + 274\,kJ$$

H_2, I_2 などの単体では，二つの原子は電気陰性度が同じで，結合は純粋な共有結合と見てよい．H_2 と I_2 とから HI ができる反応の反応熱がわずか 6.3 kJ であるというのは，H_2, I_2 の結合を切るのに要するエネルギーとほぼ同程度のエネルギーが，H 原子と I 原子とから HI 原子ができるとき放出されるわけで，HI 結合も，純粋な共有結合に近いということになる．それに対し HBr, HCl, HF と反応熱が大きくなるのは，結合に，イオン結合的性格が増えていくこと，すなわち片方の原子が電子をより強く引きつけることを示している．

一方，マリケンは，イオン化エネルギーと電子親和力 (27 ページ) から電気陰性度を導くことを提案した (1934 年)．すなわち，ある原子のイオン化エネルギーを I (eV)，電子親和力を E (eV) とすると，電気陰性度 χ(カイ) は，次のように，これらの平均値で表されるとした．

$$\chi = \frac{I+E}{2}$$

ポーリングとマリケンの電気陰性度の値には，ほぼ並行性が見られ，ポーリングの値を χ，マリケンの値を M とすると，A, B 2 元素の電気陰

* 窒素族元素の水素化合物 PH_3, AsH_3 は，結合角がそれぞれ 93°, 92° で，上記の H_2S, H_2Se, H_2Te と同じように考えてよい．

分子間力
　intermolecular force

電気陰性度　electronegativity

マリケン　R. Mulliken, 米

表 2-8 元素の電気陰性度

2.1 H 7.2						
1.0 Li 3.0	1.5 Be 4.4	2.0 B 4.3	2.5 C 6.3	3.0 N 7.2	3.5 O 7.5	4.0 F 10.4
0.9 Na 2.9	1.2 Mg 3.7	1.5 Al 3.3	1.8 Si 4.9	2.1 P 5.9	2.5 S 6.2	3.0 Cl 8.3
0.8 K 2.2	1.0 Ca	1.6 Ga	1.8 Ge	2.0 As	2.4 Se	2.8 Br 7.6
0.8 Rb 2.1	1.0 Sr	1.7 In	1.8 Sn	1.9 Sb	2.1 Te	2.5 I 6.8
0.7 Cs 2.0	0.9 Ba	1.8 Tl	1.8 Pb	1.9 Bi	2.0 Po	2.2 At

各元素記号の上に記した値がポーリングの電気陰性度,下に記した値がマリケンの値.

性度の差には次の関係がある.

$$M_A - M_B = 2.78(\chi_A - \chi_B)$$

また,電気陰性度は,一般に非金属性の強い元素ほど大きく,表 2-8 からわかるように,周期表の上ほど,右ほど大きく,逆に下ほど,左ほど小さい.

2. 極 性

塩化水素 HCl 分子は,H 原子と Cl 原子が共有結合をしているが,H 原子に比べて Cl 原子の電気陰性度がかなり大きい.このため結合電子(共有電子対)が Cl 原子側に引き寄せられ,電子分布に片寄りができる.

すなわち H 原子側が +,Cl 原子側が - にいくらか帯電した状態になっている.このように,結合に静電気的な片寄りがあるとき,結合に**極性**があるという.結合に極性があるため,分子全体として静電気的な片寄りがある分子を**極性分子**といい,静電気的な片寄りのない分子を**無極性分子**という.

極性 polarity
極性分子 polar molecule
無極性分子 nonpolar molecule

同じ元素の原子が結合している場合は,電気陰性度の差がなく,結合に極性がない.したがって H_2, Cl_2 のような単体の分子は無極性分子である.一方,2 原子分子の化合物の場合は,電気陰性度が互いに全く等しい元素はないから,HCl のような 2 原子分子の多くは極性分子である.

3 原子分子以上では,その分子の形によって極性分子になる場合も無極性分子になる場合もある.たとえば CO_2 分子の形は直線形で,C 原子を中心に対称的になっているから静電気的な片寄りも － ＋ － のように方向性が逆になり,互いに打ち消しあって,分子全体としては無極性分子と

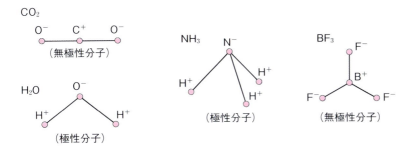

図 2-6 分子の形と極性分子，無極性分子

なる．H_2O 分子の場合は ＋⌒＋ の折れ線形であるから H−O の極性は打ち消されず，分子全体に電気的な片寄りがあり，極性分子である．また 4 原子分子である NH_3 は三角錐形であるから極性分子であるが，BF_3 は平面正三角形で B 原子を中心に対等の位置に F 原子が結合しているから，無極性分子である．また CH_4 は正四面体構造であり，C 原子を中心に対等の方向に H 原子が結合しているから無極性分子である．このように，分子の極性・無極性は，分子の形によっても左右される（**図 2-6**）．

3. 双極子モーメント

結合している原子が電子を引きつける能力を表す数値が電気陰性度であるのに対し，極性の大小を表す量に，**双極子モーメント**がある（**表 2-9**）．

HCl 分子では，Cl 原子の電気陰性度は H 原子より大きく，正電荷の重心が H 原子側に，負電荷の重心が Cl 原子側に片寄った極性分子となっている．いまこの両電荷を $δ+$，$δ-$ とし，この両電荷の重心の距離を r とすると，この電荷 $δ$ と距離 r の積 m を双極子モーメントという．

$$m = δr$$

電子の電荷，すなわち 1.60×10^{-19} C（クーロン）が 1 Å（$= 1 \times 10^{-10}$ m）の距離はなれているときの双極子モーメント m_0 は次のようになる．

$$m_0 = (1.60 \times 10^{-19}) \times (1 \times 10^{-10}) = 1.60 \times 10^{-29} \text{ C·m}$$

そして，次のように**デバイ*** という単位（記号：D）を設ける．

$$3.336 \times 10^{-30} \text{ C·m} = 1 \text{ D}$$

双極子モーメント
dipole moment

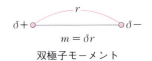

双極子モーメント

デバイ　debye
* デバイは物理化学者 P. Debye の名をとった単位名．静電単位系で導入された．

表 2-9 簡単な分子の双極子モーメント

物　質	双極子モーメント (D)	物質	双極子モーメント (D)	物質	双極子モーメント (D)
He	0	HF	1.9	H_2S	1.10
O_2	0	HCl	1.08	NH_3	1.3
CH_4	0	HI	0.38	CH_3Cl	1.87
CO_2	0	H_2O	1.85	CH_3OH	1.70

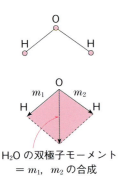

H$_2$O の双極子モーメント
＝ m_1, m_2 の合成

$$m_0 = \frac{1.6 \times 10^{-29}}{3.336 \times 10^{-30}} \fallingdotseq 4.8 \text{ D}$$

双極子モーメントの大きさは，分子の形から推定される大小の傾向とよく一致する．たとえば CO_2 や CH_4 の双極子モーメントが 0 であることは，前者が直線形，後者が正四面体形の構造になっていることを支持し，また H_2O の双極子モーメントが 1.85 D と大きいことは，その構造が O 原子を頂点とする二等辺三角形であることを支持している．すなわち左の図のように，O－H 結合の双極子モーメントが，ベクトル的に合成されていることによる．

双極子モーメントが結合電子の位置から生ずると仮定すれば，双極子モーメントから，その結合に含まれるイオン結合性の % が計算できる．たとえば，HCl 分子について考えてみよう．HCl の結合距離は 1.275 Å，双極子モーメントは 1.08 D である．完全に H^+ と Cl^- になっている（イオン結合性 100 %）と仮定すると，この場合の双極子モーメント m は，電子の電荷が 1.60×10^{-19} C であるから

$$m = (1.60 \times 10^{-19})(1.275 \times 10^{-10}) \text{ C·m}$$
$$= 2.04 \times 10^{-29} \text{ C·m} \fallingdotseq 6.11 \text{ D}$$

となる．また，結合電子が完全に同等に共有されていると仮定すると，双極子モーメントは 0 になる．よって

$$\text{イオン性 \%} = \frac{1.08}{6.11} \times 100 \% \fallingdotseq 18 \%$$

〔例〕結合のイオン性 %
 HBr：12 %，HF：45 %

4. 分子間力

気体は分子がばらばらになって運動しているが，気体を冷却したり，圧縮したりすると，分子が集まって液体，さらに固体となる．このことは，分子が近づくと，分子間にある引力が働くことを示している．このように分子相互の間に働く引力を**分子間力**または**ファンデルワールス力**という．分子間力は，イオン結合，共有結合，金属結合（42 ページ）よりずっと弱く，さらに，次項で述べる水素結合よりも弱い．

分子間力 intermolecular force
ファンデルワールス力
 van der Waals force

ファンデルワールス力は，実在気体についてのファンデルワールスの状態方程式（52 ページ）に出てくる圧力の補正項 an^2/V^2 に対応する力である．He, H_2 などの a は小さいが，NH_3, H_2O, CO_2 などでは大きい．分子間力が生じるおもな原因としては，次のようなものがある．

極性分子，すなわち双極子モーメントが 0 でない（永久双極子*モーメントをもつ）分子は，その双極子同士の相互の作用の結果，磁石が引き合うように互いに引力を及ぼし合う．双極子－双極子間に働く力は距離の 6 乗に反比例し，双極子の大きさや分子の形も関係する．

* 永久双極子
　一時的に誘起される双極子ではなく，分子が本来もっている電気双極子．

He や H_2 のように双極子モーメントのない無極性分子の間の引力は，分子の衝突によって，外殻電子の分布が変化するために生ずるものと考えられる．こ

の力を分散力と呼び，両分子間の距離の 6 乗に反比例する．

5. 水 素 結 合

周期表 14 族，15 族，16 族および 17 族の元素の水素化合物の沸点と蒸発熱をグラフで表したのが**図 2-7** である．分子性物質では，分子間力が大きい物質ほど沸点は高くなり，蒸発熱は大きくなる．また分子構造の類似している物質では，一般的に分子量が大きいものほど沸点は高くなり，蒸発熱が大きくなる．事実，14 族の元素では，この順になっている．ところが 15 族，16 族，17 族の水素化合物では，図 2-7 からわかるように第 2 周期の元素の水素化合物だけが，沸点も蒸発熱も異常に大きな値を示している．これは，これらの分子が液体の中で分子式から考えられるより大きな分子量をもっていること，すなわち分子と分子が特別の結合をしていることを意味する．この結合が**水素結合**である．

水素結合　hydrogen bond

フッ化水素 HF 分子について考えてみると，F 原子の電気陰性度が大きいため，共有電子対は F 原子側に引き寄せられ，強い極性があり，F 原子は負に，H 原子は正に荷電した形になっている．このとき，H 原子は電子が 1 個しかなく，その電子が F 側に引き寄せられているため，原子核（陽子）がはだかになったような形になっている．このような状態の H 原子は，近接した HF 分子の F 原子と静電的に結びつく．このときの結合が水素結合である．これによって HF は HF_2^- のようなイオンになったり，数個の分子が会合した構造をとる．

HF：H–F⋯H–F⋯H–F　　　H_2O：H–O–H⋯H–O–H⋯H–O–H
　　　　↑
　　　水素結合

水の特性と水素結合　水は分子量に比較して沸点や融点が異常に高く，0 ℃で

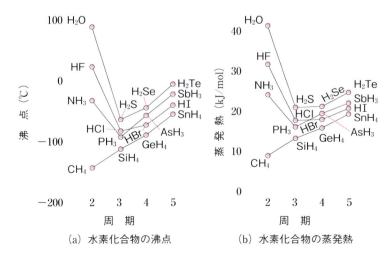

(a) 水素化合物の沸点　　　(b) 水素化合物の蒸発熱

図 2-7　水素化合物の沸点，蒸発熱

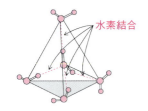

図 2-8 氷の結晶中の H_2O の水素結合

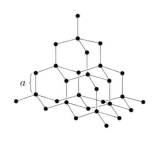

$a = 1.54$ Å

ダイヤモンド格子（●は C）

金属結合　metallic bond
自由電子　free electron

＊　金属光沢，展性・延性，熱や電気の伝導性，高沸点など，金属の特性の多くは自由電子による結合の特性である．

固体の状態（氷）より液体の状態（水）の方が密度が大きい．また種々の物質をよく溶かすなどの特性があるが，これらはいずれも水素結合と関係がある（図2-8）．

　水の沸点・融点が高いのは，先に述べたようにフッ化水素，アンモニアなどと同様に水素結合が存在するからであるが，とくに H_2O 分子は 2 組の非共有電子対をもち，O 原子を中心とした水素結合による三次元構造となり，多くの H_2O 分子が会合した状態になっているため，沸点・融点が異常に高い．また氷は，H_2O 分子が規則正しく配列して結晶格子をつくっているが，このとき，O 原子を中心とした水素結合による正四面体構造となり，ダイヤモンド格子（67ページ）の C を O で，C−C を O−H−O で置きかえた結晶構造となっている．水は，この格子がくずれた状態であるが，氷の結晶格子は，水の場合に比べて比較的すきまが多いため，密度が小さい．種々の物質が水によく溶けるのは水和（55ページ）によるが，極性分子の水和は，水素結合による場合が多い．

　地球という惑星の表面に生命が存在するのは，その表面に気・液・固の三態で多く存在する水の特性のためといえる．

2-5　金属結合

1. 金属結合と自由電子

　たとえば 1〜3 族の金属原子は最外殻の軌道に 1〜3 個の電子しかなく，まわりの原子と共有結合をするためには不足である．一方，金属原子の価電子のイオン化エネルギーは小さく，価電子を放って陽イオンになりやすい性質をもっている．そして金属単体は，一つの金属原子のまわりに 8〜12 個の同じ金属原子が隣接した状態で結晶をつくっている（68ページ）．

　いま，ナトリウムの結晶を例にとって，このような状態の結合を考えてみよう．一つの Na 原子のまわりには，8 個の Na 原子が隣接している．8 個の原子と共有結合をするためには最低 8 個の電子が必要であるが，これらの原子の最外殻軌道には，1 個の 3s 電子しかない．また，Na 原子の 1 個の価電子は離れやすいので，特定の原子に固定されず，まわりの他の原子の軌道を自由に動きまわり，いくつかの原子の共有のような状態となる（図2-9）．したがって Na 原子は価電子を放出した形となり，ナトリウムイオン Na^+ のような状態になっている．一方，放出された価電子が，まわりの原子と互いに共有しあうことによって，共有結合に似た結合となって互いに結合している．このような結合を**金属結合**という．そして，このときの一つの原子に固定されていない価電子を，**自由電子**という＊．金属結合は，自由電子による結合であるから，結合に方向性がない．

　ナトリウムの結合について，もう少し詳しく見てみよう．
　となりの原子 1 個と結合するときには，H_2 分子のでき方で述べた（30

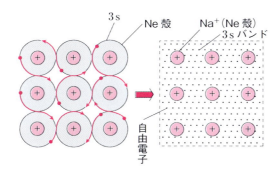

図 2-9 ナトリウムの結晶（Na^+ は Ne の電子殻と同じ電子配置）

ページ）ように，Na には結合に使われる電子は 3s 電子一つしかないから，二つの原子軌道から二つの分子軌道ができる．そしてエネルギーが低い方の軌道に電子が 2 個入る．三つの原子が結合すれば，分子軌道が三つできる．このようにして，結晶全体の原子の数だけ分子軌道ができる．**図 2-10** はこれを模式的に示したもので，実際には各エネルギー準位の差は極めて少なく，くっついてしまうと考えられる．このように密集した分子軌道の集団をバンドという．ナトリウムの場合は，3s 電子からできるので 3s バンドという．3s バンドをつくっている分子軌道は，結晶全体の原子にいきわたっている．すなわち，どの電子も特定の原子に属するという区別はなく，電子雲はすべての原子を包んでいる．この 3s バンドにある電子は，微小なエネルギーによっても動くことができ，自由電子と呼ばれるのである．

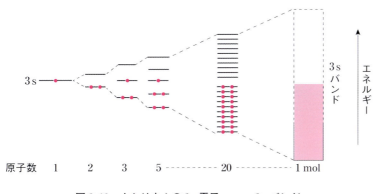

図 2-10 ナトリウムの 3s 電子 ⟶ 3s バンド

演習問題

1. $1s^2 2s^2 2p^6 3s^2 3p^1$ で示される原子においては，第 n イオン化エネルギーと第 $(n+1)$ イオン化エネルギーの間に大きなエネルギー差がある．n はいくつか．

2. Ca^{2+} および Br^- の核外電子の数はいくつか．またこれと同じ電子配置になっている元素はそれぞれ何か．

3. KF の結晶構造は 67 ページの NaCl の構造とよく似ている．その K と F の距離は 2.67 Å である．KF の密度を計算せよ．原子量 K = 39.1, F = 19.0, アボガドロ定数 = 6.02×10^{23}/mol．

4. 次の電気陰性度の値から，イオン結合性の最も強いと考えられる化合物の化学式を記せ．

原　　子	Li	C	O	F	Na	Cl	K
電気陰性度	1.0	2.5	3.5	4.0	0.9	3.0	0.8

5. Li, Na, K, Rb, Cs の順に大きくなる値は，次のうちどれか．
   a. 第 1 イオン化エネルギー　b. 金属結合半径　c. 融点　d. 電気陰性度

6. 次の a〜d のうち，中心原子が sp^2 混成軌道となっているものはどれか．
   a. CO_2　b. H_2S　c. BCl_3　d. CH_4

7. 次の a〜e のうち，下記の (1), (2), (3) に該当しているものを選べ．
   a. H_2S　b. H_3O^+　c. NH_3　d. NH_4^+　e. BF_3
   (1) 三角錐形の構造となっているもの．
   (2) 正四面体形の構造となっているもの．
   (3) 配位結合しているもの．

8. C_2H_5OH の解離エネルギーを求めよ．ただし，結合エネルギー (kJ/mol) は，C−C；347 kJ/mol，C−O；351 kJ/mol，O−H；460 kJ/mol，C−H；413 kJ/mol

9. H_2, Cl_2 の解離エネルギーは，それぞれ 435.6 kJ/mol, 242.4 kJ/mol である．また HCl の生成熱は +92.0 kJ/mol であることから，H−Cl の結合エネルギーを求めよ．

10. 結合距離 H−H 0.60 Å, H−Cl 1.27 Å, H−C 1.07 Å から，C−Cl の結合距離を求めよ．

11. 次の (1) 〜 (2) について，最も適するものを a〜d から選べ．
    (1) 次の結合のうち，結合距離の最も大きいものはどれか．
    　a. H−F　b. H−Cl　c. H−Br　d. H−I
    (2) 次の結合のうち，結合距離の最も大きいものはどれか．
    　a. C−C　b. C−Si　c. C=Si　d. C≡Si

12. 2 原子分子，3 原子分子，4 原子分子，5 原子分子について，極性分子，無極性分子の例を一つずつあげよ．

13. HBr の結合距離は 1.44 Å，双極子モーメントは 0.79 D として HBr 分子のイオン性%を求めよ．ただし，電子の電荷は 1.60×10^{-19} C とする．

14. ギ酸 HCOOH は，凝固点降下 (3-4 節参照) で測定すると，分子量 92 となるという．その理由を記せ．

15. H_2O が水素結合していないとすれば，沸点はおよそ何 ℃ になるか．図 2-7 から推定せよ．

16. 次の (1) 〜 (4) の測定値は，下記の a 〜 d のどれの根拠となるか．
    (1) Br_2 の解離エネルギーは 193 kJ/mol, Br_2 の蒸発熱は 31 kJ/mol
    (2) Cl_2 の蒸発熱は 20.4 kJ/mol, Br_2 の蒸発熱は 31 kJ/mol
    (3) Cl_2 の蒸発熱は 20.4 kJ/mol, NaCl の蒸発熱は 187 kJ/mol
    (4) H_2O の沸点は 100 ℃ であり，H_2Te の沸点は −1.8 ℃
    a. イオン結合の強さは，ファンデルワールス力より大．
    b. 共有結合の強さは，ファンデルワールス力より大．
    c. 水素結合の強さは，ファンデルワールス力より大．

d. ファンデルワールス力は，分子量の大きい分子ほど大.

17. 次の物質が結晶状態にあるとき，それぞれの結晶に存在するすべての結合の種類をa～eから選んで記せ.

H_2O　CH_4　Al　C　Ne　$NaCl$　$KClO_3$

a. イオン結合　b. 共有結合　c. 金属結合　d. 水素結合　e. ファンデルワールス力

18. 次に示す表は元素の電気陰性度（ポーリングによる）を示したものである．これを参考にして，次の3種の化合物からなる各組において，最もイオン結合性の強い化合物には○印を，最も共有結合性の強い化合物には×印を付けよ.

| O：3.5 | Cl：3.0 | N：3.0 | C：2.5 | S：2.5 | I：2.5 |
| H：2.1 | Al：1.5 | Ca：1.0 | K：0.8 | | |

(a)　（ア）H_2O　　（イ）CCl_4　　（ウ）$CaCl_2$
(b)　（ア）CO_2　　（イ）CaO　　（ウ）NO_2
(c)　（ア）Al_2O_3　（イ）CS_2　　（ウ）SO_2
(d)　（ア）HCl　　（イ）KI　　（ウ）KCl

19. 次のa～eのうち，下記の軌道が重なって共有結合しているものはどれか.

a. F_2　b. CCl_4　c. H_2S　d. CH_4　e. BCl_3

(1) p軌道とs軌道　　(2) p軌道とp軌道　　(3) sp^2混成軌道とp軌道
(4) sp^3混成軌道とs軌道　　(5) sp^3混成軌道とp軌道

20. (A) いくつかの元素の電気陰性度（ポーリング）を下記に示す．これを用いて，次の問いに答えよ.

O	Cl	N	S	C	P	B	H	Si	Mg
3.5	3.0	3.0	2.5	2.5	2.1	2.0	2.1	1.8	1.2

(1) 次のa～dの結合について，極性の大きいものから順に記号を並べよ.

　a. C−S　b. Si−C　c. P−O　d. C−O

(2) 次のa～eのような構造をもつ分子がある.

　a. 折れ線形（水）　b. 直線形（二酸化炭素）　c. 三角錐形（アンモニア）　d. 正四面体形（メタン）
　e. 平面正三角形（三塩化ホウ素）

これらのうち，無極性の分子はどれか．記号で答えよ.

(B) 次のa～dの化合物がある.

　a. ベンゼン　b. アセチレン　c. エタン　d. エチレン

これらの化合物について，次の問いに記号で答えよ.

(1) 結合角が109°28′をもつものはどれか.
(2) 結合角が120°をもつものはどれか.
(3) 結合角が180°をもつものはどれか.
(4) 炭素原子の結合がsp^3混成軌道によるものはどれか.
(5) 炭素原子の結合がsp^2混成軌道によるものはどれか.
(6) 炭素原子の結合がsp混成軌道によるものはどれか.
(7) a～dを，C−C結合距離の長いものから順に並べよ.

第3章　物質の状態

　気体の種類は極めて多いが，どんな気体も圧力や温度が変われば，ボイル-シャルルの法則に従って体積が変わる．またどんな気体でも1 molの体積は，0 ℃，1.013×10^5 Pa（1気圧）でほぼ22.4 Lである．あるいは水1 kgに1 molの非電解質を溶かすと，何を溶かしても－1.86 ℃で凍り始める．このように，物質が違っても同じ規則に従うということは興味深い．気体，液体，固体にはどんな性質があるのだろうか．
　寒天をほんの少し水に溶かしても，液の粘性はたいへん変わる．コロイド溶液と呼ばれるが，どんな特徴があるだろうか．

● 3-1　物質の状態

1. 物質の三態

　物質は，一般に温度や圧力の違いによって固体・液体・気体の三態となる（図3-1）．

図3-1　三態間の変化

固体　solid

液体　liquid

気体　gas

（1）固　体　物質は，分子やイオン・原子などの基本的な粒子からできているが，分子を基本的粒子としている分子性物質では，分子と分子との間に分子間力が作用し，イオンを基本的粒子としているイオン性物質では，陽イオンと陰イオンの間に静電気的引力が作用している．固体とくに結晶は，これらの引力によって分子やイオンなどの粒子が規則正しく配列している状態である．しかし，分子やイオンは完全に固定されているのではなく，熱エネルギーによって，それぞれの決まった位置を中心として振動している．

（2）液　体　固体（結晶）の温度を高くすると，分子やイオンなどの粒子のもつエネルギーが増加し，粒子の振動が激しくなって，ついに粒子が規則正しく配列しなくなり，互いに自由に位置を変えることができるようになる．この状態が液体である．液体の状態では，分子やイオンなどが決まった位置になく，不規則な状態になっているが，分子間力や静電気的引力のため，互いに接していて，粒子間の間隔は，固体の場合とあまり変わらない．

（3）気　体　液体の温度をさらに高くすると，粒子のエネルギーが増加し，運動はさらに激しくなり，ついに粒子間の引力にうち勝って粒子が互いに離れてばらばらになって運動している状態になる．この状態が気体であり，このときの粒子は分子である．気体では分子間の距離が大きく，分子間力は極めて小さく無視できる場合が多い．

2. 融点と沸点

結晶を加熱していくと，一般にある温度で結晶格子がくずれて液体となる．この現象が融解であり，そのときの温度が**融点**（融点は圧力の影響をあまり受けないが，普通1気圧での値）である*．また，このとき吸収する熱量が**融解熱**である．

融解熱は，1 mol の結晶が融解するとき吸収する熱量で示される．

液体の分子は，それぞれ熱運動をしている．しかし，一定温度の液体でも一つ一つの分子のもっている運動エネルギーは同じではなく，また同じ分子でも分子間の衝突などによってたえずその運動エネルギーは変化している．このような液体の分子の中でとくに激しく運動している分子は，液体の表面から分子間力にうち勝って空間に飛び出していく．この現象が**蒸発**であり，このとき吸収する熱量が，その温度における**蒸発熱**である．

蒸発熱は，1 mol の液体が蒸発するとき吸収する熱量で示される．

一般に，固体もごくわずかであるが蒸気を生ずる．固体から直接蒸気となる変化を**昇華**といい，ナフタレン，ヨウ素，ショウノウなどでしばしば経験される*．

いま，密閉した容器に液体を入れ，一定温度に保つと，最初蒸発して液体は減少するが，ある量以上は減少しなくなる．このとき液体の蒸発が停止したのではなく，蒸発は変わりなく続けられているが，蒸発によって生成した蒸気が逆に液体にもどる量が増し，蒸発する分子の数と液体にもどる蒸気の分子の数が等しい状態になっている．このときの蒸気の圧力をその温度における**飽和蒸気圧**，または単に**蒸気圧**という（図3-2）．

蒸気圧の値は，液体の種類や温度によって異なる（図3-3）．温度が上がると，液体の分子の運動エネルギーが大きくなり，分子の運動も活発となり，単位時間に気化する分子数も増して蒸気圧は大きくなる．大気中で液体の温度を上げるとき蒸気圧が大気の圧力に達すると，液体の内部からも気化が起こる．この現象が沸騰であり，このときの温度が**沸点**（普通1気

融点　melting point
* 液体を冷却していくと，ある温度で固体になる．これが凝固であり，そのときの温度が凝固点 (freezing point) である．融点と凝固点は同じ温度である．
融解熱　heat of fusion

蒸発　evaporation
蒸発熱　heat of evaporation

昇華　sublimation
* 蒸気から直接固体になる逆の変化も，昇華ということが多い．なお最近，この変化について凝華という語が提唱されている（図3-1参照）．

飽和蒸気圧
　saturated vapour pressure
蒸気圧　vapour pressure

沸点　boiling point

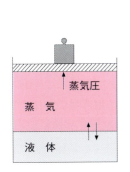

図3-2　蒸気圧

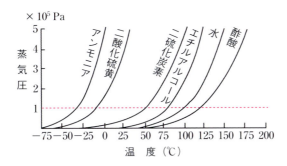

図3-3　液体の蒸気圧と温度
破線との交点がそれぞれの液体の沸点
破線は蒸気圧の値が 1.013×10^5 Pa（＝大気圧）であることを示す．

圧での値を示す）である．

3-2 気体

1. 気体の状態方程式

一定量の気体の体積は，圧力や温度によって変化するが，これらの関係は，ボイルやシャルルさらにゲーリュサックによって実験結果から次のように導き出され，**ボイル-シャルルの法則**と呼ばれる．

「一定量の気体の体積は，圧力に反比例し，絶対温度に比例する」．

すなわち，圧力が p_1，絶対温度が T_1，そのときの体積が V_1 の気体を，圧力を p_2，絶対温度を T_2，その体積を V_2 に変化させたとすると，次のような関係がある．

$$\frac{p_1 V_1}{T_1} = \frac{p_2 V_2}{T_2}$$

したがって，一定量の気体について，圧力を p，絶対温度を T，そのときの体積を V とすると，次のような関係がある．

$$\frac{pV}{T} = 一定$$

絶対温度（単位は K）T K は，摂氏温度を t ℃とすると $T = t + 273.15$ で表される．圧力を一定としたときの気体の体積は温度（1気圧での氷の融点を 0 ℃とし，沸点を 100 ℃とする摂氏 t ではなく，それにある値を加えた温度）に比例して変わることが実験的に確立され，上の $pV/T = k$ のよく成立する気体（あとにでてくる理想気体に近い気体）の膨張の実験から，絶対温度（$T = t + 273.15$）が求められた．温度の標準は，気体の膨張の仕方による*．ガラスの細管に水銀をつめ水銀柱の高さで測る温度計などは，二次的な標準である．ガラスや水銀の膨張の仕方は，気体のように簡単な式で表せないので，装置は簡単であるが標準としにくいのである．

1 mol の気体について考えよう．$pV/T = 一定$ であるから，これを R とすると

$$pV = RT$$

となり，さらに n mol の気体については，次のような関係式が導かれる．

$$pV = nRT \qquad (3.1)$$

実在の気体はボイル-シャルルの法則やこの式に厳密にはあてはまらないが，完全にあてはまる気体を仮定して**理想気体**といい，(3.1)式を理想気体の**状態方程式**という．実在気体によくあてはまる式は，もっと複雑である（52ページ）．理想気体の式は簡単なので論理的な取り扱いが楽であるし，実在気体についてもそれによって近似計算を行うことができるという意味でも大いに有用である．実在気体でも，高温・低圧の状態では，一般にボイル-シャルルの法則がよく成り立つ．

シャルル　J. Charles, 仏
ボイル-シャルルの法則
　Boyle-Charles' law

絶対温度　absolute temperature

* 一定圧力で，一定質量の気体を加熱すると，温度が t ℃上がるごとに，体積は 0 ℃のときの体積の 1/273 ずつ増加する．0 ℃のときの体積を V_0，t ℃のときの体積を V とすると，

$$V = V_0 \left(1 + \frac{t}{273}\right)$$

$$V = V_0 \times \frac{T}{273}$$

理想気体　ideal gas
状態方程式　equation of state

ここで R は，気体の種類，温度，圧力などに無関係な比例定数で，**気体定数**といい，希薄な実在気体についての内挿的な値である．R の数値は，圧力と体積の単位のとり方によって次のような値をとる．

a) 1 mol の理想気体の体積は，0 ℃ (273.15 K)，1.01325×10^5 Pa（標準状態）において 22.414 L であるから

$$R = \frac{pV}{nT} = \frac{(1.01325 \times 10^5) \times 22.414}{273.15} \fallingdotseq 8.314 \times 10^3 \, \text{Pa} \cdot \text{L}/(\text{K} \cdot \text{mol})$$

b) a) において，体積 22.414×10^{-3} m³ とすると

$$R = 8.314 \, \text{Pa} \cdot \text{m}^3/(\text{K} \cdot \text{mol}) = 8.314 \, \text{J}/(\text{K} \cdot \text{mol})$$

c) a) において，1.01325×10^5 Pa = 1 atm（気圧）とすると

$$R = \frac{pV}{T} = \frac{1 \times 22.414}{273.15} \fallingdotseq 0.08205 \, \text{atm} \cdot \text{L}/(\text{K} \cdot \text{mol})$$

2. 気体分子運動論

理想気体の状態方程式は，実験によるデータから導かれたボイル-シャルルの法則から帰納された関係式である．一方，気体は分子という粒子からなり，これらが運動していることを基本とした**気体分子運動論**[*]によって気体の性質を扱うことができる．

気体分子運動論による気体分子のモデルは，次のように表される．

a. 気体は多数の粒子，すなわち分子からなる．そして分子の体積は，分子間距離や気体の体積に比べて，無視できるほど小さい．

b. 分子は絶えず無秩序な運動をしている．

c. 分子相互間の衝突や分子と容器の壁面との衝突は，完全に弾性的[**]であり，これらの衝突によって運動エネルギーは失われない．

このような分子が，一辺の長さ l の立方体の容器内に N_0 個入っているとする．いま，1 個の分子に注目しよう．その速度 u cm/s の x, y, z 方向の各成分を u_x, u_y, u_z とし，分子間の衝突がないものと仮定すれば，その分子が x 方向に垂直な両側の壁面に衝突する回数は毎秒 u_x/l 回であり，

気体定数 gas constant

気体分子運動論 kinetic molecular theory of gases

[*] 気体分子運動論は，ベルヌーイ (D. Bernoulli; 1788)，ジュール (J. P. Joule; 1851)，クローニッヒ (A. Kronig; 1856) らによって発展した．

[**] 弾性衝突
衝突の前後で，力学的エネルギー（位置エネルギーや運動エネルギー）が変化しない衝突．たとえば熱などを放出しない．

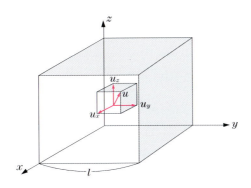

図 3-4　気体の体積・分子速度と座標

* 運動量
　質量と速度の積を運動量という．物体の単位時間当りの運動量の変化が力である．

そのたびに速度は u_x から $-u_x$ に変わるから，1回の衝突による運動量*の変化は $2mu_x$ となる（m は分子の質量）．したがって，その粒子が1秒間に両側の壁に衝突することによって生ずる運動量の変化は，次のようになる．

$$2mu_x \times \frac{u_x}{l} = \frac{2mu_x^2}{l}$$

　この値は，一つの分子が両側の壁面に及ぼす力である．圧力は単位面積当りの力であるから，一つの分子が一つの壁面に及ぼす圧力は，次のように表される．なお V は一辺の長さ l の立方体の体積である．

$$\frac{mu_x^2/l}{l^2} = \frac{mu_x^2}{l^3} = \frac{mu_x^2}{V}$$

　N_0 個の分子について考えてみよう．すべての分子が同じ速度をもつことも，同じ方向に運動することもないから，計算上は u_x の**二乗平均速度**

二乗平均速度
mean square velocity

$\overline{u_x^2}$ を考えて圧力を $\dfrac{m\overline{u_x^2}}{V}$ とすると，N_0 個の分子の呈する圧力 p は次のように表される．

$$p = N_0 \frac{m\overline{u_x^2}}{V} \tag{3.2}$$

　以上，分子間の衝突はないものとして導いたが，多数の分子について考えれば，衝突があっても同じ結論が得られる．
　一方，次のような関係がある*．

$$u^2 = u_x^2 + u_y^2 + u_z^2 \tag{3.3}$$

　また，無秩序な方向に運動している多くの分子については，統計的には次の関係がある．

$$\overline{u_x^2} = \overline{u_y^2} = \overline{u_z^2} \tag{3.4}$$

(3.3) 式と (3.4) 式から

$$\overline{u^2} = 3\overline{u_x^2} \tag{3.5}$$

(3.5) 式を (3.2) 式に代入すると，次の関係式が導かれる．

$$p = \frac{N_0 \, m\overline{u^2}}{3V}$$

すなわち

$$pV = \frac{1}{3} N_0 \, m\overline{u^2} \tag{3.6}$$

* $u^2 = u_x^2 + u_y^2 + u_z^2$ であるから，その平均値についても，
$$\overline{u^2} = \overline{u_x^2} + \overline{u_y^2} + \overline{u_z^2}$$
である．
　また，気体分子は，どの方向にも同等にふるまうので，
$$\overline{u_x^2} = \overline{u_y^2} = \overline{u_z^2}$$
である．

　(3.6) の関係式において $N_0, m, \overline{u^2}$ は一定であるから，$pV = $ 一定 というボイルの法則が導かれたことになる．気体1分子の平均の運動エネルギーを $\overline{E_k}$ とすると，次のように示される．

$$\overline{E_k} = \frac{1}{2} m\overline{u^2} \tag{3.7}$$

(3.7)式と(3.6)式から，次のような関係式が導かれる．

$$pV = \frac{2}{3}N_0\left(\frac{1}{2}m\overline{u}^2\right) = \frac{2}{3}N_0\overline{E}_k$$

アボガドロ定数を N_A とすると，n mol の分子数は nN_A であるから，n mol についての関係式は次のようになる．

$$pV = \frac{2}{3}n(N_A\overline{E}_k)$$

1 mol の分子の運動エネルギーを E_K とすれば，$E_K = N_A\overline{E}_k$ であるから上の式は次のように書ける．

$$pV = \frac{2}{3}nE_K \tag{3.8}$$

また，分子の運動エネルギーは絶対温度に比例するから，

$$E_K = kT \quad (k \text{ は定数}) \tag{3.9}$$

(3.9)式を(3.8)式に代入すると，次のような関係式となる．

$$pV = \frac{2}{3}n \cdot kT$$

$$pV = n\left(\frac{2}{3}k\right)T \tag{3.10}$$

この(3.10)式は，理想気体の状態方程式 $pV = nRT$ と同じ形式をもっており，はじめに考えたような個々の分子の運動と気体全体の性質が結びつけられたわけである（pV はエネルギーの次元をもつ*．理想気体のエネルギーは温度のみの関数で，絶対温度に比例する）．

3. 実在気体とファンデルワールス式

理想気体の状態方程式 $pV = nRT$ より，理想気体 1 mol については，次の関係が成立する．

$$\frac{pV}{RT} = 1$$

すなわち，ある温度で p を変化させれば V が変化し，pV は一定のはずである．ところが，N_2 および H_2，CO_2，O_2 各 1 mol について pV/RT と p との関係を調べてみると，**図 3-5 (a), (b)** のように，理想気体から大きくずれる．

このような理想気体と実在気体との間のずれの原因としては，次の i，ii の二つの因子が考えられる．

- i 理想気体では分子を質点と考え，体積を無視しているが，実在気体の分子には体積がある．
- ii 理想気体では分子間力を無視しているが，実在気体では分子間力が存在する．

そこでこれらの二つの因子についての補正を考えてみよう．

図 3-5 (b) N_2, H_2, O_2 などでは，高圧の部分で，理想気体からのずれが

---

* $pV = \frac{2}{3}nN_A \cdot \frac{1}{2}m\overline{u}^2$
と気体の状態方程式
$pV = nRT$ を比べると，
$\frac{2}{3}N_A \cdot \frac{1}{2}m\overline{u}^2 = RT$
$\frac{1}{2}m\overline{u}^2 = \frac{3R}{2N_A}T$
$\frac{R}{N_A} = \frac{8.31 \text{ J/(K·mol)}}{6.02 \times 10^{23}/\text{mol}}$
$= 1.38 \times 10^{-23}$ (J/K)
nRT すなわち pV はエネルギーの次元 (J) をもつ．

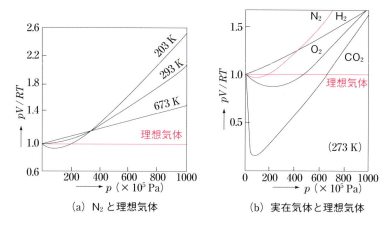

(a) N_2 と理想気体　　(b) 実在気体と理想気体

図 3-5　実在気体と理想気体

著しい．高圧すなわち体積を小さくすると，気体の分子自身の占める体積が無視できなくなるのである．体積 V の容器中に $n\,\mathrm{mol}$ の気体があるとき，分子が自由に運動できる体積は分子自身の体積が無視できる場合は V に等しい．分子に体積があるときは，1 mol の気体分子が占める体積を b とすると，$pV = nRT$ ではなく次のようになる*．

$$p(V - nb) = nRT \tag{3.11}$$

この体積 b は，気体によって決まる定数で，実験から決められる（**表 3-1**）．

* b は 1 mol の気体当り，他の分子が入り込めない分子の体積に関する定数で，排除体積という（図 3-6 参照）．

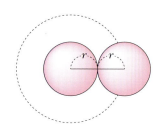

図 3-6　排除体積

分子を半径 r の剛体球と仮定すると，互いに接触したとき 2 つの分子の中心は $2r$ 以内に接近できない．したがって，一対の分子に対する排除体積は $\frac{4}{3}\pi(2r)^3$ となる．1 分子当りの排除体積は分子の体積の 4 倍になる．

表 3-1　ファンデルワールスの状態方程式の定数の値

気体	$a\,(\mathrm{kPa\cdot L^2/mol^2})$	$b\,(\mathrm{L/mol})$
He	3.4	0.0237
H_2	24.7	0.0266
O_2	138	0.0318
N_2	141	0.0399
CO_2	361	0.0427
H_2O	554	0.0305

次に分子間力について考えてみよう．分子間力は，隣接する分子に働く引力であるから，単位体積中の分子数に比例する．したがって体積 V に $n\,\mathrm{mol}$ の気体があると，分子間力は n/V に比例することになり，さらに互いに引力を及ぼしあうことから $(n/V)^2$ に比例するといえる．つまり気体は外圧 p だけでなく，$(n/V)^2$ に比例する分子間力によっても束縛される．そこで (3.11) 式にこのことを代入すると，次式のようになる．

$$\left(p + \frac{an^2}{V^2}\right)(V - nb) = nRT \tag{3.12}$$

ただし，a は比例定数である．この式を**ファンデルワールスの状態方程**

ファンデルワールスの状態方程式
van der Waals equation of state

式という.

a. $\dfrac{an^2}{V^2}$ の補正；容器の壁付近にある気体分子は，壁の側に分子が少ないので内側へ引かれることになる（図 3-7）．この力の強さは，引かれる分子数と，そのすぐ内側にある分子数に比例する．したがって圧力は，分子間力のないときに比べて $a(n/V)^2$ だけ減少している．この分を圧力の項に加えてやる．

b. 実在気体の圧力・温度・体積の関係は，ファンデルワールス式でよく表されるが，低圧でそれほど低温でない場合は，理想気体の状態方程式がよく使われる．

c. an^2/V^2 に対応する力をファンデルワールス力（40 ページ）という．

4. 気体の分子量

気体の質量を w g，分子量を M とすると，気体の状態方程式は，いま理想気体のようにふるまうと仮定すれば，次のように書きかえることができる．

$$pV = nRT = \dfrac{w}{M}RT$$

すなわち,

$$M = \dfrac{wRT}{pV}$$

つまり，気体の質量と圧力・温度・体積が測定できれば，その気体の分子量が求められる．

分子量 M_A の気体 A に対する気体 B の比重を s とすると，気体 B の分子量 M_B は，$M_B = M_A \times s$ である．

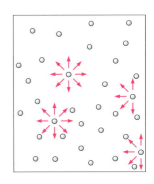

図 3-7　分子間力の受け方

3-3　液体・溶液

1. 液体

気体の分子は，温度を低くしたり，圧力を高くしたりすると，分子運動が不活発になり，ファンデルワールス力が働いて一定の体積を保つようになる．**液体**の状態である．HF や H_2O などでは水素結合のような比較的強い力も働く．固体で，分子をつくらない物質でも，原子間やイオン間の結合力より温度に応じた熱運動が激しくなると，液体の状態をとる．

蒸気圧　仮に水を真空の容器に入れたとすると，水蒸気を発生する蒸発が起こる．しかし，そのときの温度に対応する一定の蒸気圧になると，いわゆる**気液平衡**に達する．容器が真空でなく，空気などがある場合でも水の蒸発は起こり，その分圧が真空のときの蒸気圧に等しくなる．蒸気圧の値は液体の種類によって異なる．容器が密閉していなければ，蒸発が続いて気体になってしまうことは日常経験することである．

液体の温度を下げていくと，熱運動は鈍くなり，一定の位置で振動している状態，つまり固体になる．純物質では，温度や圧力によって，気体，

気液平衡
gas-liquid equilibrium,
vapor-liquid equilibrium

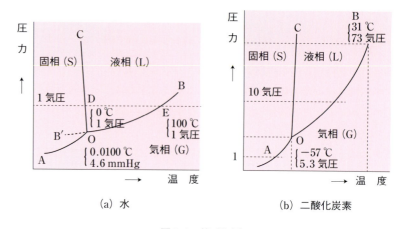

(a) 水　　(b) 二酸化炭素

図 3-8　状態図
B は**臨界点**といい，液体と気体の区別ができない．

臨界点　critical point

状態図　state diagram

液体，固体などの状態が決まっている．物質ごとにその状態を示した図を**状態図**という．**図 3-8 (a)** は水の状態図を示す．固相 S，液相 L，気相 G という他の状態と明確な境界によって区別される均一な領域（相）がある．図の OB は蒸気圧曲線で，どの圧力で何℃で液体が気体になるかを示している．1 気圧下では，100℃で沸騰し水が水蒸気になる．1 気圧より低ければ，沸点は下がる．なお，OB′ は，過冷された水の蒸気圧曲線で，準安定状態である．OC は固相と液相の境界線（融解曲線）である．水の場合，これが右肩下がりになっていることが特徴である．例えば温度一定で，氷に圧力を加えていくと氷が水になる．OA は気相と固相の境界線で，液体を経由せずに昇華などが起こる．**図 3-8 (b)** の二酸化炭素の状態図では，1 気圧で固体（ドライアイス）の温度を上げると昇華することがわかる．いずれの場合でも，O 点は**三重点**といって，気・液・固の 3 相が平衡状態で共存する．

三重点　triple point

2. 溶　液

水にスクロースの結晶を入れ，しばらく放置するとスクロースの結晶がなくなり，全体が均一な液体となる．このように，成分物質が一様にまじり，全体が均一になっている状態の液体を**溶液**といい，水のように溶かす方の物質を**溶媒**という．また，スクロースのように溶ける方の物質を**溶質**という．

溶液　solution
溶媒　solvent
溶質　solute

3. 水溶液

水溶液　aqueous solution

水は種々の物質を溶かして**水溶液**となる．水によく溶ける物質は，塩化ナトリウム NaCl や硝酸カリウム KNO_3 などのイオン性物質や，エタノール C_2H_5OH や酢酸 CH_3COOH などの極性分子からなる物質である．このことは，水が種々の物質を溶解する能力が，水分子の極性と関係のあることを示している．

いま，塩化ナトリウム NaCl の結晶を水に溶かした場合を考えてみよう．塩化ナトリウムの結晶は，Na^+ と Cl^- からなるイオン結晶である．この結晶を水に入れると，極性分子である H_2O 分子のいくつかは，$\delta -$ に帯電している O 原子側が Na^+ に引きつけられて結合し，Na^+ を H_2O 分子がとり囲んだ形となる．一方，H_2O 分子の $\delta +$ に帯電している H 原子側が Cl に引きつけられて結合し，Cl^- をいくつかの H_2O 分子がとり囲んだ形となる．こうして Na^+ や Cl^- は結晶から離れて水中に分散していく．

また，エタノールを水に溶かした場合を考えてみよう．エタノール分子 C_2H_5OH はヒドロキシ基（−OH）をもつため，エタノール分子間で水素結合している．このエタノールを水に入れると，エタノールと水分子間で水素結合をつくって水に溶ける．

（…：水素結合）

このように，イオンや分子が水に溶けているときは，分子やイオンにいくつかの水分子が結合し，分子やイオンを水分子がとり囲んだ形になっている．分子やイオンに水が結合する現象を**水和**という．

水溶液中では，イオンは水和して存在し，このイオンを**水和イオン**という．

水和　hydration
水和イオン　hydrated ion

その他の溶解現象　塩化ナトリウムは水に溶けるが，ベンゼンには溶けない．逆にナフタレンは水に溶けないが，ベンゼンには溶ける．ナフタレンがベンゼンに溶ける場合は，分子の極性や荷電によるのではなく，両分子間の引力によりベンゼンの中に分散していく．そして一般に次のようなことがいえる．すなわち，水によく溶ける物質は極性の物質であり，有機溶媒に溶ける物質の多くは無極性の物質である（例外はたいへん多い．ごくおおまかな傾向である）．

4. 飽和溶液と溶解平衡

ある温度の一定量の水に，スクロースの結晶を少しずつ溶かしていくとき，最初は速く溶けるが，だんだん溶ける速さが遅くなり，ついにそれ以上溶けなくなる．このときの溶液を**飽和溶液**という．飽和溶液でも結晶の一部は溶け続けているが，図 3-9 に示したように溶解する速度 v_1 と析出する速度 v_2 が等しくなっているのである．

このように飽和溶液とは固体（溶質の）と共存している状態の溶液であり，このときの溶質の固体と溶液の平衡を**溶解平衡**という．

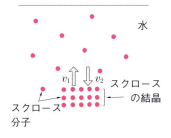

図 3-9　スクロースの溶解と析出

飽和溶液　saturated solution
溶解平衡
　equilibrium of dissolution,
　solution equilibrium
溶解度　solubility

5. 固体の溶解度

溶媒に溶質がどれだけ溶けるかを示す数値が**溶解度**であり，一般に，溶解度は，溶媒 100 g に溶けることができる溶質の g 数，または飽和溶液の

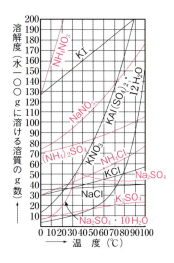

図 3-10 溶解度曲線

溶解度曲線　solubility curve

再結晶　recrystallization

分配の法則　partition law
分配比　partition ratio

表 3-2　固体の溶解度（100 g の水に溶ける溶質の g 数）

温度 (℃)	塩化ナトリウム	塩化カリウム	硝酸ナトリウム	硝酸カリウム	水酸化カルシウム	硫酸銅*	スクロース
0	35.7	27.6	73	13.3	0.185	14.3	179
20	36.0	34.0	88	31.6	0.165	20.4	204
40	36.6	40.0	104	63.9	0.141	28.5	238
60	37.3	45.5	124	110.0	0.116	40.0	287
80	38.4	51.1	148	169.0	0.094	55.0	362
100	39.8	56.7	180	246.0	0.077	75.4	487

*結晶硫酸銅の化学式は，$CuSO_4 \cdot 5H_2O$（硫酸銅五水和物）であるが，水 100 g に $CuSO_4$ として何 g 溶けるかで示してある．

* SI 単位で示す場合には $mol \cdot dm^{-3}$（dm はデシメートル）で表す．

溶質の％濃度あるいはモル濃度（M または mol/L*）で示す．

溶解度は温度によって変化する．いま，水に対する種々の物質の溶解度を示すと，**表 3-2**のようになる．

これからわかるように，固体物質の水に対する溶解度は，一般に温度が上昇すると大きくなる．溶解度と温度の関係をグラフで示すと，**図 3-10**のようになる．これを**溶解度曲線**という．

固体の溶解度が温度の高低によって著しく増減する場合，これを利用して固体物質の精製が行われる．これを**再結晶**という．

6. 液体の溶解度

液体物質を他の液体へ加えたときの溶け方には，次のような 3 種の場合がある．

a. 無制限に溶解するもの：水とエタノールの場合のように，任意の割合で溶けあうもの．

b. 溶解度に制限のあるもの：水とエーテルのように，互いに一部ずつ溶けあうもの．

c. 溶解しないもの：水と水銀のように，互いに溶けあわないもの．

b のように，互いに一部ずつ溶けあうものでは，液体相互の溶解度は温度によって変わる（**表 3-3**）．

2 液層を成している液体に他の物質が溶けるとき，一定温度では，両液層中におけるその溶質の濃度の比が一定になる．これを**分配の法則**といい，その比を**分配比**という．

たとえば，水と二硫化炭素を混ぜると 2 液層となる．これにヨウ素を溶かすと，ヨウ素は水にはわずかに，二硫化炭素には多く分配され，両液中の濃度の比が一定となる（**表 3-4**）．**図 3-11** に示したような溶解平衡では，溶液 A と溶液 B は飽和溶液である．溶質の量が多い場合は，分配比は一般に溶解度の比になる．

7. 気体の溶解度

固体の液体に対する溶解度は，温度が高くなると大きくなるものが多い

表 3-3 エーテルと水との相互溶解度

温度（℃）	100 g のエーテルに溶ける水の g 数	100 g の水に溶けるエーテルの g 数
0	1.01	13.12
10	1.12	9.5
20	1.20	6.95
30	1.33	5.4

表 3-4 ヨウ素の分配

10 mL の CS_2 層中の g 数 (C_1)	10 mL の H_2O 層中の g 数 (C_2)	分配比 $K = \dfrac{C_1}{C_2}$
1.74	0.0041	420
1.29	0.0032	400
0.66	0.0016	410
0.41	0.0010	410

図 3-11 2 液層への分配

表 3-5 気体の水に対する溶解度
〔1.013×10^5 Pa で水 1 mL に溶ける気体の 0 ℃，1.013×10^5 Pa に換算した体積（mL）〕

温度（℃）	水素	窒素	酸素	二酸化炭素	塩化水素	アンモニア
0	0.021	0.024	0.049	1.71	507	1176
20	0.018	0.016	0.031	0.88	442	702
40	0.016	0.012	0.023	0.53	386	—
60	0.016	0.010	0.020	0.37	339	—
80	0.016	0.010	0.018	—	—	—

が，気体の液体に対する溶解度は，一般に温度が高くなると小さくなる（**表 3-5**）．

一方，気体の溶解度は，圧力を大きくすると大きくなる．とくにあまり溶解度の大きくない気体については，次のようにいえる．

「一定温度で，一定量の液体に溶ける気体の質量は，圧力に比例する」．

これを**ヘンリーの気体溶解の法則**という（1803 年）（**図 3-12**）．

いま，一定温度において，ある気体が，一定量の水に圧力 p で a g 溶けるとすると，圧力 np では na g 溶ける．圧力 p で a g の気体の体積を V mL とすると，na g では nV mL であるが，圧力 np のときの体積は

$$nV \times \frac{p}{np} = V \text{（mL）}$$

となる．したがって，ヘンリーの法則は，次のようにいいかえることができる．

「一定温度で，一定量の液体に溶ける気体の体積は，圧力に関係なく一定である」．

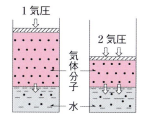

図 3-12 ヘンリーの法則

ヘンリー　W.Henry, 英
気体溶解の法則
　law of dissolution of gas
ヘンリーの法則
　Henry's law

3-4 希薄溶液の性質

1. 溶液の沸点・融点

水にスクロースや塩化ナトリウムを溶かした水溶液の水の蒸気圧は，同温度の純水の蒸気圧より低い．このように不揮発性の物質を溶かした溶液の蒸気圧は，純粋な溶媒の蒸気圧よりも低くなる．

沸点とは，液体の蒸気圧が 1 気圧（1.013×10^5 Pa）に達するときの温度であるから，不揮発性の物質を溶かした溶液の沸点は，図 3-13 からわかるように，純粋な溶媒の沸点より高くなる．

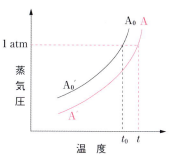

$A_0 A_0'$：溶媒の蒸気圧
AA'：溶液の蒸気圧
t_0：溶媒の沸点
t：溶液の沸点

図 3-13 溶媒と溶液の蒸気圧曲線

① 溶液の濃度が大きいほど蒸気圧が低くなり，沸点が高くなる．不揮発性の溶質の溶液では，沸騰を続けるにつれて溶液の濃度が大きくなり，沸点は高くなっていく．

② 溶質が揮発性である溶液，たとえばアルコールの水溶液では，溶媒である水の蒸気圧は純水より小さくなるが，溶質であるアルコールの蒸気圧があり，両方の蒸気圧の和が大気圧（1.013×10^5 Pa）になると沸騰する．

溶液中の溶媒の蒸気圧は，純粋な溶媒の蒸気圧より小さいから，溶液と接している固体の凝固点は，図 3-14 のような関係から低くなる．つまり固体の蒸気圧（BB′）と液体の蒸気圧が等しくなる点の温度（t_0, t）が凝固点となる．したがって蒸気圧の低い溶液の凝固点（t）の方が，蒸気圧の高い純溶媒の凝固点（t_0）より低くなる．そして融点（凝固点）の圧力による変化は少ないから，大気圧の下での実験についても同様なことがいえる．

この場合の凝固点とは，溶液の中から溶媒の固体が析出し始める（たとえば砂糖水を冷したとき，水の結晶である氷ができ始める）温度である．溶質（砂糖；スクロース）は液中に残るので，液はだんだん濃くなり，固体（氷）のできる温度はだんだん下がる．

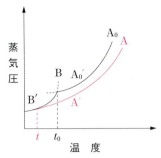

A₀A₀′：溶媒の蒸気圧
AA′：溶液の蒸気圧
BB′：固体の蒸気圧
t_0：純溶媒の凝固点
t：溶液の凝固点

図 3-14 溶媒・溶液・固体の蒸気圧

2. ラウールの法則

一定の温度で，ある純粋な溶媒の蒸気圧を p_0 とし，その溶媒に他の物質を溶かしたときの溶媒の蒸気圧を p とすると，常に $p_0 > p$ の関係があり，その蒸気圧の減少率は，次のように示される．

$$\frac{p_0 - p}{p_0}$$

また，溶液 1 kg 中の溶媒の分子数を N，溶質の分子数を n とすると，この溶液中の溶質の分子数の割合は，次のように示される．

$$\frac{n}{N + n} \tag{3.13}$$

なお，この (3.13) 式を溶質の**モル分率**という．

モル分率　mole fraction, molar fraction
希薄溶液　dilute solution

そして溶質の濃度の低い溶液，すなわち**希薄溶液**では，溶媒や溶質の種類に関係なく，次の関係がある．

$$\frac{p_0 - p}{p_0} = \frac{n}{N + n} \tag{3.14}$$

すなわち，「希薄溶液では（ただし電解質水溶液を除く），溶質や溶媒に関係なく，溶媒の蒸気圧の減少率は，溶液中の溶質のモル分率に等しい」．

ラウール　F. M. Raoult, 仏
ラウールの法則　Raoult's law

これを**ラウールの法則**という（1888 年）．

非常にうすい溶液では $N \gg n$ であるので，(3.14) 式は次のように書くことができる．

$$\frac{p_0 - p}{p_0} = \frac{n}{N} \tag{3.15}$$

つまり希薄溶液では，一定量の溶媒（N が一定）における蒸気圧の減少率は，溶質の分子数（モル数）に比例する．

蒸気圧の減少率は，沸点の上昇度や凝固点の降下度に比例するから，ラウールの法則は，次のようにいいかえることができる．

「希薄溶液（電解質水溶液を除く）の沸点上昇度や凝固点降下度は，一定量の溶媒に溶けている溶質の分子数（モル数）に比例し，溶質の種類には関係しない」．

沸点上昇度：溶液と純溶媒の沸点の差
凝固点降下度：純溶媒と溶液の凝固点の差

このことから，一定量の溶媒に同じモル数の溶質を溶かしたとき，溶媒が同じであれば，溶質（非電解質とする）の種類に関係なく，沸点上昇度や凝固点降下度は等しくなるといえる．したがって，溶媒 1 kg に溶質を 1 mol 溶かした溶液の沸点上昇度・凝固点降下度は，溶媒によって決まった値となる．この値を**モル沸点上昇**，**モル凝固点降下**という（**表 3-6**）．

モル沸点上昇 molar elevation of the boiling point
モル凝固点降下 molar depression of the freezing point

表 3-6　モル沸点上昇とモル凝固点降下（単位は K・kg/mol）

溶媒	沸点(℃)	モル上昇	溶媒	凝固点(℃)	モル降下
水	100*	0.52	水	0	1.85
二硫化炭素	46.3	2.29	酢酸	16.7	3.9
エーテル	34.6	2.16	ベンゼン	5.5	5.12
ベンゼン	80.2	2.53	ナフタレン	80.2	6.94
四塩化炭素	76.8	4.88	ショウノウ	178	40.0

* 水の沸点は現在，精確には 99.974℃ とされている．

溶媒 w g に溶質 m g を溶かした溶液の沸点上昇度または凝固点降下度を d，溶媒のモル沸点上昇またはモル凝固点降下を D，溶質の分子量を M とすると，次のような関係から溶質の分子量が導かれる．

溶媒 1 kg に溶質を溶かして，上記の溶液と同じ濃度にするために必要な溶質の g 数は，次のようになる．

$$\frac{m}{w} \times 1000$$

なお，この溶液の沸点上昇度または凝固点降下度は，やはり d である．

一方，この溶媒 1 kg に溶質 1 mol（Mg）を溶かしたときの沸点上昇度または凝固点降下度は D である．よって，次のように溶質の分子量が導かれる．

$$\frac{m}{w} \times 1000 : d = M : D \quad \therefore \quad M = \frac{1000 \, mD}{dw}$$

3. 浸透圧

図 3-15 のように，底を膀胱（ぼうこう）膜とした容器にスクロース水溶液を入れ，この容器の口にガラス管をとりつけて，水に浸す．この状態のまましばらく放置するとガラス管中に溶液が上昇していくことが観察される．これは，水が膀胱膜を通してスクロース水溶液中へ移動していったことを示す．この現象を**浸透**といい，ガラス管に溶液を押し上げた圧力を**浸**

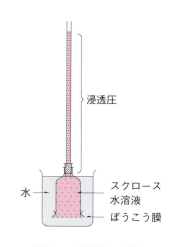

図 3-15　浸透圧の実験

浸透　osmosis
浸透圧　osmotic pressure

透圧という．

なお，このときは水は膀胱膜を通過するが，スクロース分子はほとんど通過していないことが確認できる．このように小さい分子（溶媒分子）を通し，大きな分子（溶質分子）を通さない膜を，**半透膜**という*．

このような浸透の現象は，次のように考えられる．いま，濃い溶液とうすい溶液とを接して放置しておくと，溶質は濃い溶液からうすい溶液の方へと拡散していき，しまいには全体が一様な濃度の溶液となる．次に，この二つの溶液の間に半透膜をおいて放置しておくと，全体が一様な濃度の溶液になろうとして濃度のうすい方の溶媒分子が濃い方へ半透膜を通して移動する．この現象が浸透であり，半透膜を通して溶媒分子が移動しようとする圧力が浸透圧である．

ペッファーは，図 3-16 のような装置を用いて初めて浸透圧を測定した（1877 年）．

素焼き筒の生地の目の間にヘキサシアニド鉄(Ⅱ)酸銅の沈殿をつくり，その素焼き筒の中にスクロース水溶液を入れ，それに水銀圧力計をつないで水に浸したものである．

ファント・ホッフはペッファーの実験結果を調べて，「浸透圧は，溶液のモル濃度と絶対温度に比例する」ことを導き，気体の状態方程式 $pV = nRT$ と同じ関係が浸透圧にも成り立つことを発見した（1886 年）．いま，溶液のモル濃度を m (mol/L)，絶対温度を T とすると，この溶液の浸透圧 Π は，次式で示される．

$$\Pi = kmT \quad (k：比例定数)$$

また，V L の溶液中に n mol の溶質が含まれるとき，$m = \dfrac{n}{V}$ であるから，次のような式が導かれる（k は気体定数 R と等しいことが知られている）．

$$\Pi = mRT \quad \therefore \quad \Pi V = nRT \tag{3.16}$$

この関係は，希薄な溶液の場合に成立する．

浸透圧の測定は，高分子化合物の分子量の決定などに利用される．

4. 電解質の希薄水溶液

ラウールの法則では，「電解質水溶液を除く」としたが，電解質水溶液の沸点上昇度や凝固点降下度はどのようになるであろうか．沸点上昇度や凝固点降下度は，一定量の溶媒中の溶質の分子数に比例するが，またイオンの数にも比例する．したがって溶質が電解質の水溶液では，電離したイオンのモル数と電離していない溶質のモル数の合計に比例することになる．

たとえば，一定量の水にグルコース・塩化ナトリウムをそれぞれ a mol 溶かした溶液の凝固点を比較してみると，グルコースは非電解質であるが，塩化ナトリウムは強電解質で，次のようにほとんど完全に電離する．

半透膜
semipermeable membrane
* 生物の細胞膜もほぼ半透膜である．その他セロハン，コロジオン膜なども半透膜である．

ペッファー　W.Pfeffer，独

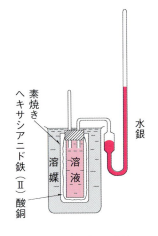

図 3-16 浸透圧の測定

ファント・ホッフ
J.H.Van't Hoff，オランダ

$$NaCl \longrightarrow Na^+ + Cl^-$$

したがって，Na^+ と Cl^- の合計は $2a$ mol となり，塩化ナトリウム水溶液の凝固点降下度はグルコース水溶液の2倍となる．

また，電解質水溶液の場合の浸透圧も，沸点上昇度や凝固点降下度の場合と同じように，電離したイオンのモル数と電離していない溶質のモル数の合計の濃度に比例する．

電離度とモル数 (1) m mol/L の酢酸水溶液において，電離度*を α とすると，この水溶液 1 L 中に存在する CH_3COOH 分子，CH_3COO^- イオン，H^+ イオンの各モル数は，次のようになる．

$$\underset{m(1-\alpha)\,\mathrm{mol}}{CH_3COOH} \rightleftarrows \underset{m\alpha\,\mathrm{mol}}{CH_3COO^-} + \underset{m\alpha\,\mathrm{mol}}{H^+}$$

この溶液の分子・イオンの全モル数は，次のようになる．

$$m(1-\alpha) + m\alpha + m\alpha = m(1+\alpha)\,(\mathrm{mol})$$

よって，同じ濃度の非電解質溶液の $(1+\alpha)$ 倍の濃度に相当する．

(2) NaCl は強電解質で，その 1 mol 溶液はグルコースなど非電解質の 2 mol 溶液の凝固点降下度を示すと書いたが，それは 0.001 mol/L 程度以下の希薄な溶液についてであって，それより濃い溶液では，凝固点降下や浸透圧の測定で求めた濃度は，実際に溶かした量から完全に電離するとして計算した濃度とは一致しない．実測される有効濃度（その数値は熱力学的には活量といわれる量に相当する）と濃度との比 γ（活量係数）を二，三の強電解質について示す（**表 3-7**）．

電離度　degree of electrolytic dissociation
* 酸（塩基）の溶液において，溶けている酸（塩基）の物質量に対して，電離している酸（塩基）の物質量の割合を電離度という．

表 3-7　強電解質の活量係数 γ (25 ℃)

濃度 (mol/L)	0.005	0.01	0.05	0.10	0.50
HCl	0.93	0.90	0.83	0.79	0.76
NaCl	0.93	0.90	0.82	0.79	0.68
K_2SO_4	0.78	0.71	0.53	0.44	0.26
$MgSO_4$	0.57	0.47	0.26	0.19	0.09

3-5　コロイド

1. コロイド

物質が微細な粒子となって，液体や気体などに混合分散している状態を**コロイド**といい，前者（微粒子）を**分散相**または**分散質**，後者（液体や気体）を**分散媒**という．分散相の粒子の大きさはおよそ $10^{-7} \sim 10^{-9}$ m 程度で，これを**コロイド粒子**という（**表 3-8**）．

コロイド　colloid
分散相　dispersed phase
分散質　dispersoid
分散媒　dispersion medium
コロイド粒子　colloidal particle

グレアム　T. Graham, 英

コロイドの定義の変遷　コロイドということばを初めて使ったのは，グレアムである（1861年）．彼は拡散の研究から，物質には水に溶けやすく，水中で拡散しやすいものと，水に溶けにくく，拡散しにくいものがあり，前者に属するものは結晶性のものが多く，後者に属するものには非結晶性のものが多いことから，前者を crystalloid（晶質），後者を colloid（膠質）と名づけた．その後グレアムは，拡散速度が小さく，透析されにくい物質を溶質とする溶液をコロイド

表 3-8 種々のコロイド

分散媒	分散相	名　称	
気　体	液　体 固　体	煙霧質 (aerosol)	霧・雲・けむり 粒じん・けむり
液　体	気　体 液　体 固　体	泡沫 (foam) 乳濁液 (emulsion) 懸濁液 (suspension)	あわ 牛乳・マヨネーズ・クリーム 墨汁・金属のコロイド溶液
固　体	気　体 固　体	泡沫 (foam) 固体のコロイド	スポンジ・カステラ・素焼き 着色ガラス・ほうろう

オストワルド　F. W. Ostwald, 独

と定義した．さらにオストワルドらの研究によって，晶質とコロイドの違いは物質の種類によるのではなく，物質の状態によることが明らかになり，分散状態という言葉が与えられるようになった．現在ではコロイドは，上記のような粒子の分散状態，あるいは分散状態にある物質をいう．

2. コロイドの性質

コロイド粒子は，普通の分子やイオンに比べてはるかに大きく，一方，顕微鏡でも見えないくらい小さいという特殊な状態にあるため，次のような性質を示す．

(1) チンダル現象　砂糖水（スクロース水溶液）とデンプン水溶液を入れたビーカーに，横から光を当てると，砂糖水では光の通路はわからないが，デンプン水溶液では，光の通っている部分が白く見え，光の通路がわかる．この現象を**チンダル現象**という．これは，デンプン粒子はスクロース分子より大きいので，光が乱反射されるためである．なお，昼間の空が明るく見えるのも，大気中のこまかい塵によるチンダル現象によるものである．

チンダル現象
Tyndall phenomenon

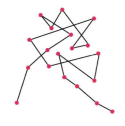

図 3-17　ブラウン運動

ブラウン運動　Brownian motion
活性炭　activated carbon, active charcoal
吸着　adsorption

(2) ブラウン運動　集光器をつけた，いわゆる限外顕微鏡に牛乳などのコロイド溶液をとってながめると，コロイド粒子の存在が確かめられる．このときコロイド粒子は，たえず図 3-17 に示したような不規則な直線運動をしている．この運動を**ブラウン運動**という．コロイド粒子が分散媒（水）の分子に不均等に衝突されることによって動かされているのであって，分子運動の証拠ともされる現象である．

(3) 吸　着　活性炭は，木材やヤシがら，石炭などを空気を充分与えないで燃焼させてつくったもので，固体中に気体が分散した形の固体コロイドである．活性炭は，着色した水溶液を脱色したり，また臭いを除いたりする作用を示す．これは，色素や臭いをもつ物質が活性炭に吸いつけられるためで，この現象を**吸着**という．吸着現象は，コロイド粒子が同体積の通常の物質などに比べて表面積が非常に大きいことがおもな原因である．

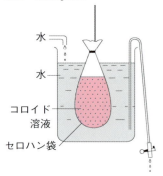

図 3-18　透　析

(4) 透　析　コロイド溶液をろ過するとコロイド粒子はろ紙を通過する．ところが，ろ紙よりさらに目の細かいセロハン紙などは通過しない．そこで図 3-18 のようにセロハンなどの袋に電解質などを含むコロイド溶

液を入れ，水中に浸して放置すると，イオンや小さな分子はセロハン袋を通って水中に移動し，コロイド溶液を精製することができる．これを**透析**という．

(5) **電気泳動** U字管にコロイド溶液を入れ，その両端に電極を浸して 50～200 V の直流電流をかけて，しばらく放置すると，コロイド粒子が一方の極に移動することがわかる．この現象を**電気泳動**という．電気泳動は分散媒が気体の場合も起こる．この現象から，コロイド粒子は正・負いずれかに帯電し，また同じ種類のコロイド粒子は同種の電荷をもっていることがわかる．コロイド粒子が電荷をもつ原因としては，粒子がイオンを吸着する場合と，粒子を構成する物質自身が電離する場合が考えられる．

3. コロイドの分類

コロイドは，粒子の種類から，次のように分類される．

- **分子コロイド**（molecular colloid）
- **分散コロイド**（dispersion colloid）
- **会合コロイド**（association colloid）

分子コロイドは，コロイド粒子が一つの巨大分子からできているコロイドで，デンプンやタンパク質などのような高分子化合物のコロイド溶液がその例である．分散コロイドは，金属や金属硫化物などが水中に分散している場合のように，不溶性の物質が分散媒中に分散したようなコロイドである．会合コロイドの例としてセッケン水がある．セッケン分子は，親水性の部分と疎水性の部分からなるため，セッケンを水に溶かすと多数の分子の疎水性の部分どうしが集まってコロイド粒子となる．このように分子が集合することを会合といい，この集合体を**ミセル**という．したがって，会合コロイドのことを**ミセルコロイド**ともいう．

コロイドの分類として，さらに層状組織体，繊維組織体を加えて五つに分類することもある．

コロイドの水溶液は，その性質によって，次のように分類される．

- **疎水コロイド**（hydrophobic colloid）
- **親水コロイド**（hydrophilic colloid）

疎水コロイドは，電解質を少量加えたとき，コロイド粒子が沈殿するようなコロイド溶液で，金や硫黄・水酸化鉄など水に不溶性の物質がコロイド粒子となって，水中に分散したものである．親水コロイドは，少量の電解質を加えても沈殿しないが，多量の電解質を加えると沈殿するようなコロイド溶液で，デンプンやタンパク質・セッケンなど親水性の物質がコロイド粒子となって，水中に分散したものである．

なお，疎水コロイドに少量の電解質を加えるとき，コロイド粒子が沈殿する現象を**凝析**といい，電荷の中和により，コロイド粒子間の反発力がなくなるため起こる．それに対し親水コロイドは，多量の電解質を加えると

透析　dialysis

電気泳動　electrophoresis

正コロイド：鉛・鉄・銅などの金属，水酸化アルミニウム・水酸化鉄などの金属水酸化物または金属酸化物，メチルバイオレットなどの染料．

負コロイド：金・銀・水銀などの金属，黒鉛・硫黄などの非金属単体，硫化ヒ素・硫化水銀などの硫化物，粘土・デンプンなど，コンジョウ・インジゴなどの染料．

ミセル　micelle
ミセルコロイド　micellar colloid

凝析　coagulation

塩析 salting out
＊ 身近な例としては，豆腐の製造で，大豆タンパクにニガリ（マグネシウム化合物）を加えて固まらせるのも塩析である．

初めて沈殿するが，その現象を**塩析**という＊．電解質のイオンが水を引きつけるため，自由な水が少なくなり，沈殿するものと考えられる．疎水コロイドのコロイド粒子を，なるべく少量の電解質で効果的に凝析させるためには，コロイド粒子と反対の荷電をもちイオン価の大きいイオンを含む電解質を加えるとよい．たとえば負電荷のコロイド（粘土など）を凝析させるには，Na^+よりAl^{3+}を含む電解質を加える方がよい．

疎水コロイドは少量の電解質で沈殿するから，不安定なコロイド溶液であり，一方，親水コロイドは沈殿しにくく安定なコロイド溶液である．いま，疎水コロイドに親水コロイドを加えると，疎水コロイド粒子のまわりを親水コロイド粒子が包み，沈殿しにくくなり安定する．このときの親水コロイドを**保護コロイド**という．墨汁はその例である．

保護コロイド protective colloid

4. 乳化と表面活性

水に少量の油を滴下して，よく振りまぜると，油はいったん水中に分散するが，放置すると，油が遊離して水面に浮かぶ．ところがこれに少量のセッケンを加えて振ると，油滴は水中に分散したままで安定化し，白く濁った溶液となる．このように，ある溶液の中に溶け合わない別の液体が微粒となって分散し，**乳濁液**となる現象を**乳化**という．

乳濁液 emulsion
乳化 emulsification

図 3-19 に，セッケンと高級アルコールの硫酸エステルの洗剤の構造式を示した．両者の働きは似ている．セッケン分子は$RCOONa$で表される．この R は長い炭化水素基＊で，疎水性つまり親油性の基である．一方，$-COONa$ は，次のように電離し，親水性である．

＊ アルキル基と呼ばれる（141ページ参照）．

$$-COONa \rightleftarrows -COO^- + Na^+$$

セッケン分子は，普通いくつか集まって（ミセルという）コロイド粒子をつくり，水中に分散する．

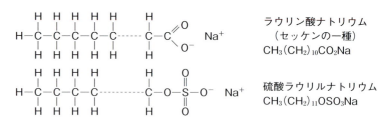

図 3-19 洗 剤

水と油の混合物にセッケンを加えると，セッケン分子は図 3-20 のように親油性の基を油側に，親水性の基を水側に向けて並び，これらの表面張力を小さくする．この混合液をはげしく振ると，油滴を中心にして親油性の基を内側に，親水性の基を外側にしてミセルをつくって水に分散する（表面張力によって油は油，水は水として集まるのである）．このように 2相間の表面張力が少量の物質（上の例ではセッケン）の溶解によって大き

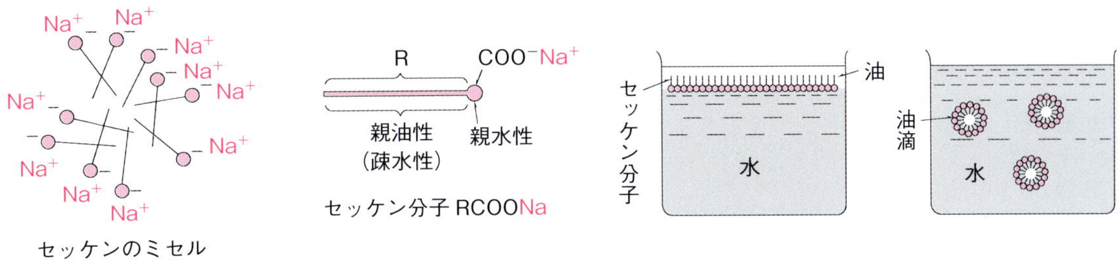

図 3-20 セッケンのミセル・乳化作用・表面活性

く低下する現象を**界面（表面）活性**といい，セッケンのように表面活性を起こさせる物質を**界面（表面）活性剤**という．

5. ゾル・ゲル

コロイド粒子が液体中に浮遊している状態がコロイドで，この状態を**ゾル**といい，流動性がある．それに対し，少量の液体の中に多数のコロイド粒子が存在する場合は，粒子が互いに接触したり，つながったりして，流動性を失った半固体状になることがある．この状態を**ゲル**といい，クリームやトコロテンなどがその例である．このときコロイド粒子の形が，棒状とか板状のような場合（球状でない）は，粒子間につながりができやすいから，濃度が比較的小さくてもゲルを生じる*．

水を含んだゲルが水を失った状態のものを**キセロゲル**といい，乾燥したニカワ（膠）・寒天・ゼラチン，あるいはシリカゲルなどがその例で，さらに，綿・絹・羊毛や木材，あるいは動物の爪・毛・皮膚などもキセロゲルである．また，キセロゲルは水などを吸収する性質があり，このとき体積が増大する．この現象を**膨潤**という．

界面（表面）活性　surface activity
界面（表面）活性剤　surface active agent, surfactant

ゾル　sol

ゲル　gel

＊　コロイド粒子が細長い糸状のときは，濃度が小さい溶液でも，これらのからみあいによって網状構造となり，多量の液体が含まれているにもかかわらず，系全体としては流動性を失っている場合がある．これもゲルの一種であるが，とくに**ゼリー**（jelly）と呼ばれる．
キセロゲル　xerogel
膨潤　swelling

3-6　固　体

1. 結晶の種類と性質

結晶は，結合の違いによって，次のように分類される．

- **イオン結晶**（ionic crystal）
- **分子結晶**（molecular crystal）
- **共有結合の結晶**（covalent crystal）
- **金属結晶**（metallic crystal）

(1) イオン結晶　陽イオンと陰イオンが交互に規則正しく配列され，陽イオンと陰イオンの静電気的引力による結合，すなわちイオン結合によってできている結晶で，金属元素と非金属元素からなる化合物の多くは，イオン結晶である．

イオン結晶は，次のような性質を示す．

a. 電気的引力による強い結合であるため，硬く，融点は高い．

〔イオン結晶の例〕NaCl, KBr, MgO, $CuSO_4$, $AgNO_3$.

  b. 結晶状態では電気を通しにくいが，加熱融解した状態では電気を通す．

  c. 水に溶解する場合には，その水溶液は電気を通す．

 (2) **分子結晶** 分子が分子間力によって規則正しく配列しているような結晶で，非金属元素からなる物質の結晶の多くは，分子結晶である．

 分子結晶は，次のような性質を示す．

  a. 分子間力による弱い結合でできているため，結晶はもろく軟らかい．

  b. 弱い結合であるから，融点・沸点が低く，常温で気体や液体となるものが多い．

  c. 結晶状態はもちろん，加熱融解しても電気を通さない．

 (3) **共有結合の結晶** 原子間の共有結合が立体的に無限にくり返されてできた結晶で，一つの結晶全体が共有結合でできた 1 分子と考えられることから，**巨大分子**ともいう．

 共有結合の結晶は，次のような性質を示す．

  a. 各原子が，共有結合によって強く結合されているため硬い．

  b. 結合力が強いから，沸点・融点が極めて高い．

  c. 電気を通さない．

  d. 水や溶媒に溶けにくい．

 黒鉛は例外で，軟らかく，よく電気を通す (67 ページ参照)．

 (4) **金属結晶** 金属結合による結晶で，自由電子を媒体として金属イオンが規則正しく配列した結晶である．

  a. 金属光沢をもつ．

  b. 展性・延性*をもつ．

  c. 一般に融点・沸点は高い．

  d. 熱・電気の伝導性が大きい．

2. 結晶の構造

 (1) **イオン結晶** イオン結晶では，各イオンのまわりに反対電荷をもったイオンができるだけ数多く配位しようとする．イオン結晶格子の二，三の例を示す．

  a. 塩化ナトリウム型格子 (**図 3-21** 左)：陽イオン，陰イオンとも配位数* 6，$NaCl$, KCl, MgO など．

  b. 塩化セシウム型格子 (**図 3-21** 右)：配位数 8，$CsCl$, $CsBr$ など．

  c. フッ化カルシウム型格子 (**図 3-22**)：陽イオンは 8 配位で 8 個の陰イオンに囲まれ，陰イオンは 4 配位で 4 個の陽イオンに囲まれている．CaF_2, $SrCl_2$ など．

 (2) **分子結晶** 無機物質の分子結晶は，**図 3-23** の二酸化炭素 CO_2 (固体はドライアイスともいう) の例のように，分子が面心立方格子 (68 ページ) の位置に配置しているものが多い．H_2, N_2, CO, HCl, NH_3, CH_4 や希ガ

〔分子結晶の例〕I_2, ドライアイス CO_2, ナフタレン $C_{10}H_8$, その他 N_2 や Cl_2, Ar を低温にしたときの結晶，多くの有機化合物の結晶．

〔共有結合の結晶の例〕ダイヤモンド C，黒鉛 C，炭化ケイ素 SiC，二酸化ケイ素 SiO_2．

巨大分子 macromolecule

〔金属結晶の例〕Cu, Ag, Au その他の金属および合金．

* 展性 malleability
 薄く広げられる性質．
 延性 ductility
 引き延ばされる性質．
 (108 ページ参照)

* ここで述べる配位数は，結晶構造中の一つの原子の周囲に隣接する他の原子の数をいう．

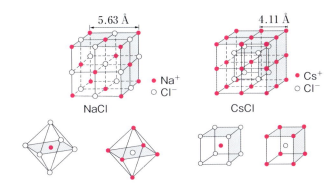

図3-21 結晶格子（上）と配位関係（下）

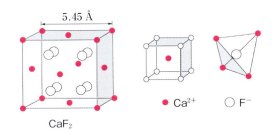

図3-22 フッ化カルシウムの結晶

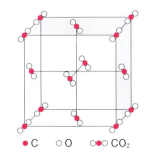

図3-23 二酸化炭素の結晶

スの結晶なども面心立方格子である．有機化合物は分子結晶をつくるものが大部分であるが，分子それ自体が独自の形をもっているので，それのつみ重なってできる結晶は，大半が三斜晶系という対称のよくない結晶に属する．

(3) 共有結合の結晶 ダイヤモンド（**図3-24上**）は，炭素原子からなる共有結合の結晶であるが，この場合4個の価電子がすべて共有結合に使われ，これが立体的に連続して結晶をつくっている．結合が強いため，極めて硬い．

一方，黒鉛（**図3-24下**）も炭素原子からなる共有結合の結晶ではあるが，炭素原子が平面的に共有結合し，これらが層状をなして重なりあっている．この層間の結合力は分子間力に基づく弱いものである．そのため，黒鉛は面の間がはがれやすく（へき開完全），塊全体としてずれやすく軟らかい．また炭素原子の4個の価電子のうち3個が共有結合に使われ，1個は自由電子と同じように作用するため，電気伝導性がある（原子の網面に沿って電気を伝える）．またグラファイト・石墨などとも呼ばれ，黒色である．同じ炭素原子からできている物質であっても，結合の仕方と構造が違うと，硬さや，電気伝導性，光の通し方などで，全く違った性質を示すことは興味深い．

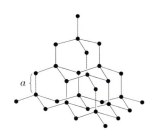

$a = 1.54$ Å

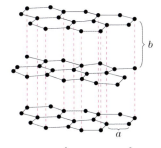

$a = 1.42$ Å $b = 3.39$ Å

図3-24 ダイヤモンド（上）と黒鉛（下）

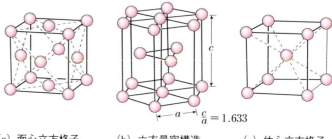

(a) 面心立方格子　　(b) 六方最密構造　　(c) 体心立方格子

図 3-25　金属の結晶構造*

＊ 六方最密構造は，六方最密充填，六方最密格子ともいう．また面心立方格子は，立方最密格子ともいう．

表 3-9　金属の結晶構造

Li ●	Be △	☐ 面心立方格子 △ 六方最密構造 ● 体心立方格子 ＋ その他								
Na ●	Mg △									
K ●	Ca △☐	Sc △	Ti △●	V ●	Cr △●	Mn ☐	Fe ●☐	Co △☐	Ni ☐	Cu ☐	Zn △
Rb ●	Sr ●	Y △	Zr △●	Nb ●	Mo ●	Tc △	Ru △	Rh ☐	Pd ☐	Ag ☐	Cd △
Cs ●	Ba ●	La △☐	Hf △	Ta ●	W ●	Re △	Os △	Ir ☐	Pt ☐	Au ☐	Hg ＋

＊ 温度や圧力などが違うと異なる構造をとる金属も多い．表にはおもな構造だけを示した．

(4) 金属結晶　金属は同じ種類の原子からできているので，その結晶構造は半径の等しい球を容器に詰めた状態として理解できる．球の配列の仕方によって，金属の結晶格子は次の 3 種に大別される（**図 3-25**，**表 3-9**）．

a．面心立方格子（立方最密格子）　立方体の各頂点と，六つの各面に 1 個の原子が配列されている構造で，各原子の配位数は 12 である．

b．六方最密構造　7 個の原子が一つの平面上に密に配列している第 1 層に，そのくぼみにのるように 3 個の原子が配列し，その上に第 1 層と同じ位置に原子が配列したもので，各原子の配位数は 12 である．

c．体心立方格子　立方体の各頂点と立方体の中心に原子が配列されている構造で，各原子の配位数は 8 である．

原子を球体と考えると，上記からわかるように球の間に空間ができる．球が占める空間と球の間の間隙の空間から，その充填度を求めると，面心立方格子と六方最密構造の充填度は等しく，それに比べ体心立方格子は少

〔面心立方格子の例〕
　Cu, Ag, Au, Ni, Pd, Pt

〔六方最密構造の例〕
　Be, Mg, Zn, Cd

〔体心立方格子の例〕
　Li, Na, K, Rb, Ba

し隙間が多い．

　面心立方格子・六方最密構造：74 %　体心立方格子：68 %

　ゲルマニウム Ge やケイ素 Si の単体は，電気の伝導性に関して，金属と非金属の中間の性質をもっていて，**半導体**と呼ばれる．ゲルマニウム（14族）の単体に，15族のヒ素のようにゲルマニウムよりも価電子を多くもった元素，あるいは13族のガリウムのように価電子の少ない元素を少量（ppm オーダー程度）加えると，電気伝導性がたいへん増加する．前者を n 型半導体，後者を p 型半導体という．一つの半導体の中に n 型領域と p 型領域をうまく組み合わせたものは，電流を増幅したり，整流したりする作用がある．このようなものがトランジスターやダイオードで，電子機器にひろく使われている．

半導体　semiconductor

　(5) 非晶質　結晶格子がほとんど認められない固体の状態，すなわち，それを構成する粒子（原子・イオン・分子）が規則正しく配列していない固体を，結晶質に対して**非晶質**または無定形といい，ガラス，繊維，合成樹脂，ゴムなどがこれに該当する．

非晶質　amorphous substance

演習問題

1. 右の表は，物質 A, B について各温度（℃）における蒸気圧（mmHg）を示している．物質 A, B の沸点は，どちらが高いか．また，それぞれ何 ℃ か．なお，1 気圧 ＝ 760 mmHg ＝ 1.013×10^5 Pa である．

温度	A	B
20	17.5	75.2
40	55.3	183
60	150	391
80	355	760
100	760	1350

2. 体積 10.0 L のボンベに 27 ℃ で気体を封入したところ，500 kPa であった．この気体は 0 ℃，100 kPa で何 L か．

3. テレビジョン用ブラウン管の内容積が 2 L で，25 ℃ における内部の圧力が 3×10^{-9} mmHg であったとする．この管内に存在する気体の分子数はどれだけか．ただし，アボガドロ定数は 6.0×10^{23}/mol として計算せよ．

4. 窒素ボンベの内容積が 47.4 L，質量が 66.6 kg の高圧ガス容器がある．0 ℃ で窒素ガスを 150 気圧になるまで充填した．このとき窒素ボンベの総重量は何 kg になるか．原子量は N ＝ 14．

5. 10 L の容器中に質量 10^{-22} g の気体分子 10^{24} 個がある．圧力を求めよ．ただし $\sqrt{\overline{u^2}} = 10^5$ cm/s とする．またこれらの分子の全運動エネルギーはどれだけか．

6. 500 mL の容器中に 3×10^{23} 個の O_2 分子を含む．これらの分子の示す圧力が 20 mmHg であるとすると，分子の二乗平均速度はどれだけか．原子量は O ＝ 16．

7. 3.20 kg の酸素が，体積 27.2 L の容器に詰められている．この容器が，最高 1.20×10^4 kPa までの圧力に耐えることができるとして，容器の温度を最高何度（℃）まで上げることができるか．酸素のファンデルワールス定数は $a = 138$ kPa・L^2/mol^2，$b = 0.0318$ L/mol，原子量は O ＝ 16.0 とする．

8. ある純粋な気化しやすい液状化合物 30 mg を 100 mL の真空容器中で完全に気化して圧力を測定したところ，30 ℃ で 123 mmHg であった．この物質の分子量はどれだけか．理想気体とみなして計算せよ．

9. 右図は N$_2$ 1 mol についての 273 K における圧力 p と pV/RT の関係をグラフで表したものである．このグラフから，N$_2$ と理想気体のずれを二つの因子（分子の体積と分子間力）から説明せよ．

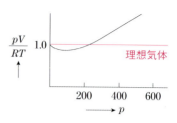

10. 20 ℃の塩化バリウムの飽和水溶液の濃度は 26.3 %で，比重は 1.280 である．この温度における塩化バリウムの溶解度，およびモル濃度はどれだけか．塩化バリウムの式量を 208.3 とする．

11. 20 ℃において，100 g の水に無水硫酸ナトリウム 19.05 g が溶けて飽和する．この飽和溶液をとり，加熱して水を蒸発させて溶液を濃くしたのち，ふたたび 20 ℃に保って，その上澄み液が飽和溶液になるまで放置したところ，Na$_2$SO$_4$・10H$_2$O の結晶が 24.0 g 析出した．蒸発させた水の質量はどれだけか．原子量は Na = 23, S = 32, O = 16, H = 1.

12. 20 ℃において，純水 1 L に対して 1.013×10^5 Pa の酸素は 0.0475 g，窒素は 0.0201 g 溶ける．1.013×10^5 Pa で 20 ℃の水に溶けている空気の窒素と酸素のモル比 (N$_2$/O$_2$) を求めよ．ただし空気の体積組成は O$_2$: N$_2$ = 1 : 4．原子量は N = 14, O = 16.

13. 20 ℃における水の蒸気圧は 17.50 mmHg である．いま，水 900 mL にグルコース（分子量 180）を 18 g 溶かしたときの 20 ℃における水の蒸気圧はどれだけか．

14. ある非電離性の有機化合物 4.5 g を水 100 g に溶かした溶液の沸点は，1.013×10^5 Pa のもとで 100.13 ℃であった．この化合物の分子量はいくらか．ただし，水のモル沸点上昇は 0.52 K・kg/mol とする．

15. 1000 g の水に 10 g のグルコースを溶かした溶液の凝固点は −0.103 ℃である．1000 g の水に 2 g の塩化ナトリウムを溶かした溶液の凝固点は何 ℃か．原子量は H = 1, C = 12, O = 16, Na = 23, Cl = 35.5.

16. ある物質の分子量を調べた．試料 2.69 mg とショウノウ 20.00 mg の混合物をつくり，その凝固点を調べたところ 154 ℃であった．その試料物質の分子量はいくらか．ただし，ショウノウの凝固点は 178 ℃，モル凝固点降下は 40.0 K・kg/mol とする．

17. 27 ℃における濃度 1.90 mol/L の CaCl$_2$ 溶液の浸透圧と，濃度 4.05 mol/L のスクロース溶液の浸透圧は同じ値である．
    (1) 両溶液の浸透圧を求めよ．
    (2) CaCl$_2$ の電離度（みかけの電離度）はいくらか．

18. 微粒土砂による濁り水がある．この微粒土砂を沈殿させるには，次のどれがよいか．微粒土砂は負に帯電している．
    a．塩化ナトリウム　　b．硫酸カリウム　　c．塩化アンモニウム　　d．ミョウバン　　e．塩化バリウム

19. 親水ゾルが疎水ゾルに比べて一般に安定で，凝析しにくいのは，主として次のどの性質によるか．
    a．水を強く吸着している．　b．粒子が小さい．　c．粒子が軽い．　d．多くの電気を帯びている．

20. 鉄は，906 ℃で体心立方格子から面心立方格子になる．密度は何倍になるか．

21. ある金属の結晶構造は面心立方格子であり，単位格子の 1 辺は 3.52 Å，密度は 8.85 g/cm^3 である．この金属の金属結合半径と原子量を求めよ．アボガドロ定数は 6.02×10^{23}/mol とする（図 3-25 (a) の立方体の 1 辺の長さを l とすると，隅にある赤丸の中心から，面の真中にある赤丸の中心までの距離は，$\frac{\sqrt{2}}{2}l$ である）．

第4章　化学反応

　人間が生き，物が造られ，世の中が動いているということは，化学反応が進行しているということである．どうしたら化学反応の速さを測ることができるだろうか．反応の速さを変える触媒とは何であろうか．化学反応は，どこまでも進むものだろうか．化学反応には，発熱する反応と，吸熱する反応があるが，どのような反応が進みやすいのだろうか．

●4-1　反 応 速 度●

1. 反応速度

反応速度　reaction rate

　水素と酸素の混合気体に点火すると，瞬間的に反応して水となる．この反応は多量の熱を出し，生成気体が激しく膨張する．すなわち爆発である．また，塩化ナトリウム水溶液に硝酸銀水溶液を加えると，ただちに塩化銀の白色沈殿を生じる．このように，反応速度の非常に大きい反応がある一方，酢酸とエタノールから酢酸エチルが生成する反応や，デンプンなどの加水分解のように，反応速度の小さい反応もある．

　反応速度を表すには，単位時間に反応した物質の量（濃度）または生成した物質の量（濃度）を用いる．たとえば，水素 H_2 とヨウ素 I_2（高温では気体）が化合して，ヨウ化水素 HI を生成する場合を考えてみよう．

$$H_2 + I_2 \longrightarrow 2HI$$

の反応から，1秒間に a mol の H_2 が反応したときは，I_2 も a mol 反応し，HI が $2a$ mol 生成することになり，それぞれの反応速度は

$$H_2 について \quad v(H_2) = -a\,\text{mol/s}$$
$$I_2 について \quad v(I_2) = -a\,\text{mol/s}$$
$$HI について \quad v(HI) = +2a\,\text{mol/s}$$

と表されるが，このように同じ反応で反応速度の数値の異なることを避けるため，係数で割った値の絶対値をとる．すなわち，時間 t から $(t+\Delta t)$ の間に，H_2, HI のモル数がそれぞれ $-\Delta c$, $+2\Delta c$ 変化したとすると，反応速度 v は次のように表される．

$$v = \frac{|\Delta c|}{\Delta t} = \frac{2\Delta c}{2\Delta t} = \frac{\Delta c}{\Delta t}$$

$$\Delta t \to 0 \text{ では } \quad v = \frac{dc}{dt}$$

　反応速度は，反応する物質によって異なるが，反応する物質が同じでも，次のような条件によって異なる．

a. 濃度　b. 温度　c. 触媒　d. 接触面積　e. 撹拌　f. 光

2. 反応速度と濃度

五酸化二窒素 N_2O_5 は，次のように N_2O_4 と O_2 に分解する．

$$2N_2O_5 \longrightarrow 2N_2O_4 + O_2$$

いま，気体の N_2O_5 について，ある一定温度における反応時間とそのときの N_2O_5 の分圧（濃度）を測定すると，**表 4-1** のような結果が得られる．

表 4-1 N_2O_5 の分解反応における濃度と反応速度の関係

反応時間 (s)	$c = [N_2O_5]$ （分圧，mmHg）	$v = \dfrac{\Delta [N_2O_5]}{\Delta t}$	c' (c の平均)	$\dfrac{v}{c'}$
600	247			
1200	185	0.103	216	4.8×10^{-4}
1800	140	0.075	162	4.6×10^{-4}
2400	105	0.058	122	4.8×10^{-4}
3000	78	0.045	91	4.9×10^{-4}
3600	58	0.033	68	4.9×10^{-4}

1 気圧 = 760 mmHg = 1.013×10^5 Pa

この結果から，反応速度 v が N_2O_5 の濃度 $[N_2O_5]$ に比例していることがわかる．したがって，次のように示される．

$$v = -\frac{\Delta [N_2O_5]}{\Delta t}$$

$\Delta t \to 0$ では　$v = -\dfrac{d[N_2O_5]}{dt} = k[N_2O_5]$ \hfill (4.1)

速度定数　rate constant
速度式　rate equation

この (4.1) 式の k は比例定数で，**速度定数**といい，このような式を**速度式**という．また，ヨウ化水素 HI を容器に入れて一定温度に保つと，次のように H_2 と I_2 に分解する．

$$2HI \longrightarrow H_2 + I_2$$

この反応について，反応速度 v と HI の濃度の関係を調べると，次のような関係が得られる．

$$v = k[HI]^2 \hfill (4.2)$$

1 次反応　first-order reaction
2 次反応　second-order reaction

(4.1) 式の反応では速度は（濃度）^{1} に比例するから **1 次反応**，(4.2) 式の反応では速度は（濃度）^{2} に比例するから **2 次反応**という．

3. 多段階反応と律速段階

先にも示したように，水素 H_2 とヨウ素 I_2 からヨウ化水素 HI が生成する反応は，次のように表される．

$$H_2 + I_2 \longrightarrow 2HI \hfill (4.3)$$

このときの反応速度 v は，次のような 2 次反応の速度式で表される．

$$v = k[H_2][I_2]$$

つまり反応速度が H_2 の濃度 $[H_2]$ と I_2 の濃度 $[I_2]$ にそれぞれ比例するのは，これらの分子間の衝突度数が $[H_2]$ および $[I_2]$ に比例するからであ

る.

ヨウ化水素および五酸化二窒素 N_2O_5 の分解反応は次のように表される.

$$2HI \xrightarrow{v_1} H_2 + I_2 \qquad (4.4)$$

$$2N_2O_5 \xrightarrow{v_2} 2N_2O_4 + O_2 \qquad (4.5)$$

そしてこれらの反応速度 v_1, v_2 は反応式の上ではどちらも 2 分子から変化しているように見られるが,次のように違った形で表される.

$$v_1 = k_1[HI]^2$$

$$v_2 = k_2[N_2O_5]$$

この場合,HI の分解反応 (4.4) 式は (4.3) 式の逆反応である.それに対し N_2O_5 の分解反応は,次のようないくつかの段階を経て,全体として (4.5) 式の反応となると考えられる.

$$N_2O_5 \longrightarrow N_2O_3 + O_2 \qquad (4.6)$$

$$N_2O_3 \longrightarrow NO + NO_2 \qquad (4.7)$$

$$N_2O_5 + NO \longrightarrow 3NO_2 \qquad (4.8)$$

$$4NO_2 \longrightarrow 2N_2O_4 \qquad (4.9)$$

このように,いくつかの段階の反応を経て一つの反応を完結する場合を**多段階反応**という*.上の反応では,(4.6) 式の反応速度が最も小さく,他の (4.7) 式～(4.9) 式の反応速度は大きい.そのため,N_2O_5 の分解反応の反応速度は,(4.6) 式の反応速度に支配されることになる.したがって,N_2O_5 の分解反応の速度式は (4.6) 式の反応の速度式に等しいことになり,次のような 1 次反応の式で表されることになる.

$$v = k[N_2O_5]$$

このように多段階反応では,ある段階の反応（素反応）の速度がとくに小さければ,反応速度は,その素反応の反応速度によって決まることになる.そしてこの反応速度の最も小さい反応を律速反応,その段階を,複合反応の**律速段階**という.上の (4.6) 式～(4.9) 式の反応では,(4.6) 式の反応の速度が最も小さく,律速段階となっている.

水素と塩素との混合気体は,短波長の可視光線や紫外線を照射すると爆発的に化合して塩化水素となる.

$$H_2 + Cl_2 \longrightarrow 2HCl$$

この反応では,まず塩素分子が光エネルギーを吸収して 2 個の塩素原子に解離する（・は不対電子を表す）.

$$Cl_2 \xrightarrow{光} 2Cl\cdot$$

この遊離した塩素原子 $Cl\cdot$ は,水素分子に作用して $H\cdot$ を遊離させる.

$$H_2 + Cl\cdot \longrightarrow HCl + H\cdot \qquad (4.10)$$

この $H\cdot$ は,塩素分子に作用して $Cl\cdot$ を生じさせる.

$$H\cdot + Cl_2 \longrightarrow HCl + Cl\cdot \qquad (4.11)$$

多段階反応　multistep reaction
* (4.6) 式～(4.9) 式のような各段階の反応は,1 段階で完結する反応で,**素反応** (primary process) と呼ばれる.

律速段階　rate determining step

連鎖反応　chain reaction

ラジカル　radical
遊離基　free radical

このようにして，(4.10)式，(4.11)式の反応がくり返されて反応が連続して急速に進む．このような反応を**連鎖反応**という．反応速度の研究は，反応の機構を推定するために極めて重要である．

Cl·，·CH$_3$のように不対電子をもつ原子または原子団を**ラジカル**または**遊離基**という．

4. 反応速度と温度

反応速度を左右する因子の中に温度があるが，一般に温度を高くすると反応速度が大きくなる．温度一定のときに，速度定数kは一定であるが，温度が変化すると変化する．

いま，ヨウ化水素 HI の分解反応

$$2\text{HI} \longrightarrow \text{H}_2 + \text{I}_2$$

における速度式

$$v = k[\text{HI}]^2$$

の速度定数kの値は，温度T（絶対温度 K）の変化に従って，**表 4-2** のように変わる．

この表のkの対数（$\log k$）と絶対温度の逆数（$1/T$）との関係をグラフで表すと，**図 4-1** のようになる．そしてこの直線の式は，次のように表される．

$$\log k = a - \frac{b}{T} \quad (a, b \text{ は定数})$$

アレニウス（6ページ）は，多数の反応について検討を加え，速度定数kと絶対温度Tとの間には，一般に次の関係が成り立つことを指摘した．

$$\ln k = a' - \frac{E}{RT} \quad (\ln \text{ は自然対数})$$

$$\therefore \quad k = A e^{-E/RT} \quad (A \text{ は定数；} e \text{ は自然対数の底}) \quad (4.12)$$

表 4-2 HI の分解反応の速度定数の温度による変化

T (K)	k	T (K)	k
556	3.52×10^{-7}	666	2.20×10^{-4}
575	1.22×10^{-6}	683	5.12×10^{-4}
629	3.02×10^{-5}	700	1.16×10^{-3}
647	8.59×10^{-5}	716	2.50×10^{-3}

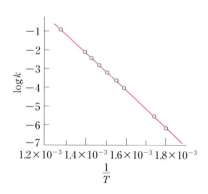

図 4-1 ヨウ化水素の分解反応の速度定数kと温度Tとの関係

この式を**アレニウスの式**といい，この式の E を**活性化エネルギー**という．アレニウスは，活性化エネルギー E 以上のエネルギーをもつ分子間の衝突でなければ，反応は起こらないと考えた．気体における分子の運動エネルギー分布は，**図 4-2** のようになる．この図から E（活性化エネルギー）以上の運動エネルギーをもつ分子の割合（図で色をつけた部分）は，温度が高くなるほど大きくなっており，したがって温度が高いほど反応速度も大きくなることがわかる．

活性化エネルギーの存在　次のようなことから，活性化エネルギーの存在が推定される．

a. 一般に温度が 10 ℃高くなると，反応速度は 2〜3 倍になることが多い．ところが温度を 298 K（25 ℃）から 308 K（35 ℃）へ上昇させても，分子の運動の平均速度は $\dfrac{308^{1/2}}{298^{1/2}} = 1.017$ 倍にしかならない．それに対し，E 以上のエネルギーをもつ分子数は，温度の上昇によって比較的急激に増大する．

b. 分子間の衝突により，必ず反応が起こるとすると，気体分子の衝突数は極めて大きいため，反応は瞬間的に進行するはずであるが，実際はそのようなことはなく，衝突分子の大部分は反応しないのである．

5. 反応の機構

いま，気相中で水素 H_2 とヨウ素 I_2 が反応して，ヨウ化水素 HI となる反応を考えてみよう．

$$H_2 + I_2 \longrightarrow 2HI$$

H_2 と I_2 とが反応するためには，各分子が互いに接触する必要がある．そしてそのとき H–H および I–I の結合がゆるめられ，新たに H–I の結合が生じなくてはならない．しかし，H_2 と I_2 の間の衝突がすべて HI 生成に結びつくとは限らない．実際に，各物質の濃度が 1 mol/L のとき，427 ℃において分子間で衝突する回数は，1 L につき 10^{35} 回/秒と推定される．それに対し反応する分子数は，1 L につき 10^{23} 個/秒である．したがって，HI の生成は 10^{12} 回の衝突につき 1 回の割合でしかない．この理由の一つは，活性化エネルギー E 以上のエネルギーをもつ分子でなければ，反応を起こさないことにある．さらに活性化エネルギー E 以上の分子が衝突したとしても，H_2 分子と I_2 分子が HI 分子をつくるのに都合のよい相対位置でなければならない（**図 4-3**）．

活性化エネルギー以上のエネルギーをもつ H_2 と I_2 の分子が都合のよい相対位置で衝突すると，H_2 と I_2 の分子内の結合がゆるむと同時に，H と I との間に新しい結合力が働いて，一種の複合体を生じる．次に H と I の結合が完成して，HI 分子ができると考えられる．この複合体の状態を活性化状態といい，この複合体を**活性錯体**という*．

アレニウスの式　Arrhenius equation
活性化エネルギー　activation energy

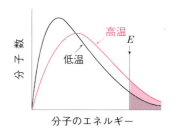

図 4-2　二つの温度における分子のエネルギー分布

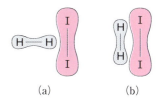

図 4-3　分子間の衝突
(b) は (a) より反応が起こるのに効果的な衝突である．

活性錯体　activated complex
＊　活性複合体ともいう．分子のような安定な状態ではなく，遷移状態である．

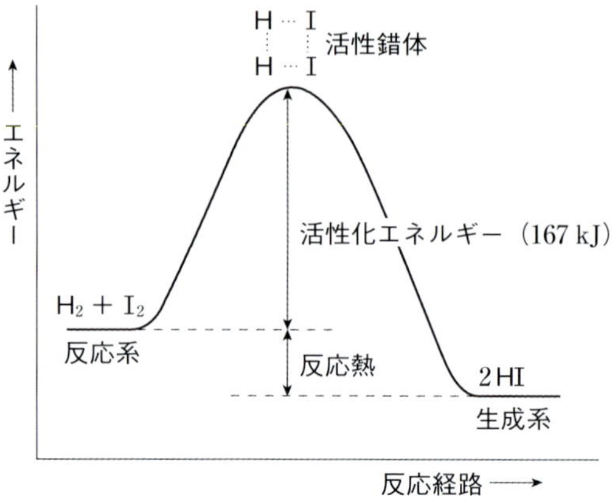

図 4-4　活性化エネルギー

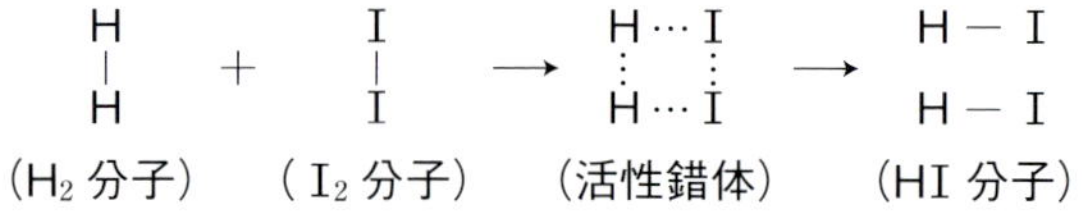

$$\begin{matrix} H \\ | \\ H \end{matrix} \;+\; \begin{matrix} I \\ | \\ I \end{matrix} \;\longrightarrow\; \begin{matrix} H \cdots I \\ \vdots \;\; \vdots \\ H \cdots I \end{matrix} \;\longrightarrow\; \begin{matrix} H-I \\ \\ H-I \end{matrix}$$

　（H_2 分子）　（I_2 分子）　（活性錯体）　（HI 分子）

　H_2 と I_2 の結合エネルギーは，それぞれ 431 kJ/mol，151 kJ/mol であり，H_2 分子や I_2 分子を原子状態にするエネルギー，すなわち解離エネルギーの合計は 582 kJ/mol となる．ところがこの反応系の活性化エネルギー E は 167 kJ/mol とはるかに小さい．このことは，活性錯体は原子状態まで解離されていないことを示している．活性化状態では，H−H 間を結合している 2 個の電子と，I−I 間を結合している 2 個の電子が，二つの H 原子と二つの I 原子の四つの原子をゆるく結びつけた不安定な化合物，すなわち活性錯体となっている．そしてこの状態に到達させるのに，167 kJ/mol のエネルギーを要するのである．

6. 触　媒

　反応過程に関与して反応速度を変化させるが，反応の前後でそれ自身は消費されることのない物質を**触媒**という．

触媒　catalyst

　触媒は反応速度を大きくするが，平衡定数（82 ページ）は変化させないことから，触媒は反応における最初の反応物質と最終の生成物質を変化させることなく，反応の途中の経路を変えるだけである．そしてその経路の活性化エネルギーは，触媒を使用しないときの活性化エネルギーより小さくなっている．すなわち触媒は，活性化エネルギーを小さくさせることによって反応速度を大きくしているといえる（図 4-5）．生物界における酵素*の働きは触媒作用であり，また化学工業は触媒なしには成立しないといっていいほど，多種多様の触媒が使われている．

　触媒には種々のものがあり，その作用の機構はかなり複雑であるが，均

* 酵素については，8-3 節を参照のこと．

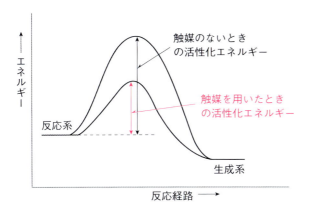

図 4-5　触媒と活性化エネルギー

一触媒と不均一触媒に大別される．均一触媒とは，反応系物質と触媒が同一相にある場合で，**鉛室法**＊による硫酸の製造に用いられる酸化窒素や，エステルの加水分解に用いられる H^+ などがある．また，不均一触媒とは，反応系物質と触媒が異なる相にある場合で，窒素と水素からアンモニアを合成するとき用いられる鉄や＊＊，二酸化硫黄から三酸化硫黄をつくるとき用いられる五酸化二バナジウムなどがある．均一触媒では，触媒と反応物質の中間化合物の生成が，触媒反応の機構として考えられる場合が多い．不均一触媒の一部のものの作用は，触媒表面に吸着され原子状（結合がゆるんだ状態）になった物質の反応として理解される．反応が終ると，触媒は元に戻り，変化がないように見える．

均一触媒　homogeneous catalyst
不均一触媒　heterogeneous catalyst
鉛室法　lead chamber process
＊　やや古典的な硫酸製造法で，二酸化硫黄の酸化触媒として窒素酸化物を用いる．反応を鉛張りの室で行うのでこの名がある．
＊＊　ハーバー-ボッシュ法によるアンモニアの合成では，四酸化三鉄 Fe_3O_4 を用い，これが水素によって還元されて鉄となり，触媒として働く（103 ページ参照）．

4-2　化学変化とエネルギー

1. 反 応 熱

物質が化学変化するとき，一般に熱の出入りを伴う．この出入りする熱量を**反応熱**といい，熱を発生するような反応を**発熱反応**，熱を吸収するような反応を**吸熱反応**という（**図 4-6**）．

このような物質の化学変化に伴う反応熱から，次のようなことが考えら

反応熱　heat of reaction
発熱反応　exothermic reaction
吸熱反応　endothermic reaction

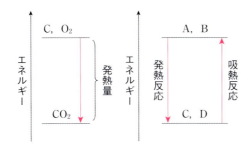

図 4-6　反応熱と内部エネルギー

れる．たとえば，炭素 C を空気中で燃焼させると，酸素 O_2 と化合して二酸化炭素 CO_2 となり，このとき熱を発生する．

$$C + O_2 \longrightarrow CO_2 + 熱量$$

この現象から，C や O_2 があるエネルギーをもっていて，CO_2 となることによって，そのエネルギーの一部を熱として放出したと考えられる．つまり C, O_2, CO_2 の各 1 mol ずつは，それぞれある決まったエネルギーをもっていて，C 1 mol と O_2 1 mol のエネルギーの和より，CO_2 1 mol のエネルギーの方が小さいことを示していると考えるのである．

内部エネルギー internal energy

* 内部エネルギーは，重力の場による位置エネルギーや運動エネルギーなど，外力の場によるエネルギーを除いた物質固有のエネルギーである．

このような物質のエネルギーを**内部エネルギー**といい，物質は一定の条件のもとでは一定の内部エネルギーをもっている*．化学変化が起こると，原子の組換えが起こり，異なった内部エネルギーの状態になる．この両者の差に相当するエネルギーが出入りして反応熱となる．そして，内部エネルギーの低い物質に変化する場合が発熱反応となり，逆に内部エネルギーの高い物質に変化する場合は吸熱反応となる．

定容反応熱　heat of reaction at constant volume
定圧反応熱　heat of reaction at constant pressure

定容反応熱と定圧反応熱　上では，反応熱は反応前後の内部エネルギーの差に相当すると記したが，これは定容（決まった体積のこと）のもとでの反応熱，つまり定容反応熱の場合である．それに対し，定圧で変化させた場合は，容積変化に伴い，外部に対し仕事がなされることになる．したがって定圧下での反応熱，つまり定圧反応熱は，内部エネルギーの差と，体積変化に伴う仕事の変化（$p\Delta V$）の和に相当することになる．この内部エネルギーと仕事（pV）の和を**エンタルピー**と呼ぶ．すなわち，定圧反応熱はエンタルピー変化に等しい．

エンタルピー　enthalpy

2. 熱化学方程式

化学変化において，発生または吸収する熱量，すなわち反応熱を化学反応式に記入したものを**熱化学方程式**という．熱化学方程式は，化学方程式の右辺に，物質のモル単位（一般に主体となる物質 1 mol）当りの反応熱を kJ 単位（以前は kcal 単位，1 kcal = 4.184 kJ）で示す．また，気体 (g)，液体 (l)，固体 (s)，水溶液 (aq)* などの状態によってエネルギーが異なるから，物質の状態も記す．普通，25 ℃，1 気圧における反応熱で表す．

熱化学方程式　thermochemical equation

* それぞれ，気体 gas, 液体 liquid, 固体 solid, 水溶液 aqueous solution などの略．

なお，反応の種類によって燃焼熱，生成熱，溶解熱，中和熱などと呼ぶ．

〔例〕　$C + O_2 = CO_2 + 393.5$ kJ

　　　　393.5 kJ：C の燃焼熱，CO_2 の生成熱

　　　NaOH (s) + aq* = NaOH aq + 44.5 kJ

　　　　44.5 kJ：NaOH (s) の水への溶解熱．aq は多量の水を示す．

* aq は aqua（ラテン語で水の意）の略．

3. ヘスの法則

内部エネルギーでもエンタルピーでも，物質の種類，量，温度，圧力などの状態が決まれば決まってしまう量である．したがって初めの状態と最終の状態が決まれば，その差は途中の経過に関係なく一定となる．これを

ヘスの法則といい，1840 年，ヘスが実験的に見出したものである．

「化学変化において，反応の初めの物質の状態と終わりの状態が同じであれば，途中の経過が違っても反応熱の総量は等しい」．

すなわち，変化の途中にエネルギーの出入があっても，全体としては初めの状態の有するエネルギーと，最後の状態の有するエネルギーの差で表されることになるのである．したがって，この法則はエネルギー保存の法則，あるいは**熱力学第一法則**＊と同じ内容のものである．

たとえば，炭素が燃えて二酸化炭素に変化する場合，直接二酸化炭素になる場合と，途中で一酸化炭素が生成し，さらに二酸化炭素になる場合の反応熱の関係を調べてみよう（図 4-7）．

炭素 1 mol が燃焼して二酸化炭素が生成するときの反応熱 Q_1 は 393.5 kJ である．

$$C + O_2 = CO_2 + Q_1 \,(393.5 \text{ kJ}) \tag{4.13}$$

炭素 1 mol が燃焼して一酸化炭素が生成するときの反応熱 Q_2 は 111.0 kJ である．

$$C + \frac{1}{2}O_2 = CO + Q_2 \,(111.0 \text{ kJ}) \tag{4.14}$$

一酸化炭素 1 mol が燃焼して二酸化炭素が生成するときの反応熱 Q_3 は 282.5 kJ である．

$$CO + \frac{1}{2}O_2 = CO_2 + Q_3 \,(282.5 \text{ kJ}) \tag{4.15}$$

以上から

$$Q_1\,(393.5 \text{ kJ}) = Q_2\,(111.0 \text{ kJ}) + Q_3\,(282.5 \text{ kJ}) \tag{4.16}$$

の関係が成立する．このような関係が，ヘスの法則の内容である．

ヘスの法則を利用することによって，いくつかのすでにわかっている熱化学方程式から，新しい熱化学方程式を導くことができる．

〔例〕 エタノールの燃焼熱は 1365.5 kJ/mol，炭素の燃焼熱は 393.5 kJ/mol，水素の燃焼熱は 285.5 kJ/mol である．これより，エタノールの生成熱を次のようにして導くことができる．

$$C_2H_5OH\,(l) + 3\,O_2\,(g) = 2\,CO_2\,(g) + 3\,H_2O\,(l) + 1365.5 \text{ kJ} \quad ①$$
$$C\,(s) + O_2\,(g) = CO_2\,(g) + 393.5 \text{ kJ} \quad ②$$
$$H_2\,(g) + \frac{1}{2}O_2\,(g) = H_2O\,(l) + 285.5 \text{ kJ} \quad ③$$

において，② × 2 + ③ × 3 − ① より

$$2\,C\,(s) + 3\,H_2\,(g) + \frac{1}{2}O_2\,(g) = C_2H_5OH\,(l) + 278 \text{ kJ}$$

4. 変化の起こる方向

いままでエネルギーというものを中心にして，いろいろの変化を考えて

ヘス G. H. Hess，スイス
ヘスの法則 Hess's law

＊ **熱力学第一法則** どのような物理的，化学的変化においても，その変化に関係しているすべての系について考えた場合，エネルギーの変化の和は 0 である．

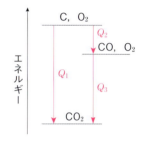

図 4-7 ヘスの法則

きた．発熱反応は，初めの状態より変化後の状態の方がエネルギーの低い状態であり，吸熱反応はこの逆である．したがって，物質は低いエネルギー状態の物質，すなわち発熱の方向へ反応が進行しようとする傾向があると考えがちである．

<u>可逆反応 reversible reaction</u>
（可逆過程 reversible process ともいう）

ところが，ひとりでに起こる反応には吸熱反応もあるし，**可逆反応**もある．たとえば，ヨウ化水素 HI の分解反応は吸熱反応であるが，ヨウ化水素を 400〜500 ℃ に保つと，ヨウ化水素の一部が分解して平衡状態になる．

$$2HI \rightleftarrows H_2 + I_2 - 17\ kJ$$

このようなことから，変化の起こる方向は，エネルギー変化だけでは決まらないことがわかる．

吸熱の変化である水の蒸発や溶解現象などから，自然に起こる変化は乱雑な状態になっていく傾向があることがわかる．このことは化学変化についてもあてはめることができる．すなわち，エネルギーとともに変化の起

<u>エントロピー entropy</u>

こる方向を決める因子として「**乱雑さ**」（熱力学では**エントロピー**という）が考えられる．

以上から，変化の方向を決めるものとして，エネルギー（あるいはエンタルピー）と乱雑さ（あるいはエントロピー）があり，エネルギーだけならそれが減少する方向に，乱雑さだけならそれが増大する方向に変化は起こりやすいことがわかる．したがって次のようなことがいえる．

a. エネルギーが減少し（発熱反応），乱雑さが増大する変化では，二つの因子が助けあうので，反応が最も起こりやすい．

〔例〕 $2H_2O_2 \longrightarrow 2H_2O + O_2 + 192\ kJ$

（発熱反応でエネルギーが減少し，分子が分解して乱雑さが増大）

b. エネルギーが減少し（発熱反応），乱雑さが減少する変化，あるいはエネルギーが増加し（吸熱反応），乱雑さが増大する変化では，二つの因子が反対の方向であるから，どちらの変化量が大きいかによって反応の進行方向が決まる．

〔例〕 $NH_3 + HCl \rightleftarrows NH_4Cl + 176\ kJ$

$\begin{pmatrix} 右に進む反応ではエネルギーが減少し，乱雑さが減少 \\ 左に進む反応ではエネルギーが増加し，乱雑さが増大 \end{pmatrix}$

c. エネルギーが増加し（吸熱反応），乱雑さが減少する変化では，二つの因子とも反応を進めるのに不利なので，反応は自然には起こらない．

<u>ギブズの自由エネルギー Gibbs free energy</u>

* 内部エネルギーを U で表すと，$H = U + pV$ で表される．定容変化の場合，V の変化（ΔV）は 0，すなわち $p\Delta V = 0$ となる．$F = U - TS$ の F を**ヘルムホルツの自由エネルギー**（Helmholtz free energy）という．

自由エネルギー 熱力学では，エンタルピーを H，エントロピーを S として，次元を同じくする一つの式

$$G = H - TS \tag{4.17}$$

で表される関数 G にまとめると，変化の方向に対する総合的な結論をくだすことができる．この G を，**ギブズの自由エネルギー**と呼ぶ*．この式を，一定温度のもとでの変化量として表すと

$$\Delta G = \Delta H - T\Delta S \qquad (4.18)$$

になる. H は減る方向 ($\Delta H < 0$) に, S は増大する方向 ($\Delta S > 0$) にあるなら変化は G の減る方向 ($\Delta G < 0$) に起こることになり, G が減少して最小になったところ, すなわち G の変化がなくなった点が平衡の状態となる*.

∴ $\begin{cases} \Delta G < 0 & \text{自発的に変化が起こる} \\ \Delta G = 0 & \text{平衡が成立する} \end{cases}$

* $\Delta G > 0$ の方向の反応は自然には起こらない.

● 4-3 化学平衡 ●

1. 化学平衡

ヨウ化水素 HI は無色の気体であるが, これを容器に詰めて加熱すると, ヨウ化水素が次のように分解し, ヨウ素の蒸気のため紫色をおびてくる.

$$2HI \longrightarrow H_2 + I_2$$

これを冷却すると, 次のように逆の反応が起こり, 色がうすくなる.

$$H_2 + I_2 \longrightarrow 2HI$$

このように, 温度などの条件の変化によって, 反応が正逆いずれの方向にも進む反応で, 可逆反応である.

いま, 水素とヨウ素をある容器に入れて 500 ℃ に保つと, H_2, I_2, HI の 3 種の気体が共存して, 各気体の濃度が一定となる. これは, H_2 と I_2 から HI ができる反応速度 v_1 と, HI が分解して H_2 と I_2 になる反応速度 v_2 が互いに等しくなっている状態と考えられる.

$$H_2 + I_2 \underset{v_2}{\overset{v_1}{\rightleftarrows}} 2HI \qquad v_1 = v_2$$

このような状態を**化学平衡**の状態という.

化学平衡　chemical equilibrium

種々の平衡状態　ある温度で, 一定量の水に多量のスクロースの結晶を溶かし, 飽和溶液となっている状態では, スクロースの結晶が水に溶ける溶解速度 v_1 と, スクロース水溶液から結晶として析出する析出速度 v_2 が, 互いに等しくなって平衡状態にある. これを溶解平衡 (55 ページ) という.

また, 密閉された容器中に水を入れて, 一定温度に保つと, 水は水蒸気となるが, しばらくすると水と水蒸気の量が一定となる. この状態では, 水から水蒸気となる速度 v_1 と水蒸気から水となる速度 v_2 が互いに等しくなっていて平衡状態にある.

2. 化学平衡の法則 (質量作用の法則)

次のような可逆反応がある.

$$aA + bB + \cdots \rightleftarrows xX + yY + \cdots$$

$\begin{cases} A, B \cdots, X, Y \cdots : 物質の化学式 \\ a, b \cdots, x, y \cdots : 係数 \end{cases}$

この可逆過程が平衡状態にあるとき, これらのモル濃度の間には, 次のような関係式が成り立つ.

表 4-3 $2\text{HI} \rightleftarrows \text{H}_2 + \text{I}_2$ における各物質の濃度と平衡定数 (425 ℃)

反応前の濃度	平衡状態における各物質のモル濃度			$K_c = \dfrac{[\text{H}_2][\text{I}_2]}{[\text{HI}]^2}$
HI (mol/L)	HI (mol/L)	H$_2$ (mol/L)	I$_2$ (mol/L)	
2.0×10^{-2}	8.5×10^{-3}	1.15×10^{-3}	1.15×10^{-3}	1.83×10^{-2}
2.5 〃	10.6 〃	1.44 〃	1.44 〃	1.84 〃
3.0 〃	12.8 〃	1.73 〃	1.73 〃	1.83 〃
3.5 〃	14.8 〃	2.00 〃	2.00 〃	1.83 〃
4.0 〃	17.0 〃	2.30 〃	2.30 〃	1.83 〃

$$\frac{[\text{X}]^x[\text{Y}]^y \cdots}{[\text{A}]^a[\text{B}]^b \cdots} = K_c \tag{4.19}$$

この関係式を**化学平衡の法則**または**質量作用の法則**という．K_c は**平衡定数（濃度平衡定数）**と呼ばれ，温度一定のとき，物質の濃度に関係なく一定の値である．

化学平衡の法則　the law of chemical equilibrium
質量作用の法則　the law of mass action
平衡定数　equilibrium constant
濃度平衡定数　concentration equilibrium constant

たとえば，ヨウ化水素をある温度に保つと，一部が水素とヨウ素に分解して平衡に達する．いま，ある容器に種々の量のヨウ化水素を入れて 425 ℃ に保ったときのヨウ化水素，水素，ヨウ素の濃度は，**表 4-3** のようになる．なお，このときの化学反応式は，次のように表される．

$$2\text{HI} \rightleftarrows \text{H}_2 + \text{I}_2$$

表 4-3 をみると，ヨウ化水素の割合を変えても，温度一定では，平衡定数 K_c はほぼ一定の値になることがわかる．

化学平衡の法則は，グルベリとボーゲ (1867 年) によって，次のようにして反応速度から導かれたものである．

いま，次のような可逆反応が平衡状態にあったとする．

$$a\text{A} + b\text{B} \underset{v_2}{\overset{v_1}{\rightleftarrows}} x\text{X} + y\text{Y}$$

グルベリ
  C. M. Guldberg, ノルウェー
ボーゲ　P. Waage, ノルウェー

正反応の反応速度を v_1，逆反応の反応速度を v_2 とすると，反応速度は濃度に比例するので，次のように考えることができる．

$$\left. \begin{array}{l} v_1 = k_1[\text{A}]^a[\text{B}]^b \\ v_2 = k_2[\text{X}]^x[\text{Y}]^y \end{array} \right\} \quad (k_1, k_2：比例定数) \tag{4.20}$$

平衡状態であるから $v_1 = v_2$，したがって

$$k_1[\text{A}]^a[\text{B}]^b = k_2[\text{X}]^x[\text{Y}]^y \quad \therefore \quad \frac{[\text{X}]^x[\text{Y}]^y}{[\text{A}]^a[\text{B}]^b} = \frac{k_1}{k_2} = K_c$$

このようにして化学平衡の法則は導かれた*．

* **多段階反応と化学平衡の法則**
73 ページにあげた N_2O_5 の分解反応のように，多段階反応の速度は，必ずしも化学反応式から考えられるような式とはならない．したがって，ここでの導き方は反応全般には適用できないようであるが，多段階反応では，各素反応について正反応，逆反応の速度，平衡を考えれば，全反応はその積であるので，同じ結論に導かれる．

3. 圧平衡定数

混合気体の各物質のモル濃度は，分圧に比例するので，気体間の平衡ではモル濃度の代わりに分圧を用いて平衡定数を表すことが多い．

いま，物質 A, B, … および X, Y, … がいずれも気体で，次のような反応において，平衡状態にあるものとする．

$$aA + bB + \cdots \rightleftharpoons xX + yY + \cdots$$

A, B, $\cdots$, X, Y, $\cdots$ の分圧を $p_A, p_B, \cdots, p_X, p_Y, \cdots$ とすると,化学平衡の法則に従って,次のような関係式が成り立つ.

$$\frac{p_X{}^x \cdot p_Y{}^y \cdots}{p_A{}^a \cdot p_B{}^b \cdots} = K_p$$

この K_p を**圧平衡定数**といい,一定温度では,成分気体の量に関係なく一定の値となる.

一つの平衡状態における圧平衡定数 K_p と濃度平衡定数 K_c との関係は,反応前後のモル数の違いによって異なる.たとえば,

$$H_2 + I_2 \rightleftharpoons 2HI$$

のように,反応前後のモル数が等しい場合は,$K_p = K_c$ となる.それに対し

$$N_2 + 3H_2 \rightleftharpoons 2NH_3$$

のように,反応前後のモル数が異なる場合は,K_p と K_c が異なる.いま,V L の容器中に N_2, H_2, NH_3 がそれぞれ $n_{N_2}, n_{H_2}, n_{NH_3}$ のモル数で平衡状態にあるとすると,各分圧 $p_{N_2}, p_{H_2}, p_{NH_3}$ の間には,次の関係がある.

$$p_{N_2} = \frac{n_{N_2}}{V}RT \qquad p_{H_2} = \frac{n_{H_2}}{V}RT \qquad p_{NH_3} = \frac{n_{NH_3}}{V}RT$$

$$\therefore \quad p_{N_2} = [N_2]RT \qquad p_{H_2} = [H_2]RT \qquad p_{NH_3} = [NH_3]RT$$

したがって

$$K_p = \frac{p_{NH_3}{}^2}{p_{N_2} \cdot p_{H_2}{}^3} = \frac{([NH_3]RT)^2}{[N_2]RT \cdot ([H_2]RT)^3}$$

$$= \frac{[NH_3]^2}{[N_2][H_2]^3} \cdot \frac{1}{(RT)^2} = K_c(RT)^{-2}$$

4. 平衡の移動

可逆反応が平衡状態にあるとき,濃度や圧力・温度などを変化させると,正逆どちらかの変化が起こって新しい平衡状態に達する.このような平衡の移動について,ル・シャトリエ(1887 年)は,次のような法則性を発見した.すなわち

「平衡状態にあるとき,濃度・圧力・温度などの条件を変化させると,その条件の変化を妨げる方向に反応が進行し,新しい平衡状態に達する」.

これを**ル・シャトリエの平衡移動の原理**という.

いま,ある可逆反応が平衡状態にあるとき

a. ある物質の濃度を減少させると,その物質が生成する方向に,また,逆にある物質の濃度を増加させると,その物質が減少する方向に反応が進行して新しい平衡状態になる.

b. 気体間の平衡状態では,圧力を大きくすると,気体分子数の減少する方向に,また,逆に圧力を小さくすると,気体分子数の増加する方向に

反応が進行して新しい平衡状態になる．

　c．温度を上昇させると吸熱の方向に，また，逆に温度を下げると発熱の方向に反応が進行して新しい平衡状態になる．

このような平衡移動の方向は化学平衡の法則から次のように説明できる．

a．濃　度：次のような可逆反応が平衡状態にあるとする．

$$a\mathrm{A} + b\mathrm{B} \rightleftarrows c\mathrm{C} + d\mathrm{D}$$

平衡状態では

$$\frac{[\mathrm{C}]^c [\mathrm{D}]^d}{[\mathrm{A}]^a [\mathrm{B}]^b} = K_c$$

いま，[A]を増加させると，K_c は一定温度で一定であるから，[C]，[D]が増加することになり，平衡は右に移動することになる．逆に[A]を減少させると，[C]，[D]が減少することになり，平衡は左に移動する．

b．圧　力：次のような気体間の反応が，平衡状態にあるとする．

$$\mathrm{N_2} + 3\mathrm{H_2} \rightleftarrows 2\mathrm{NH_3}$$

$\mathrm{N_2}$, $\mathrm{H_2}$, $\mathrm{NH_3}$ の分圧を $p_{\mathrm{N_2}}$, $p_{\mathrm{H_2}}$, $p_{\mathrm{NH_3}}$ とすると，次の関係がある．

$$\frac{p_{\mathrm{NH_3}}^2}{p_{\mathrm{N_2}} \cdot p_{\mathrm{H_2}}^3} = K_p$$

いま，一定温度で，この混合気体を圧縮して全圧を n 倍 ($n > 1$) する．このとき，各気体の分圧も n 倍になるから，もし反応が進まなかったとすれば，次のような関係が成り立つことになる．

$$\frac{(np_{\mathrm{NH_3}})^2}{(np_{\mathrm{N_2}}) \cdot (np_{\mathrm{H_2}})^3} = \frac{p_{\mathrm{NH_3}}^2}{p_{\mathrm{N_2}} \cdot p_{\mathrm{H_2}}^3} \cdot \frac{n^2}{n^4} = \frac{K_p}{n^2}$$

しかし平衡定数は一定であるから，実際には $p_{\mathrm{NH_3}}$ が増加し，$p_{\mathrm{N_2}}$, $p_{\mathrm{H_2}}$ が減少して，平衡は右に移動している．つまり，圧力を大きくすると，気体分子の数の減少する方向に平衡移動する．

c．温　度：一定温度では，濃度や圧力の変化に関係なく，平衡定数は一定であるが，温度を変化させると，平衡定数が変化して平衡が移動する．

$$\mathrm{N_2} + 3\mathrm{H_2} \rightleftarrows 2\mathrm{NH_3} + 92.4 \text{ kJ}$$

の平衡においては，温度を上げると，平衡定数は小さくなる．すなわち温度を上げると，平衡は左へ移動することになる．つまり発熱反応では，温度を上げると，吸熱の方向に平衡が移動することになる．

5．電離定数と電離度

酢酸のような弱電解質を水に溶かすと，酢酸分子の一部が電離し，電離したイオンと電離しなかった分子の間で平衡状態になる*．これを電離平衡という．

$$\mathrm{CH_3COOH} \rightleftarrows \mathrm{CH_3COO^-} + \mathrm{H^+}$$

この場合も次のように化学平衡の法則が成り立つ．

＊　酢酸は水溶液中では一部しか電離せず，大部分は分子状のままである．水素イオン濃度はあまり高くなく，弱酸である（89ページ参照）．

$$\frac{[\text{CH}_3\text{COO}^-][\text{H}^+]}{[\text{CH}_3\text{COOH}]} = K \qquad (4.21)^*$$

この K を**電離定数**といい，温度が一定ならば，**表 4-4** に示したように濃度に関係なく一定である．

酢酸水溶液の電離 (87 ページ) は次のように示される．

$$\text{CH}_3\text{COOH} + \text{H}_2\text{O} \rightleftarrows \text{CH}_3\text{COO}^- + \text{H}_3\text{O}^+$$

$$\frac{[\text{CH}_3\text{COO}^-][\text{H}_3\text{O}^+]}{[\text{CH}_3\text{COOH}][\text{H}_2\text{O}]} = K$$

いま，濃度が $c\,\text{mol/L}$ の酢酸の電離度を α とすると，分子とイオンの濃度は，次のようになる．

$$\text{CH}_3\text{COOH} \rightleftarrows \text{CH}_3\text{COO}^- + \text{H}^+$$

濃度 → $\quad c(1-\alpha) \qquad\qquad c\alpha \qquad c\alpha$

この濃度を (4.21) 式に代入すると，

$$K = \frac{[\text{CH}_3\text{COO}^-][\text{H}^+]}{[\text{CH}_3\text{COOH}]} = \frac{c\alpha \times c\alpha}{c(1-\alpha)} = \frac{c\alpha^2}{1-\alpha} \qquad (4.22)$$

となる．酢酸のような弱電解質では，電離度 α が非常に小さいので $1-\alpha \fallingdotseq 1$ とみなしてよいから，(4.22) 式は次のようになる．

$$\frac{c\alpha^2}{1-\alpha} \fallingdotseq c\alpha^2 = K \qquad \therefore \quad \alpha = \sqrt{\frac{K}{c}}$$

なお，$[\text{H}^+] = c\alpha$ であるから，$[\text{H}^+]$ は次のように示される．

$$[\text{H}^+] = c \times \sqrt{\frac{K}{c}} = \sqrt{cK} \qquad (4.23)$$

* (4.21) 式では，$[\text{H}_2\text{O}]$ は 1 L 中の H_2O のモル数で一定であるので省略し，また H_3O^+ の代わりに H^+ とした．

電離定数　electrolytic dissociation constant, ionization constant

表 4-4 酢酸の電離定数 (18 ℃)

mol/L	K
0.001	1.77×10^{-5}
0.01	1.79×10^{-5}
0.1	1.79×10^{-5}
1.0	1.80×10^{-5}

6. 溶 解 度 積

水に難溶性の塩である塩化銀 AgCl の結晶に水を加えると，水にほとんど溶けないで AgCl の結晶が底にたまる．しかしこのとき，見かけ上ではわからないが微量の AgCl が水に溶け，Ag^+ と Cl^- に電離して塩化銀の結晶 AgCl (s) との間で溶解平衡の状態になる．

$$\text{AgCl (s)} \rightleftarrows \text{Ag}^+ + \text{Cl}^-$$

この平衡に化学平衡の法則を適用すると，温度一定のとき，次のようになる．

$$\frac{[\text{Ag}^+][\text{Cl}^-]}{[\text{AgCl (s)}]} = K$$

[AgCl (s)] は一定とみなされるから，$[\text{Ag}^+] \times [\text{Cl}^-]$ は一定となる．

$$[\text{Ag}^+][\text{Cl}^-] = K_{\text{sp}}$$

この K_{sp} を**溶解度積**といい，一定温度のとき一定の値となる．

AgCl のような固体では $[\text{AgCl (s)}] = \dfrac{\text{AgCl の質量}}{\text{AgCl の体積}}$ で一定であり，純粋な固体ではこの量を 1 と決める．

一般に，難溶性の電解質 A_mB_n を水に加えたとき，そのごく少量が溶け

溶解度積　solubility product

次のように電離するとすれば,
$$A_mB_n \rightleftarrows mA^{n+} + nB^{m-}$$
このときの溶解度積は,次のように表される(表 4-5).
$$[A^{n+}]^m[B^{m-}]^n = K_{sp}$$

表 4-5 難溶性塩の溶解度積 (25℃)

塩	溶解度積 $(mol/L)^2$	塩	溶解度積 $(mol/L)^{2～3*}$
HgS	$[Hg^{2+}][S^{2-}] = 3 \times 10^{-52}$	AgI	$[Ag^+][I^-] = 8.24 \times 10^{-17}$
CuS	$[Cu^{2+}][S^{2-}] = 4.0 \times 10^{-36}$	$PbCl_2$	$[Pb^{2+}][Cl^-]^2 = 1.7 \times 10^{-5}$
PbS	$[Pb^{2+}][S^{2-}] = 3.4 \times 10^{-28}$	$CaCO_3$	$[Ca^{2+}][CO_3^{2-}] = 8.7 \times 10^{-9}$
ZnS	$[Zn^{2+}][S^{2-}] = 1.1 \times 10^{-24}$	$BaCO_3$	$[Ba^{2+}][CO_3^{2-}] = 8.1 \times 10^{-9}$
AgCl	$[Ag^+][Cl^-] = 1.78 \times 10^{-10}$	$CaSO_4$	$[Ca^{2+}][SO_4^{2-}] = 6.1 \times 10^{-5}$
AgBr	$[Ag^+][Br^-] = 5.2 \times 10^{-13}$	$BaSO_4$	$[Ba^{2+}][SO_4^{2-}] = 1.0 \times 10^{-10}$

* この表の中では,$PbCl_2$ の溶解度積は $[Pb^{2+}][Cl^-]^2$ であり $(mol/L)^3$ である.

溶解度積は,飽和溶液におけるイオン濃度の積であるから,固体(沈殿)と共存できるイオンの最大濃度積を示している.したがって,溶液を混合したとき,陽イオンと陰イオンの濃度の積が溶解度積より大きいときは沈殿を生じる.逆に,濃度の積が溶解度積より小さければ,沈殿は生じない*.

* 極低濃度の放射性核種などの場合に起こり得る.たとえば,ウランの核分裂で生じる ^{90}Sr は,放射能は強いが,濃度は極めて低い.ストロンチウムを炭酸塩などとして沈殿させるには,非放射性の Sr^{2+} を加えてから沈殿剤を加え,溶解度積より大きくする必要がある.この場合の非放射性のストロンチウムイオンは担体(carrier)といわれる.

4-4 酸・塩基反応

1. アレニウスの酸・塩基

水素原子をもち,水溶液中で電離して水素イオン H^+ を生じる物質を**酸**といい,OH 基をもち,水溶液中で電離して水酸化物イオン OH^- を出す物質を**塩基**という.この定義はアレニウスの電離説(1884 年)に基づくものである.

酸 acid

塩基 base

塩酸は,塩化水素 HCl の水溶液であるが,次のように電離して H^+ を生じるから酸である.

$$HCl \rightleftarrows H^+ + Cl^-$$

このとき,H^+ は水分子 H_2O と配位結合してオキソニウムイオン H_3O^+ となっている(34 ページ参照).

水酸化ナトリウム NaOH を水に溶かすと,次のように電離して OH^- を生じるから塩基である.

$$NaOH \rightleftarrows Na^+ + OH^-$$

そして,このような酸と塩基が中和するのは,酸の H^+ と塩基の OH^- から水ができる反応として理解される.

$$HCl + NaOH \longrightarrow NaCl + H_2O$$
$$(H^+ + Cl^- + Na^+ + OH^- \longrightarrow Na^+ + Cl^- + H_2O)$$

すなわち

$$H^+ + OH^- \longrightarrow H_2O$$

2. ブレンステッドの酸・塩基

ブレンステッドとローリーは，互いに独立して，アレニウスの酸・塩基の定義を拡張した次のような酸・塩基の考え方を提案した（1923 年）[*]．

「陽子 H^+ を与える傾向をもつ分子またはイオンを酸といい，逆に陽子を受けとろうとする傾向をもつ分子またはイオンを塩基という」．

すなわち，酸は陽子供与体であり，塩基は陽子受容体である．

たとえば，酢酸 CH_3COOH は，次のように解離して陽子（水素イオン）H^+ を与えることができる．

$$CH_3COOH \rightleftarrows CH_3COO^- + H^+$$

したがって，酢酸分子 CH_3COOH は酸である．それに対し，酢酸イオン CH_3COO^- は，陽子を受けとって酢酸分子となることができるから塩基である．そしてこのような関係にある酸と塩基を，互いに**共役**な酸と塩基という．つまり，CH_3COOH と CH_3COO^- は共役な酸と塩基である．

一方，前に述べたように，水溶液中の陽子 H^+ はオキソニウムイオン H_3O^+ として存在するので，酢酸を水に溶かすことは，次のように示される．

$$CH_3COOH + H_2O \rightleftarrows CH_3COO^- + H_3O^+$$

この場合は，H_2O が陽子を受けとったのであるから，H_2O は塩基であり，H_3O^+ と H_2O は共役な酸と塩基である．

アンモニア NH_3 を水に溶かすと，次のように反応する．

$$NH_3 + H_2O \rightleftarrows NH_4^+ + OH^-$$

この場合は，H_2O が陽子を与えたのであるから，H_2O が酸であり，H_2O と OH^- は共役な酸と塩基である．このように H_2O は酸と塩基の両性をもつ物質といえる．

塩化水素と水酸化ナトリウムが中和するときの反応は，次のように考えられる．

$$\underset{\text{酸}}{HCl} + \underset{\text{塩基}}{(Na^+)OH^-} \longrightarrow \underset{\text{酸}}{H_2O} + \underset{\text{塩基}}{(Na^+)Cl^-}$$

（共役，共役）

塩化水素の水溶液である塩酸に，水酸化ナトリウム溶液を加えるときの反応は，次のように示すことができる．

$$H_3O^+ + Cl^- + Na^+ + OH^- \longrightarrow 2H_2O + Cl^- + Na^+$$

したがって，

$$H_3O^+ + OH^- \longrightarrow 2H_2O$$

この場合は，次のように考えることができる．

ブレンステッド
　J. N. Brønsted, デンマーク
ブレンステッドの酸・塩基
　Brønsted acid
　Brønsted base
ローリー　M. Lowry, 英
[*] 電子対の受容体であるか供与体であるかによって酸・塩基を定義するルイスの酸・塩基については，121 ページを参照のこと．

共役　conjugate

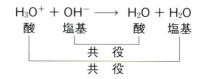

$$H_3O^+ + OH^- \longrightarrow H_2O + H_2O$$
酸　　　塩基　　　　酸　　　塩基
共役
共役

このように，ブレンステッドの酸・塩基の定義によると，酸と塩基が作用すれば，その共役の塩基と酸ができる．また酸には，CH_3COOH や HCl などの他，H_3O^+ や NH_4^+ のような水素を含む陽イオンも含まれる．塩基には，NH_3 などの他 OH^-，CH_3COO^-，Cl^- などすべての陰イオンが属する．NaOH などは塩基ではなく，その中の OH^- が塩基である．

ブレンステッドの酸・塩基では，溶媒の関わりを明確に示しており，塩の加水分解なども酸-塩基の反応として説明できる．

たとえば，酢酸ナトリウム水溶液は塩基性*を示す．

$$CH_3COO^- + Na^+ + H_2O \rightleftarrows CH_3COOH + Na^+ + OH^-$$

この場合，H_2O が酸，CH_3COO^- が塩基として理解することができる．

3. 水のイオン積と pH

純水は，常温で，ごくわずか次のように電離し，電離平衡が成り立っている．

$$H_2O \rightleftarrows H^+ + OH^-$$

この場合も，次のように化学平衡の法則が成り立つ．

$$\frac{[H^+][OH^-]}{[H_2O]} = K$$

このとき，水の電離は極めてわずかであるから，$[H_2O]$ は一定とみなすことができる．したがって，電離定数 K と $[H_2O]$ との積を改めて定数とし，次のように表すことができる．

$$[H^+][OH^-] = K[H_2O] = K_w$$

この定数 K_w を**水のイオン積**または**自己プロトリシス定数**といい，一定温度で一定値を示す（**表 4-6**）．25℃における K_w は，ほぼ 1.0×10^{-14} $(mol/L)^2$ である．

水の電離は，次のように吸熱反応である．

$$H_2O \rightleftarrows H^+ + OH^- - 56\,kJ/mol$$

したがって，温度が上がるにつれて平衡は右に移動し，水のイオン積は大きくなる．ただし，常温付近の水のイオン積は普通 10^{-14} $(mol/L)^2$ として扱う．

水溶液の中性・酸性・塩基性と，$[H^+]$，$[OH^-]$ および pH の関係は次のとおりである．pH は無名数であるが，その値は次の式で示される．

$$pH = -\log[H^+]$$

希薄な水素イオンの濃度を表すとき，たとえば 0.000001 mol/L と書く代わりに $[H^+] = 10^{-6}$ mol/L と表すことができる．この 10^{-6} の 6 が pH の値である

---

* **塩基性とアルカリ性**
"塩基性"と"アルカリ性"はほぼ同義であるが，水によく溶ける塩基がアルカリである．その意味では塩基性の方が，より一般的意味をもつ．アルカリは，アラビア語の kali（灰）に由来し，灰の水による抽出液が塩基性（アルカリ性）を示す．

水のイオン積
　ion product of water
自己プロトリシス定数
　autoprotolysis constant

表 4-6　水のイオン積と温度

温度（℃）	K_w $(mol/L)^2$
0	0.113×10^{-14}
10	0.292×10^{-14}
25	1.01×10^{-14}
40	2.92×10^{-14}
60	9.55×10^{-14}
100	48.0×10^{-14}

([H$^+$] = 0.00000045 mol/L であれば, pH = $-\log(4.5 \times 10^{-7}) = -(\log 4.5 + \log 10^{-7}) = -[0.65 + (-7)] = 6.35$). 水素イオン以外の物質の濃度も, 希薄なときは指数で表すことが多い.

中性では, [H$^+$] = [OH$^-$] よって [H$^+$] = 10^{-7} ∴ pH = 7
酸性では, [H$^+$] > [OH$^-$] よって [H$^+$] > 10^{-7} ∴ pH < 7
塩基性では, [H$^+$] < [OH$^-$] よって [H$^+$] < 10^{-7} ∴ pH > 7

4. 弱酸・弱塩基の電離定数と pH

1価の弱酸の電離定数を K, 濃度 c mol/L のときの電離度を α とすると, すでに示した (85 ページ, (4.23) 式) ように

$$[\text{H}^+] = \sqrt{cK}$$

このときの pH は

$$\text{pH} = -\log\sqrt{cK} \tag{4.24}$$

多価の酸では, それぞれの価数だけの段階に分けて電離する. たとえば, 炭酸 H$_2$CO$_3$ (H$_2$O + CO$_2$) は, 次のように2段階に電離する.

(第1段階) $\quad$ H$_2$CO$_3$ $\rightleftarrows$ H$^+$ + HCO$_3^-$
(第2段階) $\quad$ HCO$_3^-$ $\rightleftarrows$ H$^+$ + CO$_3^{2-}$

それぞれの段階の電離定数は, 18 ℃のとき, 次のようになる.

(第1段階) $\quad K_1 = \dfrac{[\text{H}^+][\text{HCO}_3^-]}{[\text{H}_2\text{CO}_3]} = 3.0 \times 10^{-7}$

(第2段階) $\quad K_2 = \dfrac{[\text{H}^+][\text{CO}_3^{2-}]}{[\text{HCO}_3^-]} = 4.6 \times 10^{-11}$

一般に多価の弱酸の電離定数は, 第1段階が最大で第2段階以降は急激に小さくなる (**表 4-7**). したがって, 多価の弱酸の水溶液の pH を計算するときは, 第1段階の電離定数を (4.24) 式に代入したものがよい近似である*.

H$_2$CO$_3$ $\rightleftarrows$ 2H$^+$ + CO$_3^{2-}$ における $\dfrac{[\text{H}^+]^2[\text{CO}_3^{2-}]}{[\text{H}_2\text{CO}_3]} = K$ は,

$K = K_1 \times K_2 = (3.0 \times 10^{-7}) \times (4.6 \times 10^{-11}) \fallingdotseq 1.4 \times 10^{-17}{}^{**}$

弱塩基の例として, c mol/L のアンモニア水を考えてみよう. アンモニ

$*$ たとえば 0.01 mol/L 炭酸では, [H$^+$] ≒ [HCO$_3^-$] から
$K_1 = \dfrac{[\text{H}^+]^2}{10^{-2}} = 3.0 \times 10^{-7}$
$-2\log[\text{H}^+] = 9 - \log 3$
$\qquad = 8.52$
pH $= -\log[\text{H}^+] = 4.26$

$**$ 炭酸の水溶液中では, 第一段階の K_1 が示すように, 水素イオンと炭酸水素イオン HCO$_3^-$ が主に存在する.
H$_2$CO$_3$ $\rightleftarrows$ 2H$^+$ + CO$_3^{2-}$ の平衡式では, HCO$_3^-$ が示されていないので, この平衡式から pH を計算するのは適当とはいえない.

表 4-7 弱酸・弱塩基の電離定数 (18 ℃)

	K_1	K_2	K_3
酢 酸 CH$_3$COOH	1.8×10^{-5}		
炭 酸 H$_2$CO$_3$	3.0×10^{-7}	4.6×10^{-11}	
シュウ酸 H$_2$C$_2$O$_4$	6.0×10^{-2}	7.0×10^{-5}	
亜硫酸 H$_2$SO$_3$	1.7×10^{-2}	5.0×10^{-6}	
硫化水素 H$_2$S	9.1×10^{-8}	1.2×10^{-15}	
リン酸 H$_3$PO$_4$	1.1×10^{-2}	2.0×10^{-7}	3.6×10^{-13}
アンモニア NH$_3$	1.8×10^{-5}		
アニリン C$_6$H$_5$NH$_2$	3.5×10^{-10}		

ア水は，次のように電離している．
$$NH_3 + H_2O \rightleftarrows NH_4^+ + OH^-$$
うすい水溶液では，水の濃度は一定とみなしてよいから，
$$\frac{[NH_4^+][OH^-]}{[NH_3]} = K$$
アンモニア水の K は極めて小さいから（25℃で 1.8×10^{-5} mol/L）
$$[NH_3] + [NH_4^+] + [OH^-] \fallingdotseq [NH_3] = c\,(\text{mol/L})$$
また
$$[OH^-] = [NH_4^+]$$
よって
$$[OH^-]^2 = cK \quad \therefore \quad [OH^-] = \sqrt{cK}\,(\text{mol/L})$$
水のイオン積
$$[H^+][OH^-] = 10^{-14}\,(\text{mol/L}) \text{ から } [H^+] = \frac{10^{-14}}{\sqrt{cK}}\,(\text{mol/L})$$
よって
$$pH = -\log \frac{10^{-14}}{\sqrt{cK}} = 14 + \frac{1}{2}\log cK$$

5. 緩衝液

一般に，溶液に少量の酸や塩基の溶液を滴下しただけでpHは大きく変わる．しかし，弱酸とその塩の混合溶液や弱塩基とその塩の混合溶液では，少量の酸や塩基を加えても，あるいは水でうすめてもそのpH値はあまり変わらない．このようなpHの値の変わりにくい溶液を，**緩衝液（緩衝溶液）** という*．

一例として，酢酸と酢酸ナトリウムが同じくらいの濃度で含まれている溶液について考えてみよう．この混合溶液中では，次のような電離平衡が成り立っている．

$$CH_3COOH \rightleftarrows CH_3COO^- + H^+ \quad (4.25)$$
$$CH_3COONa \rightleftarrows CH_3COO^- + Na^+ \quad (4.26)$$

CH_3COONa は強電解質であるから，ほとんど完全に電離して，CH_3COO^- と Na^+ になる．一方，CH_3COOH は弱酸であるから，ほんの少ししか電離しない．したがって，CH_3COOH の電離によってできる CH_3COO^- は，CH_3COONa の電離によってできる CH_3COO^- に比べてずっと小さい．それゆえ

$$[CH_3COO^-] \fallingdotseq (\text{溶かした } CH_3COONa \text{ の濃度})$$
$$[CH_3COOH] \fallingdotseq (\text{溶かした } CH_3COOH \text{ の濃度})$$

と考えることができる．

緩衝液（緩衝溶液）buffer solution

* ヒトが酸性または塩基性となる食物を摂取しても，血液のpHは7.4前後に保たれる．これはCO₂とHCO₃⁻との緩衝液となっているためである．

$$H_2O + CO_2 \rightleftarrows H^+ + HCO_3^-$$

塩基が加われば，上の平衡は右に移動し，酸を加えれば逆になる．実際には，この反応にはヘモグロビンが関与している．

さて，(4.25)式の平衡は次のように表しうる．

$$\frac{[\text{H}^+][\text{CH}_3\text{COO}^-]}{[\text{CH}_3\text{COOH}]} = K_{\text{CH}_3\text{COOH}}$$

$$\therefore\ [\text{H}^+] = K_{\text{CH}_3\text{COOH}} \times \frac{[\text{CH}_3\text{COOH}]}{[\text{CH}_3\text{COO}^-]}$$

前ページの関係を入れると

$$[\text{H}^+] = K_{\text{CH}_3\text{COOH}} \times \frac{\text{酢酸の濃度}}{\text{酢酸ナトリウムの濃度}}$$

一般に，ある弱酸とその塩については（$K =$ その弱酸の電離定数）

$$[\text{H}^+] = K \times \frac{\text{酸の濃度}}{\text{その塩の濃度}}$$

$$\therefore\ \text{pH} = -\log K - \log\frac{(\text{酸の濃度})}{(\text{塩の濃度})}$$

このように緩衝液の pH は，(酸の濃度)/(塩の濃度) という濃度比で決まるので，うすめても pH は変わらない*．

CH_3COOH の 1 mol/L 水溶液の pH は 2.4 であるが，これに 1 mol/L になるように CH_3COONa を加えると，pH 4.7 になる（上の pH を求める式に数値を入れて計算してみよ．CH_3COONa という塩を加えたのに，塩基を加えたのと同じように液は中性に近づく！）．この水溶液に HCl のような強酸を少し加えても，CH_3COOH の電離度が小さいため

$$\text{CH}_3\text{COO}^- + \text{Na}^+ + \text{H}^+ + \text{Cl}^- \longrightarrow \text{CH}_3\text{COOH} + \text{Na}^+ + \text{Cl}^-$$

の反応が起きて塩から生成した CH_3COO^- が少し減り，CH_3COOH（酸）が少し増えるだけで，pH はあまり変わらない（pH を決めているのは主として K である）．また，NaOH のような塩基を少し加えても

$$\text{CH}_3\text{COOH} + \text{Na}^+ + \text{OH}^- \longrightarrow \text{CH}_3\text{COO}^- + \text{Na}^+ + \text{H}_2\text{O}$$

の反応が起き，CH_3COOH（酸）が少し減り，CH_3COO^- が少し増えるだけで，pH はあまり変わらない（上記の 1 mol/L CH_3COOH，1 mol/L CH_3COONa の水溶液に，0.01 mol/L になるように HCl または NaOH を加えた場合の pH を計算してみよ．その変化の小さいのに驚くであろう）．

このように緩衝液は便利な性質をもっているので，化学実験や生物学実験などで広く用いられる．

● 4-5 酸化還元反応 ●

1. 酸化・還元と酸化数

狭義の酸化・還元は，酸素または水素を中心として定義される．

「ある物質の酸素と化合したとき，または水素がうばわれたとき，その物質は酸化されたといい，ある物質が水素と化合したとき，または酸素がうばわれたとき，その物質は還元されたという」．

---

* ブレンステッドの酸・塩基で考えると，
$$\text{pH} = -\log K - \log\frac{[\text{共役酸}]}{[\text{共役塩基}]}$$
である．
なお，$-\log K$ を pK で表すことも多い．

広義の酸化・還元は，電子の授受から定義される．

「一般に原子・イオン・分子などが電子を失うことを，これらが酸化されたといい，逆にこれらが電子を得ることを，還元されたという」．

たとえば，マグネシウムが酸素中で燃えて酸化マグネシウムとなる反応を考えてみよう．

$$2Mg + O_2 \longrightarrow 2MgO$$

酸化マグネシウムは，マグネシウムイオン Mg^{2+} と酸化物イオン O^{2-} とからできているから，次のような変化をしたことになる．

$$2Mg \longrightarrow 2Mg^{2+} + 4e^-$$

$$O_2 + 4e^- \longrightarrow 2O^{2-}$$

したがって，マグネシウムは酸化され，酸素は還元されている．そして電子の授受は同時に行われるから，酸化と還元は同時に起こり，**酸化還元反応**という．酸化・還元はこのような電子の授受，すなわち広義の酸化・還元で考えるのが普通である．

酸化還元反応
oxidation-reduction reaction, redox reaction

電子の授受，すなわち酸化・還元を調べる方法として**酸化数**（11 ページ参照）による方法がある．酸化数とは，原子間の電子の授受を表す数値で，電子を失った状態を＋，電子を得た状態を－とし，授受した電子の数の数値を＋・－の符号とともに示したものであり，具体的には，次のように考える．

a. 単体は，同じ原子が互いに結合しているのであるから，どちらの原子も電子を授受したとはいえない．つまり電子のやりとりはないと考え，酸化数を 0 とする．

b. 化合物は，異なる元素が結合しており，電子の引きつけやすさ（電気陰性度），電子の出しやすさ（イオン化エネルギー）に差がある．したがって，原子間に電子の授受があると考え，化合物中の原子の酸化数は 0 ではない．そして，Na，K，H は電子 1 個を失いやすく，O は電子 2 個を引きつけやすい．そこでこれらの元素の化合物では Na，K，H の酸化数を＋1，O の酸化数を－2 とし，これらの酸化数を基準にして，化合物の各原子の酸化数の合計を 0 とすることによって，化合物中の原子の酸化数を導くことができる*．

＊ これには例外もある．過酸化物 H_2O_2，Na_2O_2 などでは，O の酸化数は －1 であり，また，水素化物 NaH などでは H の酸化数は －1 である．

〔例〕　H_2SO_4 の S の酸化数を求めるには，S の酸化数を x とすると
$$(+1) \times 2 + x + (-2) \times 4 = 0 \quad \therefore \quad x = +6$$
よって，H_2SO_4 中の S の酸化数は ＋6 である．

酸化数には，電子を失った状態に＋，得た状態に－がついているから，ある原子が電子を失ったときは酸化数が増加し，電子を得たときは酸化数が減少する．したがって化学変化において，ある物質中のある原子の酸化数が増加したとき，その原子（その物質）は酸化され，酸化数が減少した

ときは，その原子（その物質）は還元されたことになる．

共有結合性の化合物の酸化・還元では，電子の授受がはっきりしない場合が多いが，このときも酸化数で考えると便利である．

2. 標準電極電位

硫酸銅の水溶液に亜鉛を浸すと，次の反応が起こる．

$$Cu^{2+} + Zn \longrightarrow Cu + Zn^{2+}$$

この反応は，次の二つの反応が同時に起こる酸化還元反応である．

$$Zn \longrightarrow Zn^{2+} + 2e^-$$
$$Cu^{2+} + 2e^- \longrightarrow Cu$$

このような反応は，**イオン化傾向***の違いとして説明されるが，この酸化還元反応を利用してつくった**ダニエル電池**を使って，もう少し定量的に考えてみよう．

イオン化傾向　ionization tendency
*　単体金属の原子が水溶液中で電子を放出して陽イオンになる性質．
ダニエル電池　Daniell cell

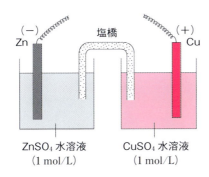

図 4-8　ダニエル電池

ダニエル電池は，**図 4-8** のように，硫酸亜鉛水溶液中に亜鉛板を，硫酸銅水溶液中に銅板を浸し，両方の液の間を電気が流れるように塩化カリウムを飽和させた寒天の橋（**塩橋**）でつないだもので，次のように表される．

$$(-)\ Zn|ZnSO_4\|CuSO_4|Cu\ (+)$$

このときの反応は，亜鉛板では，亜鉛が亜鉛イオンとなって溶け出して次のような酸化反応が起こり，銅板では銅イオンが銅として析出し還元反応が起こる．

$$(Zn 板)\quad Zn \longrightarrow Zn^{2+} + 2e^-$$
$$(Cu 板)\quad Cu^{2+} + 2e^- \longrightarrow Cu$$

この結果，亜鉛板の方が銅板より電位が低くなり，亜鉛板が負極，銅板が正極となり，その電位差は約 1.1 V となる*．

上に示したそれぞれの酸化反応，還元反応を半反応といい，それぞれの溶液槽を**半電池**という．種々の酸化還元反応の起こりやすさは，半電池を組み合わせ，そこに生ずる電圧（電池の**起電力**）を測れば知ることができる．その際，一方に基準となる半電池を用いると便利である．そこで，

塩橋　salt bridge

*　電子が導線に向かって流れ出る電極を負極（negative electrode またはアノード anode），導線から電子が流れ込む電極を正極（positive electrode またはカソード cathode）という．
半電池　half cell
起電力　electromotive force

白金黒　platinum black
* 微粒子状の白金で，黒色を呈する．水素化，酸化などの触媒作用をもつ．

標準水素電極
standard hydrogen electrode

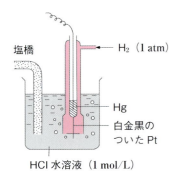

図 4-9　標準水素電極

標準電極電位
standard electrode potential

1 mol/L の H^+ を含む溶液中に**白金黒***のついた白金極を入れ，1 気圧（1.013×10^5 Pa）の水素ガスで飽和した半電池を用いる．この電極を**標準水素電極**（図 4-9）といい，その電位をあらゆる温度で 0 と約束する．そしてこの標準水素電極と，ある金属を極とし，その金属の塩の水溶液（$[M^{n+}] = 1$ mol/L）からできた半電池とを組み合わせてできた電池の起電力を，その金属の**標準電極電位**という．酸化されやすい金属ほど標準電極電位が小さい．

表 4-8　標準電極電位（水溶液 1 mol/L，気体 1.013×10^5 Pa，25 ℃）

半反応	電位 (V)	半反応	電位 (V)
$Li^+ + e^- \to Li$	-3.045	$2H^+ + S + 2e^- \to H_2S$	$+0.171$
$K^+ + e^- \to K$	-2.925	$Sn^{4+} + 2e^- \to Sn^{2+}$	$+0.154$
$Ba^{2+} + 2e^- \to Ba$	-2.92	$Cu^{2+} + e^- \to Cu^+$	$+0.153$
$Ca^{2+} + 2e^- \to Ca$	-2.84	$Cu^{2+} + 2e^- \to Cu$	$+0.337$
$Na^+ + e^- \to Na$	-2.714	$O_2 + 2H_2O + 4e^- \to 4OH^-$	$+0.401$
$Mg^{2+} + 2e^- \to Mg$	-2.37	$Cu^+ + e^- \to Cu$	$+0.521$
$Al^{3+} + 3e^- \to Al$	-1.662	$I_2 + 2e^- \to 2I^-$	$+0.535$
$Zn^{2+} + 2e^- \to Zn$	-0.763	$Fe^{3+} + e^- \to Fe^{2+}$	$+0.771$
$Cr^{3+} + 3e^- \to Cr$	-0.74	$Hg^{2+} + 2e^- \to Hg$	$+0.789$
$S + 2e^- \to S^{2-}$	-0.476	$Ag^+ + e^- \to Ag$	$+0.799$
$Fe^{2+} + 2e^- \to Fe$	-0.440	$2Hg^{2+} + 2e^- \to Hg_2^{2+}$	$+0.920$
$Cr^{3+} + e^- \to Cr^{2+}$	-0.424	$Br_2 + 2e^- \to 2Br^-$	$+1.065$
$Cd^{2+} + 2e^- \to Cd$	-0.402	$O_2 + 4H^+ + 4e^- \to 2H_2O$	$+1.229$
$Co^{2+} + 2e^- \to Co$	-0.287	$Cr_2O_7^{2-} + 14H^+ + 6e^- \to 2Cr^{3+} + 7H_2O$	$+1.29$
$Ni^{2+} + 2e^- \to Ni$	-0.228	$Cl_2 + 2e^- \to 2Cl^-$	$+1.358$
$Sn^{2+} + 2e^- \to Sn$	-0.138	$PbO_2 + 4H^+ + 2e^- \to Pb^{2+} + 2H_2O$	$+1.455$
$Pb^{2+} + 2e^- \to Pb$	-0.129	$Au^{3+} + 3e^- \to Au$	$+1.50$
$2H^+ + 2e^- \to H_2$	0.000	$F_2 + 2e^- \to 2F^-$	$+2.87$

表 4-8 の電極電位が負のものは，標準水素電極と組み合わせたとき，酸化反応が起こる．表の＋の電位の大きい物質ほど（それ自身が還元されやすいから）強い酸化剤であり，−の電位の大きい物質ほど強い還元剤である．

表 4-8 から，電池の起電力が計算できる．たとえばダニエル電池では，次のように計算して 1.1 V となる．

$$
\begin{array}{rl}
& Cu^{2+} + 2e^- \longrightarrow Cu \quad +0.337 \text{ V} \\
- & Zn^{2+} + 2e^- \longrightarrow Zn \quad -0.763 \text{ V} \\
\hline
& Zn + Cu^{2+} \longrightarrow Zn^{2+} + Cu \quad +1.100 \text{ V}
\end{array}
$$

この計算は，ダニエル電池の起電力についてであるが，硫酸銅の水溶液に金属亜鉛を浸した場合に，イオン化傾向の違いによって起こる酸化還元反応を，二つの半電池に分けて考えたと見ることもできる．一般に酸化還元反応の起こりやすさは，電極電位の大小によって推定することができる．

表 4-8 には $Zn^{2+} + 2e^- \longrightarrow Zn$ のように，金属極とその塩の水溶液とを組み合わせた半電池の他に，$Fe^{3+} + e^- \longrightarrow Fe^{2+}$ のような半電池の電極電位が示されている．これは Fe^{2+} と Fe^{3+} を 1 mol/L ずつ含む水溶液

に白金極を立て，それを標準水素電極と組み合わせたときの起電力である．白金極は化学的に不活性で変化しないが，Fe^{2+}は電極に電子を与えてFe^{3+}になろうとする傾向があり，Fe^{3+}は電極から電子をとってFe^{2+}になろうとする傾向があるので，両者のかねあいで$+0.771$ Vという電位差を生じる．Sn^{2+}とSn^{4+}を1 mol/Lずつ含む液に白金極を立て，標準水素電極と組み合わせた電池の起電力は$+0.154$ Vである．このことは，Sn^{2+}の方が，Fe^{2+}よりも還元剤としての働きが強いことを示している．

3. 酸化剤・還元剤とその反応

酸化還元反応において，相手の物質から電子を受けとって相手を酸化する物質を**酸化剤**，相手の物質に電子を与えて相手を還元する物質を**還元剤**という（表4-9）．

酸化剤　oxidant
還元剤　reductant

たとえば，硫酸酸性の過マンガン酸カリウム水溶液に二酸化硫黄を通じたときは，過マンガン酸カリウムは酸化剤，二酸化硫黄は還元剤として働く．

$$MnO_4^- + 8H^+ + 5e^- \longrightarrow Mn^{2+} + 4H_2O \quad \cdots \text{i}$$

$$SO_2 + 2H_2O \longrightarrow SO_4^{2-} + 4H^+ + 2e^- \quad \cdots \text{ii}$$

授受する電子e^-の数が過不足のないように「i式×2＋ii式×5」として整理すると

$$2MnO_4^- + 5SO_2 + 2H_2O \longrightarrow 2Mn^{2+} + 5SO_4^{2-} + 4H^+$$

全体の反応式は次のようになる．

$$2KMnO_4 + 5SO_2 + 2H_2O \longrightarrow 2MnSO_4 + K_2SO_4 + 2H_2SO_4$$

表4-9　酸化剤・還元剤の反応（半反応式）の例

酸化剤	$KMnO_4$（酸性）	$MnO_4^- + 8H^+ + 5e^- \rightarrow Mn^{2+} + 4H_2O$
	$K_2Cr_2O_7$（酸性）	$Cr_2O_7^{2-} + 14H^+ + 6e^- \rightarrow 2Cr^{3+} + 7H_2O$
	H_2O_2	$H_2O_2 + 2H^+ + 2e^- \rightarrow 2H_2O$
	Cl_2	$Cl_2 + 2e^- \rightarrow 2Cl^-$
還元剤	$(COOH)_2$	$(COOH)_2 \rightarrow 2CO_2 + 2H^+ + 2e^-$
	SO_2	$SO_2 + 2H_2O \rightarrow SO_4^{2-} + 4H^+ + 2e^-$
	KI	$2I^- \rightarrow I_2 + 2e^-$
	H_2O_2	$H_2O_2 \rightarrow O_2 + 2H^+ + 2e^-$

酸化還元滴定　上記の例のように，酸化剤が受け取る電子の数と還元剤が放出する電子の数が等しいとき，酸化剤と還元剤は過不足なく反応する．このことを利用して，未知の濃度の酸化剤（還元剤）水溶液を既知の濃度の還元剤（酸化剤）水溶液で滴定すると，酸化剤（還元剤）水溶液の濃度を求めることができる．これを**酸化還元滴定**という．

酸化還元滴定
oxidation-reduction titration, redox titration

酸化還元滴定の例　過マンガン酸カリウム水溶液の濃度を求める場合：濃度未知の過マンガン酸カリウム水溶液10.0 mLをコニカルビーカーにとり，少量の硫酸を加えた後，0.10 mol/Lのシュウ酸水溶液でビュレットを用いて滴定したところ，16.0 mL加えたところで溶液の赤紫色が消えた．

この実験結果から，過マンガン酸カリウム水溶液のモル濃度は次のようにして求めることができる．

それぞれの半反応式は次のようである．

$$KMnO_4; MnO_4^- + 8H^+ + 5e^- \longrightarrow Mn^{2+} + 4H_2O$$

$$(COOH)_2; (COOH)_2 \longrightarrow 2CO_2 + 2H^+ + 2e^-$$

したがって，授受する電子の数が過不足なく反応する物質量の割合は

$$KMnO_4 : (COOH)_2 = 2\,mol : 5\,mol$$

求める過マンガン酸カリウム水溶液の濃度を x (mol/L) とすると

$$x \times \frac{10.0}{1000} \times 5 = 0.10 \times \frac{16.0}{1000} \times 2$$

$$\therefore\ x = 0.064\,(mol/L)$$

━━━━━━━━━━━━━ **演 習 問 題** ━━━━━━━━━━━━━

1. 500℃で HI の濃度が 10^{-3} mol/L のとき，HI 分子の衝突回数を計算すると，1 L 中で 3.5×10^{28} 回/s である．また実験によるこの反応の速さは，1.2×10^{-8} mol/s である．衝突回数何回につき1回反応したことになるか．

2. $4HBr + O_2 \longrightarrow 2H_2O + 2Br_2$ の反応速度 v は，$v = k[HBr][O_2]$（k：比例定数）で示される．この反応は，次のような複合反応であるとしたら，律速段階は①〜③のどれか．

   $HBr + O_2 \longrightarrow HOOBr$ …①　　$HOOBr + HBr \longrightarrow 2HOBr$ …②　　$HOBr + HBr \longrightarrow H_2O + Br_2$ …③

3. ある反応の活性化エネルギーが 130 kJ で，反応熱が発熱で 25 kJ である．この逆反応の活性化エネルギーを求めよ．

4. 次の値から，フッ化リチウム LiF の結晶のおおよその格子エネルギー（結晶を構成するイオンに分解するエネルギー）を求めよ．

   LiF の生成熱 609.0 kJ/mol，Li の昇華熱 160.5 kJ/mol，Li のイオン化エネルギー 519.6 kJ/mol，F_2 の解離エネルギー 153.0 kJ/mol，F の電子親和力 349.0 kJ/mol．

5. 酢酸とエタノールとを 1 mol ずつ混ぜて放置すれば，両物質とも 1/3 mol ずつを残して平衡に達する．いま酢酸 1 mol とエタノール 2 mol とを混ぜて平衡になったとき，酢酸エチルは何 mol 生成するか．

6. N_2O_4 は，NO_2 との間で次のような平衡が成り立つ．$N_2O_4 \rightleftarrows 2NO_2$

   いま，純粋な N_2O_4 0.184 g をとり，0℃，1.0×10^5 Pa としたとき 67.2 mL の体積となった．この温度におけるこの反応の圧平衡定数を求めよ．原子量は N = 14，O = 16 とする．

7. ヨウ化水素の解離平衡 $2HI \rightleftarrows H_2 + I_2$ において，その解離度は，ある温度で 0.2 であった．平衡定数を求めよ．

8. 次の反応が平衡になっている．下記の条件を加えると，平衡はどのように変化するか．

   S (固体) $+ 2F_2$ (気体) $\rightleftarrows SF_4$ (気体) $+ Q$ kJ　$Q > 0$

   a. SF_4 を加える．　　b. F_2 をとりのぞく．　　c. 触媒を加える．

   d. 全体の圧力を大きくする．　　e. 温度を下げる．

9. 希アンモニア水では，次の電離平衡が成立している．

   $$NH_3 + H_2O \rightleftarrows NH_4^+ + OH^-$$

   この水溶液に次の物質を少量加えたとき，NH_3 の濃度が増加するものはどれか．

   a. CH_3COOH　　b. H_2O　　c. K_2SO_4　　d. HCl　　e. Na_2CO_3

10. 酢酸水溶液の電離定数は，18℃で 1.8×10^{-5} である．0.1 mol/L の酢酸の電離度と水素イオン濃度を求めよ．

11. 0.05 mol/L の酢酸水溶液の pH が 3.0 であった．この測定値から酢酸の電離定数を求めよ．
12. 硫酸バリウムは，20℃の水 200 mL 中に 2.06×10^{-6} mol 溶ける．20℃の硫酸バリウムの溶解度積を求めよ．
13. $CaSO_4$ の 25℃における水に対する溶解度積を 6.0×10^{-5} $(mol/L)^2$ として下記の問いに答えよ．原子量は Ca = 40，S = 32，O = 16 とする．
    (1) 1 L の水に $CaSO_4$ は何 g 溶けるか．
    (2) 0.01 mol/L の $CaCl_2$ 溶液 200 mL と 0.01 mol/L の $MgSO_4$ 溶液 800 mL を混合すると，沈殿を生じるか．
14. 酢酸の 0.1 mol/L 溶液 100 mL に酢酸ナトリウムを 0.003 mol 溶かした緩衝液がある．酢酸の電離定数を 1.8×10^{-5} として下記の問いに答えよ．
    (1) この溶液の pH はどれだけか．
    (2) この溶液に 1 mol/L の塩酸 0.1 mL を加えたときの pH はどれだけか．
15. 次に示すそれぞれの化学反応において，酸化剤となっている物質はどれか．また還元された元素を指摘し，その酸化数の変化を記せ．
    (1) $2KI + Br_2 \longrightarrow 2KBr + I_2$ (2) $SO_2 + 2H_2S \longrightarrow 3S + 2H_2O$
    (3) $SO_2 + Cl_2 + 2H_2O \longrightarrow H_2SO_4 + 2HCl$
    (4) $MgBr_2 + MnO_2 + 2H_2SO_4 \longrightarrow MgSO_4 + MnSO_4 + 2H_2O + Br_2$
16. $Zn|Zn^{2+}||Ag^+|Ag$ の電池の 25℃における起電力を求めよ（Zn^{2+}，Ag^+ の濃度：1 mol/L）（表 4-8 参照のこと）．
17. 濃度不明のチオ硫酸ナトリウム水溶液 20 mL が 0.254 g のヨウ素を還元するという．このチオ硫酸ナトリウム水溶液と濃度が等しい水溶液を 1 L つくるためには，何 g の $Na_2S_2O_3 \cdot 5H_2O$ が必要か．
$$I_2 + 2S_2O_3^{2-} \longrightarrow 2I^- + S_4O_6^{2-}$$
ただし，ヨウ素の原子量 I = 127，$Na_2S_2O_3 \cdot 5H_2O$ の式量を 248 とする．
18. アレニウス酸塩基，ブレンステッド酸塩基について，以下の文章中で正しいものを選べ．
    (ア) アレニウスの定義によれば，塩基の水溶液は必ずしも塩基性を示さない．
    (イ) ブレンステッドの定義によれば，アンモニア水は弱塩基性を示すので，アンモニウムイオンは塩基である．
    (ウ) ブレンステッドの定義によれば，アンモニア水は酸としても塩基としても作用する．
    (エ) ブレンステッドの定義によれば，水は酸としても塩基としても作用する．
    (オ) ブレンステッドの定義によれば，塩化水素は塩基としても作用することがある．
19. $A + B \longrightarrow C$ の反応がある．A と B のはじめの濃度を変えて生じる C の濃度を測定し，反応速度を求めたところ，右の表のような結果が得られた．v は C の生成速度で $(mol/L) s^{-1}$ で表す．

実験	[A]	[B]	v
1	0.30	1.20	0.036
2	0.30	0.60	0.009
3	0.60	0.60	0.018

    (1) この反応速度は，次の a〜e のいずれに相当するか．
    a. $v = k[A]$ b. $v = k[A][B]$ c. $v = k[A]^2[B]$
    d. $v = k[A][B]^2$ e. $v = k[A]^2[B]^2$
    (2) k の値を求めよ．
20. $SO_2(気) + NO_2(気) \rightleftarrows SO_3(気) + NO(気)$ の反応を，10 L の反応容器中で行ったところ，平衡状態では，SO_2 8 mol，NO_2 1 mol，SO_3 6 mol，および NO 4 mol が混合物として含まれていた．
    (1) 上の反応の平衡定数を求めよ．
    (2) この状態で NO_2 の量を 3 mol に増加させるには，NO をさらに何 mol 加える必要があるか．

第5章　無機物質

　元素は，どのように分類したらよいであろうか．また，これらの元素が互いに結合してつくるおびただしい数の化合物は，どのように整理していけば，自然をより系統的に理解することができるであろうか．それにはまず周期表である．周期表によって，単体の性質，化合物の性質が巧みに推定できるのである．

● 5-1　元素の分類 ●

1. 周期表による元素の分類

　天然および人工の元素は，周期表上でそれらの単体および化合物の性質から **金属元素** と **非金属元素** に大別される（**表 5-1**）．そして，さらに主として化学的性質によって **族** に分類される．族は，元素の周期表の縦の行に並ぶもので，金属は16族，非金属は7族にわたる．なおすべての元素のうち，約8割は金属元素である*．

金属元素　metallic elements
非金属元素　non-metallic elements
族　group

＊　104番元素以降の人工元素の化学的性質は，まだよく研究されているとはいえない．

表 5-1　元素の分類

分類		族（一般名）	元素
金属元素	典型	1　（アルカリ金属）	Li, Na, K, Rb, Cs, Fr
		2　（アルカリ土類金属）*	Ca, Sr, Ba, Ra
		12　（亜鉛族）	Zn, Cd, Hg
		13　（アルミニウム族）	Al, Ga, In, Tl
		14	Ge, Sn, Pb
		15	Sb, Bi
		16	Po
	遷移	11　（銅族）	Cu, Ag, Au
		3　Sc, Y, ランタノイド（以上希土類元素）およびアクチノイド	Sc, Y, ランタノイドおよびアクチノイド
		4　（チタン族）	Ti, Zr, Hf
		5　（バナジウム族）	V, Nb, Ta
		6　（クロム族）	Cr, Mo, W
		7　（マンガン族）	Mn, Tc, Re
		8, 9, 10　（鉄族）	Fe, Co, Ni
		（白金族）	Ru, Rh, Pd, Os, Ir, Pt
非金属元素	典型	1	H
		18　（希ガス）	He, Ne, Ar, Kr, Xe, Rn
		13	B
		14　（炭素族）	C, Si
		15　（窒素族）	N, P, As
		16　（酸素族）	O, S, Se, Te
		17　（ハロゲン族）	F, Cl, Br, I, At

＊2族元素のうち，Be, Mg は通常アルカリ土類金属元素に含めない．典型元素であることには変わりない（演習問題20参照）．

また，元素は**典型元素**と**遷移元素**に大別される．長周期型周期表の中央にあって，上の方（1, 2, 3 周期）の空いているスペースの下にあるのが遷移元素で 60 余種あり，すべて金属元素である．その他が典型元素で 50 余種あり，そのほぼ半分が金属元素，半分が非金属元素である*．

元素の化学的性質は，主として原子の電子配置によって決まり，典型・遷移の分類はもちろん，金属・非金属の分類もこの結果である．

金属元素は，その原子のイオン化エネルギーおよび電子親和力が小さく，非金属元素は，その原子のイオン化エネルギーおよび電子親和力の大きいものが多い．したがって，金属元素は陽イオンになりやすく，非金属元素は陰イオンになりやすいものが多い．

2. 典型元素

典型元素の電子配置を考えてみよう．元素の周期表の第 1 周期〜第 3 周期の元素はすべて典型元素であり，第 1 周期の H〜He は 1s 軌道が順に埋まり，第 2 周期の Li〜Ne は 2s（以下，軌道の語を省略），2p，第 3 周期の Na〜Ar では 3s, 3p が埋まる（**表 5-2**）．また第 4 周期から遷移元素が含まれるが，典型元素だけについていえば第 4 周期では 4s, 4p が，第 5 周期では 5s, 5p が順に埋まっていく．したがって，典型元素では，原子番号の増加に従って s, p 軌道が順に埋まる．

そして，これらの s, p 軌道は，典型元素ではその原子の最外殻電子にあたり，その電子は価電子である．

元素の化学的性質は，その原子の電子配置，とくに価電子に強く影響されるので，典型元素では，次のようなことがいえる．

a. 各周期では，原子番号が増加するとだんだんに非金属性が強くなる．
b. 同族元素は価電子数が等しいので，互いに化学的性質が類似する．価電子数や最高酸化数は 12〜17 族の場合，族番号から 10 を引いた数になる．ただし 18 族では 0．
c. イオンは閉殻構造となり，安定であって，水溶液中で無色である．

典型元素　typical elements, representative elements
遷移元素　transition elements

*　半金属
　周期表において，ホウ素とアスタチンを結ぶ斜線上に位置する元素などは，金属と非金属の中間の性質を示すので，半金属と呼ばれることがある．ホウ素，ケイ素，ヒ素などの元素である．

表 5-2　第 2・3 周期の元素の電子配置

族			1	2	13	14	15	16	17	18
第 2 周期			$_3$Li	$_4$Be	$_5$B	$_6$C	$_7$N	$_8$O	$_9$F	$_{10}$Ne
n	1	1s	2	2	2	2	2	2	2	2
	2	2s	1	2	2	2	2	2	2	2
		2p			1	2	3	4	5	6
第 3 周期			$_{11}$Na	$_{12}$Mg	$_{13}$Al	$_{14}$Si	$_{15}$P	$_{16}$S	$_{17}$Cl	$_{18}$Ar
n	1	1s	2	2	2	2	2	2	2	2
	2	2s・p	8	8	8	8	8	8	8	8
	3	3s	1	2	2	2	2	2	2	2
		3p			1	2	3	4	5	6

（注）元素全体の電子配置は表 1-6（18, 19 ページ）参照．

表5-3 第4周期の元素の電子配置

第4周期		$_{19}$K	$_{20}$Ca	$_{21}$Sc	$_{22}$Ti	$_{23}$V	$_{24}$Cr	$_{25}$Mn	$_{26}$Fe	$_{27}$Co	$_{28}$Ni	$_{29}$Cu	$_{30}$Zn	$_{31}$Ga	…	$_{36}$Kr
	1	2	2	2	2	2	2	2	2	2	2	2	2	2	…	2
	2	8	8	8	8	8	8	8	8	8	8	8	8	8	…	8
n 3	3s	2	2	2	2	2	2	2	2	2	2	2	2	2	…	2
	3p	6	6	6	6	6	6	6	6	6	6	6	6	6	…	6
	3d			1	2	3	5	5	6	7	8	10	10	10	…	10
4	4s	1	2	2	2	2	1	2	2	2	2	1	2	2	…	2
	4p													1	…	6

3. 遷移元素

第4周期の元素の電子配置を考えてみよう(**表5-3**).主量子数nが3の軌道には3s,3p,3dがあるが,第3周期では3pが埋まったところで終わっていて,3dは空いている.第4周期は$_{19}$Kから始まるが,エネルギー準位が4s<3d<4pであるから,$_{19}$Kと$_{20}$Caは4sを埋め,$_{21}$Scから$_{29}$Cuまでが3dを埋め,$_{31}$Gaから4pを埋めていくことになる.そして,この3dを埋めていく$_{21}$Sc~$_{29}$Cuが遷移元素である.

第5周期の元素の電子配置についても,第4周期の元素と同じようなことがいえる.そして4d軌道を埋めていく$_{39}$Y~$_{47}$Agが遷移元素である.

第6周期の場合は少し異なる.主量子数nが4の軌道には,4s,4p,4d,4fがあるが,第5周期では,4fはまだ埋まっていない.エネルギー準位は6s<4f≦5d<6pであるから,第6周期では,$_{55}$Csと$_{56}$Baは6s,$_{57}$Laから$_{71}$Luは4f(5dに入るものもある),$_{71}$Luから$_{79}$Auは5d,さらに$_{81}$Tlから$_{86}$Rnは6pを順に埋めていく.そして4f・5dを埋めていく$_{57}$La~$_{79}$Auが遷移元素であり,とくに4fを埋めていく$_{57}$La~$_{71}$Luを**ランタノイド**という*.

第7周期の元素の電子配置は,第6周期とよく似て,7s→5f→6d…の順に埋まっていく.したがって$_{87}$Frと$_{88}$Raが7sを埋めて典型元素であり,$_{89}$Acから$_{103}$Lrは5fを埋めて(6dを埋めることもある)遷移元素である.この$_{89}$Ac~$_{103}$Lrの遷移元素を**アクチノイド**という.以上のように,遷移元素は,原子番号の増加によってd,f軌道が埋まる元素である.なお,ランタノイドやアクチノイドのように,おもにf軌道が埋まっていく過程の元素を**内遷移元素**と呼ぶことがある.

同周期の遷移元素は,外殻の電子数が互いに類似しているので,典型元素と違って左右の元素とも性質が類似している.また,遷移元素には,次のような特性がある.

a. 単体はアルカリ金属やアルカリ土類金属などの典型元素に比べて,一般に融点や沸点が高く,また密度も大きいものが多く,ほとんどが重金属(比重が4以上)である.d軌道が満員に近づくにつれて,融点・沸点

ランタノイド lanthanoid
* 4f電子では核の電荷の遮蔽が充分でなく,核電荷の増加(原子番号の増加)に伴って,電子が核に,より強く引き付けられるため,イオン半径や原子半径が小さくなる.これを**ランタノイド収縮**(lanthanoid contraction)という.なお,原子半径はEuとYbに極大がある.

アクチノイド actinoid
内遷移元素
 inner transition element

が低くなる．

b. **いくつかの酸化数をもつものが多く，また，その酸化数が変わりやすいものが多い**（**図 5-1**）．d 遷移元素の原子は，最外殻に 2 個の電子をもつものが多く，酸化数も +2 をもつものが多いが，内側の d 軌道の電子も放出しやすいため，+2 以外にいくつかの酸化数をもつ性質がある*．

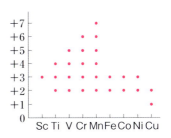

図 5-1　第 4 周期の遷移元素によく見られる酸化数

5-2 非金属単体

1. 希ガス

周期表第 18 族に属するヘリウム He，ネオン Ne，アルゴン Ar，クリプトン Kr，キセノン Xe，ラドン Rn は**希ガス**または**不活性ガス**と呼ばれ**，空気中にわずかに存在する（**表 5-4**）．希ガスは，ほとんど結合力がない安定な原子で，原子 1 個が分子となる単原子分子として存在する．希ガスは，どの元素も全く反応性がないと長年信じられてきたが，1962 年にフッ素を含むキセノン化合物 $XePtF_6$（現在，必ずしもこの組成でないことがわかっている）が初めて合成され，その後相ついで Xe 化合物，XeF_4，XeF_2，$XeOF_2$，$XeOF_4$，XeO_3，$XeRuF_6$ などが合成された．ラドンもキセノンと同じように，フッ素との化合物をつくると推測されるが，その放射能の危険性が大きく，実験が難しい．

* f 遷移元素のランタノイドは酸化数 +3 が多い．アクチノイド諸元素の酸化数はさらに多様である．
希ガス　rare gas
不活性ガス　inert gas
** 貴ガス（noble gas）ともいう．他元素と反応しにくいことを示す noble で，欧米では noble gas を用いている．

表 5-4　希ガスの性質と電子配置

	融点（℃）	沸点（℃）	大気中の含有量（%）	電子配置, n					
				1	2	3	4	5	6
$_2$He	−272.2	−268.9	0.0005	2					
$_{10}$Ne	−248.7	−246.0	0.0015	2	8				
$_{18}$Ar	−189.2	−185.7	0.94	2	8	8			
$_{36}$Kr	−156.6	−152.3	0.0001	2	8	18	8		
$_{54}$Xe	−111.9	−107.1	0.000009	2	8	18	18	8	
$_{86}$Rn	−71	−62	——	2	8	18	32	18	8

2. ハロゲン

周期表第 17 族のフッ素 F，塩素 Cl，臭素 Br，ヨウ素 I，アスタチン At を**ハロゲン元素**と呼ぶ*（**表 5-5**）．化学的に非常に活発で，金属と化合して塩をつくりやすい．これはいずれも価電子が 7 個であるため，あと 1 個の電子を受け入れると希ガス型の電子配置となることによる．し

* ハロゲン（halogen）とは造塩元素の意である．

表 5-5　ハロゲン単体の物理的性質

	常温の状態	融点（℃）	沸点（℃）	密度	水への溶解度 (g/100 g)
F_2	淡黄色の気体	−219.6	−188	1.69 g/L (15 ℃)	——
Cl_2	黄緑色の気体	−100.98	−34.1	3.21 g/L (0 ℃)	0.57 g (30 ℃)
Br_2	赤褐色の液体	−7.2	58.8	3.10 g/cm³ (25 ℃)	3.58 g (20 ℃)
I_2	黒紫色の固体	113.6	184.4（昇華）	4.93 g/cm³ (25 ℃)	0.029 g (20 ℃)

がって，1価の陰イオンになりやすい．

ハロゲン単体は天然には存在しないが，化合物から遊離させると，F_2，Cl_2，Br_2，I_2 のように二原子分子となる．なお At は，半減期の短い放射性元素である．

ハロゲン単体では，原子番号の小さい元素ほど酸化力が強いから，次のように反応する．

$$2KI + Br_2 \longrightarrow 2KBr + I_2$$
$$2KBr + Cl_2 \longrightarrow 2KCl + Br_2$$

また，ハロゲン単体は，金属や水素と激しく反応する．とくに F_2 や Cl_2 の反応は激しく，Cl_2 と H_2 の混合気体は，直射日光にあてると爆発的に反応する．いずれも有毒であり，また漂白・殺菌に利用される*．これらの単体をとり出すには，次のような方法が用いられる．

F_2：フッ化水素カリウム KHF_2 の溶融塩電解．
Cl_2：a. 食塩水の電気分解，b. 酸化マンガン(IV)と濃塩酸を加熱．

$$MnO_2 + 4HCl \longrightarrow MnCl_2 + 2H_2O + Cl_2\uparrow$$

Br_2：臭化物に硫酸と酸化マンガン(IV)を加えて加熱．

$$2KBr + 3H_2SO_4 + MnO_2 \longrightarrow 2KHSO_4 + MnSO_4 + 2H_2O + Br_2\uparrow$$

I_2：ヨウ化物に硫酸と酸化マンガン(IV)を加えて加熱．

$$2NaI + 3H_2SO_4 + MnO_2 \longrightarrow 2NaHSO_4 + MnSO_4 + 2H_2O + I_2\uparrow$$

3．酸素と硫黄

(1) 酸　素　酸素は空気中に単体 O_2 として約 21% 含まれ，また，化合物としては水，岩石などに多量に含まれている．酸素は，工業的には液体空気を分留して得られるが，実験室内では，過酸化水素水に酸化マンガン(IV)（触媒）を加えて発生させる．

地殻の元素存在度　地表に近い（地表下 10 マイル* までの）岩石圏および水圏，大気圏に存在する元素の質量百分率を**図 5-2** に示す．この値は**クラーク数**とも呼ばれる．岩石圏の組成の見積りの違いなどによりこの値はかなり異なり，図 5-2 はその一例である．図をみると，地殻および水圏，大気圏には元素が著しく片寄って存在していることがわかる．全体の 50% 程度が酸素で，つづいてケイ素が 25% 程度で両者で 75% を超えている．また，第 3 位のアルミニウム，第 4 位の鉄，第 5 位のカルシウムまでの合計で 90% を超える．

空気中または酸素中で放電させたり，雷鳴のとき，あるいは空気中で紫外線の作用により，酸素 O_2 はオゾン O_3 に変わる．

$$3O_2 \longrightarrow 2O_3$$

オゾンは特異臭のある青味を帯びた気体で，分解しやすく，このとき発生期の酸素と呼ばれる原子状の酸素を生じる．このため，オゾンは酸化力が大きく，漂白・殺菌作用を示し，またヨウ化カリウムデンプン紙を青色にする*（側注次ページ）．なお，ヨウ化カリウムデンプン紙は酸化性の物

---

* 塩素系漂白剤は NaClO（次亜塩素酸ナトリウム）が主成分である．また，さらし粉の主成分は $CaCl(ClO)\cdot H_2O$ である．

* 約 16 km（1 マイル ≒ 1.6 km）

クラーク数　Clarke number

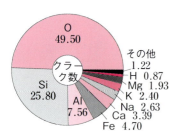

図 5-2　地表付近の元素組成（%）

質を検出する試験紙である．酸化性の物質はヨウ化カリウムのIを酸化してI$_2$にする．I$_2$はデンプンと反応して青色を呈する．

なお，酸素とオゾンのように，同じ元素からなる単体で性質が異なる物質を，互いに**同素体**という．

(2) 硫　黄　硫黄には，斜方硫黄（S$_\alpha$），単斜硫黄（S$_\beta$），無定形硫黄（S$_\mu$）などの同素体があり（表 5-6），S$_\alpha$からS$_\beta$へは決まった温度で変わる**．この温度を**転移点**という．

表 5-6　硫黄の同素体の性質

	斜方硫黄（S$_\alpha$）	単斜硫黄（S$_\beta$）	無定形硫黄（S$_\mu$）
結　晶　形	斜方晶形	単斜晶形	な　し
融　点（℃）	112.8	119	—
密度（g/cm^3）	2.07	1.96	1.95
二硫化炭素	溶　け　る	溶　け　る	溶けない

結晶硫黄は，8個の硫黄原子が環状に結合したS$_8$の分子からできている（右図）．一方，無定形硫黄は，多数の硫黄原子が結合し，長い鎖状となって，それらがからみあっていると考えられる．結晶硫黄は，二硫化炭素CS$_2$に溶ける他，熱アルコールに少し溶ける程度で，水にはほとんど溶けない．化学的には，常温では反応性が乏しく安定であるが，高温では活発になり，種々の金属と硫化物をつくる．

硫黄は，天然に単体として火山地帯に産出し，また種々の金属の硫化物として鉱床をつくって産出するが，石油の脱硫の際にできる硫黄も重要な資源となっている．硫黄のおもな用途としては，硫酸や亜硫酸塩の原料である二酸化硫黄の製造用が最も多く，その他パルプ・合成繊維の製造，ゴムの加硫，薬品の製造などに用いられる．

4. 窒素とリン

(1) 窒　素　窒素は常温では不活発な気体で，空気中に単体N$_2$として約 80 % 含まれる．しかし，高温では種々の単体と反応する．

$$3\,Mg + N_2 \longrightarrow Mg_3N_2$$
$$N_2 + O_2 \longrightarrow 2\,NO$$
$$N_2 + 3\,H_2 \longrightarrow 2\,NH_3$$

とくに窒素と水素とから直接合成するアンモニアの製造法は，ハーバー–ボッシュ法と呼ばれ，空気と石油（H$_2$をとる）を原料として窒素肥料である尿素や硫酸アンモニウム，また硝酸やその誘導体などをつくる重要な化学工業の一つである（106 ページ）．なお，窒素を工業的に採取するには，液体空気の分留による．

液体空気　気体は，温度を下げ圧縮すると液化する．また，強く冷却し圧縮しておいて外から熱が加わらないようにして急に膨張（断熱膨張）させると，気体の温度は下がる．この方法を利用して空気を約 200 atm に圧縮して，急に膨

* オゾンは地球上では地上 15～35 km の成層圏に存在する．このオゾン層は太陽紫外線の大部分を吸収し，結果として地上の生物を保護している．冷蔵庫の冷媒や，エレクトロニクス部品の洗浄などに大量に使われたクロロフルオロカーボン（フロン）が成層圏に達して光分解し，生じた塩素原子がオゾンを分解することがわかり，地球的規模の問題となっている．

同素体　allotrope

**　$S_\alpha \xrightleftharpoons[]{95.5\,℃} S_\beta$

転移点　transition temperature

S$_8$の構造

液体空気　liquid air

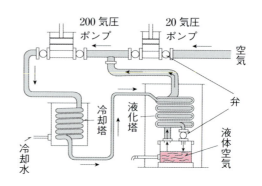

図 5-3 液体空気の製造装置

張させて温度を下げる．この操作を数回くり返すことにより，空気は液化し液体空気となる．窒素の沸点は－196℃，酸素の沸点は－183℃であるから，液体空気を分留して，窒素と酸素を得ることができる（**図 5-3**）．

（2）リ ン リンは単体として天然に存在しない．単体は，リン鉱をケイ砂・コークスとともに電気炉で強熱してつくる（リン鉱には種々のリン鉱物が含まれるが，下の反応式ではリン酸カルシウムで表した）．

$$2\,Ca_3(PO_4)_2 + 6\,SiO_2 + 10\,C \longrightarrow 6\,CaSiO_3 + 10\,CO + P_4$$

白リン（黄リン）
white phosphorus

P_4 の構造

赤リン　red phosphorus

無定形炭素　amorphous carbon
黒鉛　graphite
ダイヤモンド　diamond
フラーレン　fullerene

＊ 黒鉛は石墨・グラファイト，ダイヤモンドは金剛石ともいう．

このようにしてつくられたリンは，わずかに黄色をおびた白色ろう状の軟らかい固体で，**白リン**または**黄リン**といわれる．リンは P_4 の分子（左図）が集まってできた分子結晶で，融点が低く，二硫化炭素に溶け，猛毒である．また，空気中で自然発火するから水中に貯える．この白リンを，空気を断って約 260℃で数時間熱すると暗赤色の粉末になる．この物質は**赤リン**と呼ばれ，白リンと違って無毒であり，自然発火せず，また二硫化炭素には溶けない．赤リンはマッチの原料として用いられる．赤リンと白リンは，互いに同素体である．

5．炭素とケイ素

（1）炭 素 木炭・コークス・油煙はおもに炭素からできていて，**無定形炭素**と呼ばれている．この他に炭素からなるものとして**黒鉛**と**ダイヤモンド**および**フラーレン**がある＊．これらは互いに同素体である．無定形炭素は非常に細かく，また不完全な黒鉛の集合物と考えられている．

黒鉛は，光沢のある軟らかい結晶で天然に存在するが，コークスなどを電気炉で強熱してつくることもできる．黒鉛は電気をよく通すから電極として，また，融点が高いことからルツボとして，あるいは粘土と混ぜて焼いて鉛筆のしんなどに用いられる．また軟らかく，うすくはがれやすい（原子網面の間が切れてはがれる）ので減摩剤に使われる．ダイヤモンドは，無色透明で光の屈折率が大きく，硬度は物質中最高であり，また，電気を通さない．ダイヤモンドは宝石として用いられる他，硬度が大きいこ

とから研磨材などとして用いられる．

このようなダイヤモンドと黒鉛の性質の違いは，結晶構造と結合の違いによる（図 3-24，67 ページ参照）．ダイヤモンドは，4 個の炭素原子が 1 個の炭素原子を正四面体形に囲んで，四つの価電子がすべて共有結合に使われ，それが三次元的に連続した構造，すなわちメタンの水素をすべて炭素に替えた構造である．それに対し黒鉛は，6 個の炭素原子が平面に正六角形をなして共有結合した単位が平面，すなわち二次元的に連続した構造（すなわちベンゼンの水素をすべて炭素に替えた構造）となっている．したがって黒鉛では，炭素原子の 1 個の不対電子（π 結合に使われている）が各平面内に非局在化し自由電子のような形で存在している．そのため黒鉛は，六角形の環の並んでいる面に平行な方向に特に電気をよく伝える．カーボンナノチューブは，黒鉛の平面構造が筒型になった構造をもち，電子材料などに利用される．

なお，フラーレン C_{60} は，1985 年，黒鉛にレーザーを照射することにより発見されたが，その後，効率的な合成法が開発され，研究が急速に進展し，C_{70}，C_{76}，C_{82}，C_{84} などの同素体も発見されている．

(2) ケイ素　ケイ素は，天然に単体としては存在せず，すべて二酸化ケイ素 SiO_2 やケイ酸塩の形で岩石中に存在する．ケイ素をとり出すには，石英（SiO_2）をコークスとともに強熱する．

$$SiO_2 + 2C \longrightarrow Si + 2CO$$

ケイ素はダイヤモンド型結晶であり，かなり硬いがもろく，また黒色で光沢をもつ．化学的性質は炭素に類似していて，高温では活発に反応する．高純度のケイ素は，半導体として利用される*．

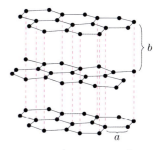

$a = 1.42$ Å　　$b = 3.39$ Å

黒鉛の構造

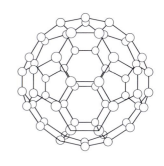

フラーレン C_{60}

* 太陽電池などに用いられるアモルファスシリコンは，純粋なケイ素単体ではなく，水素原子を含んだものである．

5-3 非金属の水素化物と酸化物

1. 非金属の水素化物

非金属元素は，水素と共有結合により，次のような水素化物をつくる．

表 5-7 からわかるように，H_2O と HF は常温付近では液体で，他の水素化物は気体である．このように H_2O と HF が他の水素化物に比べて著しく沸点が高いのは，H と O，H と F の間の水素結合による（41 ページ）．

水 H_2O は，このような水素結合と分子の強い極性のため，沸点が高いこと以外に，蒸発熱が大きく，4 ℃で密度が最大，氷より水の方が密度が大，他の物質を溶解する性質が大きいなどの特性をもつ（41 ページ）．

非金属の水素化物中，NH_3，HF，HCl，HBr，HI は水にたいへんよく溶ける．このうち NH_3 の水溶液は塩基性，HF，HCl，HBr，HI の水溶液は酸性を示す．これは，NH_3 は水溶液中で次のように電離して，水酸化物イオン OH^- を生じるからであり，また HCl などは水溶液中で水素イオン H^+ を生じるからである．

表 5-7 非金属の水素化物

周期＼族	14	15	16	17
2	CH_4 メタン（−161℃）	NH_3 アンモニア（−33℃）	H_2O 水（100℃）	HF フッ化水素（19.5℃）
3	SiH_4 シラン（−112℃）	PH_3 リン化水素*（−88℃）	H_2S 硫化水素（−60℃）	HCl 塩化水素（−85℃）
4		AsH_3 ヒ化水素*（−55℃）	H_2Se セレン化水素（−41.3℃）	HBr 臭化水素（−67℃）
5			H_2Te テルル化水素（−2℃）	HI ヨウ化水素（−35℃）

* PH_3 はホスフィン，AsH_3 はアルシンともいう．（ ）内は沸点．

$$NH_3 + H_2O \rightleftarrows NH_4^+ + OH^-$$
$$HCl \rightleftarrows H^+ + Cl^-$$

　HF，HCl，HBr，HI はハロゲン化水素と呼ばれるが，これらの水溶液のうち HF は弱い酸性を示し，他は強い酸性を示す．とくに塩化水素 HCl の水溶液は塩酸であり，強酸として化学実験によく使われるばかりでなく，化学工場において多量に使用される．HCl は，塩化ナトリウム水溶液の電気分解によって生成する H_2 と Cl_2 を直接反応させてつくる．

　アンモニア NH_3 は，無色・刺激臭のある気体で，空気中の N_2 と石油などから得られる H_2 から直接合成される（ハーバー-ボッシュ法）．アンモニアは硫酸アンモニウム（化学肥料），硝酸（化学工業の原料），尿素（樹脂の原料，化学肥料）などの製造に多量に用いられる．

　硫化水素 H_2S は，火山ガスや温泉に含まれる悪臭のある有毒な気体で，水に常温で 0.1 mol/L ほど溶け，弱い酸性を示す．また，硫化水素は空気中で燃えて二酸化硫黄を生じる．

$$2H_2S + 3O_2 \longrightarrow 2H_2O + 2SO_2$$

　金属イオンに硫化水素を通じたり，硫化水素水を加えると，硫化物の沈殿を生ずるものが多い*．

$$Cu^{2+} + S^{2-} \longrightarrow CuS\downarrow（黒色）$$
$$Pb^{2+} + S^{2-} \longrightarrow PbS\downarrow（黒色）$$

2. 非金属の酸化物

　非金属の酸化物のおもなものとして，**表 5-8** のようなものがある．非金属の酸化物の多くは，水に溶けると酸となる．このようにしてできる酸は塩酸などと違い酸素を含むから**オキソ酸（酸素酸）**という．

$$CO_2 + H_2O \longrightarrow H_2CO_3（炭酸）$$
$$SO_2 + H_2O \longrightarrow H_2SO_3（亜硫酸）$$
$$SO_3 + H_2O \longrightarrow H_2SO_4（硫酸）$$
$$N_2O_5 + H_2O \longrightarrow 2HNO_3（硝酸）$$

* リン化水素 PH_3 は水に少し溶け，アンモニアよりはるかに弱い塩基性を示す．Si_nH_{2n+2} の組成をもつ水素化ケイ素をシランと呼ぶ．SiH_4 はモノシランといい，無色の激烈な臭いをもつ気体である．分解しやすく，高純度ケイ素の製造などに用いられている．

オキソ酸（酸素酸）　oxo-acid

表 5-8 おもな非金属酸化物

1族	14族	15族	16族	17族
H_2O H_2O_2（無色液体）	CO（無色気体） CO_2（無色気体） SiO_2（無色固体）	N_2O（無色気体） NO（無色気体） NO_2（赤褐色気体） N_2O_5（無色固体） P_4O_6（白色固体） P_4O_{10}（白色固体）	SO_2（無色気体） SO_3（無色固体）	F_2O（無色気体） Cl_2O（黄赤色気体） Cl_2O_7（無色液体）

$$P_4O_{10} + 6H_2O \longrightarrow 4H_3PO_4 \text{（リン酸）}$$
$$Cl_2O_7 + H_2O \longrightarrow 2HClO_4 \text{（過塩素酸）}$$

また，非金属の酸化物の多くは，塩基と反応して塩と水を生じる．

$$Ca(OH)_2 + CO_2 \longrightarrow CaCO_3 + H_2O$$
$$2NaOH + SO_2 \longrightarrow Na_2SO_3 + H_2O$$
$$2KOH + N_2O_5 \longrightarrow 2KNO_3 + H_2O$$

このような性質をもつことから，これらの酸化物を**酸性酸化物**という．過酸化水素 H_2O_2 は水に溶けやすく，微弱な酸性を示す．過酸化水素は不安定な物質で，たやすく分解されて酸素を発生する．したがって酸化作用も強い．

酸性酸化物　acidic oxide

$$2H_2O_2 \longrightarrow 2H_2O + O_2$$

約3％の過酸化水素水はオキシドールと呼ばれ，傷口などの消毒や漂白に用いる．

二酸化炭素 CO_2 は，空気中に約 0.04 ％含まれる*．冷却または圧縮により簡単に液化し，1 atm，-78.5 ℃以下で固体（ドライアイス）となる．

一酸化炭素 CO は，無色，無臭の有毒な気体で，空気中で燃えて CO_2 となる．

二酸化窒素 NO_2 は有毒な赤褐色の気体であるが，温度を低くしたり，圧力を大きくすると，無色の四酸化二窒素 N_2O_4 が多くなり，色がうすくなる．

* **地球温暖化**
* 大気中の二酸化炭素は，19世紀ごろまではほぼ0.03％以下に保たれていたが，化石燃料（石炭，石油など）の消費が拡大してからは急激に増加傾向にある．赤外線を吸収，放出する地球温暖化ガスの主なものである．

$$2NO_2 \rightleftarrows N_2O_4 + 57.7 \text{ kJ}$$

一酸化窒素 NO は無色の気体であるが，空気中で酸素と反応し，ただちに赤褐色の NO_2 に変わる．

$$2NO + O_2 \longrightarrow 2NO_2$$

二酸化硫黄 SO_2 は，強い刺激臭のある有毒な気体で，水分の存在で他の物質から酸素をうばい，自身は硫酸に酸化される．すなわち強い還元性を示す．

$$SO_2 + H_2O + (O) \longrightarrow H_2SO_4$$

三酸化硫黄 SO_3 は，無色の吸湿性の強い固体である．

二酸化ケイ素 SiO_2 は，天然に石英，水晶あるいはケイ砂として多量に

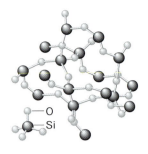

SiO₂ の構造

存在する．二酸化ケイ素はケイ素原子と4個の酸素原子が正四面体形に結合した単位が立体的に共有結合をくり返し，共有結合の結晶となっている（左図）．石英は硬く，高い融点（約 1600 ℃）をもつ．水に溶けにくいが，酸性酸化物で，NaOH または Na_2CO_3 と強熱すると，ケイ酸ナトリウム Na_2SiO_3 が生じる．

$$SiO_2 + 2NaOH \longrightarrow Na_2SiO_3 + H_2O$$

二酸化ケイ素は化学的に安定であるが，フッ化水素酸には溶ける．

$$SiO_2 + 6HF \longrightarrow H_2SiF_6 + 2H_2O$$

乾燥剤に使われるシリカゲルは，Na_2SiO_3 溶液に HCl を加えたとき生ずるゲル状のケイ酸 H_2SiO_3 を乾燥したもので，$SiO_2 \cdot nH_2O$ の組成をもつ．青色に着色してあるものは，Co の塩を加えたもので，Co 塩が水を吸収すると桃色になることを利用し，吸湿能力の目安にしているのである．

●5-4 金 属 単 体●

1. 金属の物理的通性

(1) 光　沢　金属は新しい切断面などで強い光沢をもち，これを金属光沢という．金属は一般に不透明で，表面で光の反射が起こりやすく，透過光線が少ない．また金は黄色，銅は赤色をしているが，その他の金属は銀白色である．金属光沢は自由電子と関係がある．

(2) 延性・展性　塊を引き延ばして針金のように細くできる性質を延性，打ち延ばして箔にできる性質を展性というが，金属は一般に延性・展性が大きい．延性・展性の大きい金属を大きさの順に示すと次のようになる．

$$\begin{cases} 延性：Au > Ag > Pt > Al > Fe > Ni \\ 展性：Au > Ag > Al > Cu > Sn > Pt \end{cases}$$

(3) 熱および電気の伝導性　金属は熱をよく伝え，また電気をよく通す．これらも自由電子の存在に基づく性質である．伝導度の大小の順は，熱と電気でだいたい一致している．とくに大きい金属を大きさの順に示す．

$$Ag > Cu > Au > Al > Mg > Zn$$

(4) 融点・沸点　金属の融点・沸点は，多少の例外もあるが，だいたいにおいて高いものが多い（**図 5-4**）．とくに遷移元素の単体は高融点・高沸点である．金属の融点・沸点の特徴は，高温である他に，融点と沸点の差が大きく，だいたい 500～1000 ℃程度であることである．

とくに融点の高い金属としては，次のようなものがある．

　　Fe：1540 ℃　　　W：3400 ℃　　　Os：3045 ℃　　　Pt：1770 ℃

(5) 密　度　金属は，一般に密度も大きい．しかし，アルカリ金属のように密度の小さいものもある．密度 4 g/cm³ 以下の金属を軽金属，それより大きいものを重金属という．

〔重金属・軽金属の例〕
密度の大きい金属 (g/cm³)：Os (22.6)，Ir (22.4)，Pt (21.4)，Au (19.3)，U (19.05)，Np (20.45)．
密度の小さい金属：Li (0.53)，Na (0.97)，K (0.86)，Rb (1.53)．

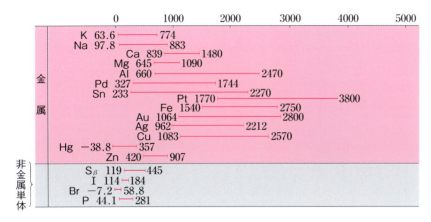

図 5-4　金属の融点と沸点（℃）

2. 金属のイオン化傾向

一般に金属原子は，電子を失って陽イオンになりやすい．そして水溶液中でのイオン化の難易は電極電位（94 ページ）で比較することができる．電極電位の負の値の大きい金属は陽イオンになりやすく，イオン化傾向（93 ページ）が大きい．おもな金属をイオン化傾向の大きいものから順に並べると，次のようになる．これを**金属のイオン化列**という*．

$$\text{Li} > \text{K} > \text{Ca} > \text{Na} > \text{Mg} > \text{Al} > \text{Zn} > \text{Fe} > \text{Ni} > \text{Sn} > \text{Pb}$$
$$> (\text{H}_2) > \text{Cu} > \text{Hg} > \text{Ag} > \text{Pt} > \text{Au}$$

いま，硫酸銅水溶液中に鉄片を入れた場合を考えてみよう．硫酸銅は水溶液中で，次のように電離している．

$$\text{CuSO}_4 \rightleftarrows \text{Cu}^{2+} + \text{SO}_4^{2-}$$

ここに鉄片を入れると，鉄の方が銅よりイオン化傾向が大きいから，次のように，鉄がイオンとなり，銅が析出する．

$$\text{Fe} \longrightarrow \text{Fe}^{2+} + 2e^- \quad 2e^- + \text{Cu}^{2+} \longrightarrow \text{Cu}$$

つまり，次のような変化が起こったことになる．

$$\text{Cu}^{2+} + \text{Fe} \longrightarrow \text{Fe}^{2+} + \text{Cu}$$

また，このようなことから金属のイオン化傾向と反応性との間には密接な関係があり，次のようなことがいえる．

(1) 水との反応　イオン化傾向の大きい Li～Na は，常温で水と反応して水素を発生し，Mg～Fe は，常温の水とは反応しないが，高温の水または水蒸気と反応する．一方，イオン化傾向が Ni より小さい金属は水と反応しない．

$$2\text{Na} + 2\text{H}_2\text{O} \longrightarrow 2\text{NaOH} + \text{H}_2$$
$$\text{Mg} + \text{H}_2\text{O} \longrightarrow \text{MgO} + \text{H}_2$$

(2) 酸との反応　イオン化傾向が水素より大きい金属は，一般の酸と反

金属のイオン化列
ionization series of metals

＊　電極電位あるいはイオン化傾向の大小は水溶液中でのイオン化の難易で，水和したイオンとなる傾向を示すのに対し，イオン化エネルギー（26 ページ）は，気体状態の原子が気体状態のイオンとなる難易を示す．

応して水素を発生し，Cu〜Agは，一般の酸とは反応しないが，酸化作用のある硝酸や熱濃硫酸とは反応する．

$$Zn + H_2SO_4 \longrightarrow ZnSO_4 + H_2$$
$$Cu + 4HNO_3 \longrightarrow Cu(NO_3)_2 + 2NO_2 + 2H_2O$$

3. 冶 金

天然に単体として産出する金属は少なく，大部分は化合物として産出する．白金族（Pt, Ir, Os, Pd, Rh など）と金は，単体として産出することが多い．また，銀，銅，水銀は単体としても産出する．

非金属で常に単体として産出するものは希ガスで，その他窒素，酸素は大気中に単体として存在し，炭素，硫黄は岩石中に単体としても産出する．

多量に用いられている鉄，アルミニウム，銅，その他の金属は，通常は酸化物，硫化物，塩化物，炭酸塩，ケイ酸塩などの鉱物として産出する．したがって，これらから金属単体を得るには，適当な処理，主として化学処理を必要とする．この操作を**冶金**という．

冶金としては，まず鉱石中の目的とする金属化合物以外の鉱物や岩石をできるだけ除去するために，**浮遊選鉱**（浮選）などの操作を行う*．このようにして目的とする金属の含有率を高めた後，鉱石中の金属化合物のまま，あるいは酸化物などに変えて，還元剤によって金属陽イオンを金属単体に還元する．還元には，次のようなものがある．

(1) 炭素による酸化物の還元 金属酸化物が成分となっている鉱石を，コークスや石炭などの炭素とともに強熱することによって金属単体とする．鉄，スズ，亜鉛の冶金はこの例である．

　鉄の冶金 赤鉄鉱（Fe_2O_3）または磁鉄鉱（Fe_3O_4）のような鉄の酸化物からなる鉱石と，コークス・石灰石を溶鉱炉の上部から入れ，炉の下から熱風を送る．コークスは燃えて炉内の温度は1500℃ぐらいになり，このため，CO_2ができないでCOとなり，これが鉄の酸化物を還元する．

$$Fe_2O_3 + 3CO \longrightarrow 2Fe + 3CO_2$$
$$Fe_3O_4 + 4CO \longrightarrow 3Fe + 4CO_2$$

このようにしてできた鉄は，炭素などを含んでいて**銑鉄**と呼ばれる．この銑鉄を転炉などによって，その炭素などの含有率を小さくし，**鋼**とする．

なお，銑鉄には炭素が3.5％前後，その他不純物も含まれている．鋼は炭素が0.02〜1.7％で不純物も少ない．

(2) 金属による塩化物の還元 金属塩化物を成分とする鉱石と，マグネシウムなどの還元力の大きい金属とを強熱して金属単体を得る．チタンの冶金はその例である．

　チタンの冶金 酸化チタンを含む鉱石を塩素化して四塩化チタンとし，マグネシウムまたはナトリウムを加えて強熱すると，次のように反応してチタンが得られる．

冶金　metallurgy

浮遊選鉱（浮選）　flotation
*　特定の鉱物の微粉を気泡に付着させて浮上させる．

銑鉄　pig iron
鋼　steel

$$TiCl_4 + 2Mg \longrightarrow 2MgCl_2 + Ti$$
$$TiCl_4 + 4Na \longrightarrow 4NaCl + Ti$$

(3) 溶融塩電解 金属の化合物を加熱して融かし，電気分解（電解）* して陰極に金属単体を析出させる方法で，ナトリウム，マグネシウム，カルシウム，アルミニウムなどの酸化しやすい金属の冶金がその例である．

アルミニウムの冶金 アルミニウムの鉱石としてボーキサイト（主成分 $Al_2O_3 \cdot nH_2O$）が用いられ，この鉱石を水酸化ナトリウム溶液に溶かし，さらに水酸化アルミニウムとして沈殿させ，これを加熱して純粋な酸化アルミニウム Al_2O_3 とする．この酸化アルミニウムを**氷晶石****とともに溶融し，炭素（黒鉛）電極を用いて電気分解し，陰極にアルミニウムを析出させる．

$$\begin{cases} 陰極 & 2Al^{3+} + 6e^- \longrightarrow 2Al \\ 陽極 & 3O^{2-} + 3C \longrightarrow 3CO + 6e^- \end{cases}$$

(4) 熱風による分解 黄銅鉱から銅を得る冶金がその例で，高温で空気を送ることにより，他の元素を酸化物として除き，その金属を得る．

銅の冶金 黄銅鉱（$CuFeS_2$）その他の銅の鉱石と，石灰石・コークスを溶鉱炉に入れ，熱風を送ると，次のような反応によって硫化銅ができる．

$$4CuFeS_2 + 9O_2 \longrightarrow 2Cu_2S + 2Fe_2O_3 + 6SO_2$$

この硫化銅を転炉に入れて空気を送ると，次のように反応して粗銅ができる．

$$Cu_2S + O_2 \longrightarrow 2Cu + SO_2$$

なお，この粗銅は電解精錬によって純銅とする．

(5) 水溶液の電気分解 鉱石から得られる重金属の塩を水溶液とし，電気分解して陰極に金属を析出させる．亜鉛***の冶金や銅・銀の精製（電解精錬）などがその例である．

* **電気分解（電解）**
電解質の溶液や，過熱して溶融した塩に電気エネルギーを与えて，化学変化を起こさせること．
イオン化傾向の大きい金属では，溶融塩電解が必要になる．

氷晶石 cryolite
** 組成式 $Na_3[AlF_6]$．酸化アルミニウムの溶融の際に加えて，融点を下げる．現在では合成物を使用している．

*** 亜鉛は酸化亜鉛を高温で炭素で還元する方法もある．

5-5 金属の化合物

1. 金属の酸化物

多くの金属は，難易の差はあるが，直接酸素と反応して酸化物となる．アルカリ金属，アルカリ土類金属は，酸素中でただちに反応して酸化物となるが，その他の金属は徐々に反応して酸化物となる．金，白金は酸素と直接反応しない．

金属の酸化物は常温で固体で，一般に融点が高い．また，典型元素の金属の酸化物の多くは白色であるが，遷移元素の金属の酸化物は白色の他に種々の色をもっているものが多い．

金属の酸化物の例 おもな金属の酸化物として次のようなものがある．カッコ内は色を示す．

$$\begin{cases} \text{Na}_2\text{O}(白) \\ \text{Na}_2\text{O}_2(淡黄) \end{cases} \begin{matrix} \text{CaO}(白) \end{matrix} \begin{cases} \text{BaO}(白) \\ \text{BaO}_2(白) \end{cases} \begin{matrix} \text{Al}_2\text{O}_3(白) \\ \text{TiO}_2(白) \end{matrix}$$

$$\begin{cases} \text{PbO}(黄,赤) \\ \text{Pb}_3\text{O}_4(赤) \\ \text{PbO}_2(褐) \end{cases} \begin{cases} \text{FeO}(黒) \\ \text{Fe}_3\text{O}_4(黒) \\ \text{Fe}_2\text{O}_3(赤) \end{cases} \begin{cases} \text{CrO}(黒) \\ \text{Cr}_2\text{O}_3(緑) \\ \text{CrO}_3(暗赤) \end{cases} \begin{cases} \text{MnO}(緑) \\ \text{Mn}_2\text{O}_3(暗褐) \\ \text{MnO}_2(黒) \end{cases}$$

アルカリ金属とアルカリ土類金属（Ca, Sr, Ba）の酸化物は，水と反応して金属の水酸化物，すなわち塩基をつくり，塩基性を示す*．

〔例〕　$\text{Na}_2\text{O} + \text{H}_2\text{O} \longrightarrow 2\text{NaOH}$

　　　　$\text{CaO} + \text{H}_2\text{O} \longrightarrow \text{Ca(OH)}_2$

また，酸と反応して塩を生じる．

〔例〕　$\text{Na}_2\text{O} + \text{H}_2\text{SO}_4 \longrightarrow \text{Na}_2\text{SO}_4 + \text{H}_2\text{O}$

　　　　$\text{CaO} + 2\text{HCl} \longrightarrow \text{CaCl}_2 + \text{H}_2\text{O}$

その他の金属の酸化物は，水と反応しにくいが，酸と反応して塩をつくるものが多い．

〔例〕　$\text{CuO} + \text{H}_2\text{SO}_4 \longrightarrow \text{CuSO}_4 + \text{H}_2\text{O}$

　　　　$\text{ZnO} + 2\text{HCl} \longrightarrow \text{ZnCl}_2 + \text{H}_2\text{O}$

2. 金属の酸素酸塩

遷移元素の金属は，酸素を配位した酸素酸イオン，酸素酸塩をつくる．おもな酸素酸塩として次のようなものがある．

(1) 過マンガン酸カリウム KMnO_4　黒紫色の結晶で，水に溶けて赤紫色（MnO_4^-）の溶液となる．過マンガン酸カリウムは酸化剤である．硫酸酸性溶液では，次のような反応によって酸化作用を示す．たとえば Fe^{2+} との反応は，溶液中で速く進むので，KMnO_4 の溶液は酸化還元滴定の標準液に用いられる．

$$2\text{KMnO}_4 + 3\text{H}_2\text{SO}_4 \longrightarrow \text{K}_2\text{SO}_4 + 2\text{MnSO}_4 + 3\text{H}_2\text{O} + 5(\text{O})$$

$$(\text{MnO}_4^- + 8\text{H}^+ + 5\text{e}^- \longrightarrow \text{Mn}^{2+} + 4\text{H}_2\text{O})$$

たとえば Fe^{2+} とは

$$\text{MnO}_4^- + 8\text{H}^+ + 5\text{Fe}^{2+} \longrightarrow \text{Mn}^{2+} + 5\text{Fe}^{3+} + 4\text{H}_2\text{O}$$

Mn^{2+} の水溶液は淡紅色であるが，希薄溶液はほとんど無色に近いから，硫酸酸性で KMnO_4 が酸化作用をすると赤紫色が消える．通常，滴定の際の指示薬は不要である．

(2) 二クロム酸カリウム $\text{K}_2\text{Cr}_2\text{O}_7$，クロム酸カリウム K_2CrO_4　二クロム酸カリウムは赤橙色の結晶，クロム酸カリウムは黄色の結晶である．水に溶かしたとき二クロム酸イオン $\text{Cr}_2\text{O}_7^{2-}$ は赤橙色，クロム酸イオン CrO_4^{2-} は黄色であるが，次のように酸性・塩基性によって互いに変化し合い色も変わる．

---

* このような性質から，金属の酸化物を塩基性酸化物という．なお酸化数の高い金属の酸化物は，酸性酸化物であることが多い（例 CrO_3）．非金属の酸化物は一般に酸性酸化物である（107 ページ）．

$$2\,CrO_4^{2-} + 2\,H^+ \underset{\text{塩基性}}{\overset{\text{酸性}}{\rightleftarrows}} Cr_2O_7^{2-} + H_2O$$

黄色　　　　　　　　　赤橙色

二クロム酸カリウムもクロム酸カリウムも酸性溶液中で強い酸化作用を示し，他のものを酸化すると，自身は還元されて溶液は赤橙色（$Cr_2O_7^{2-}$）から緑色（Cr^{3+}）に変わる．酸化還元滴定の標準液に使われる*．

$$K_2Cr_2O_7 + 4\,H_2SO_4 \longrightarrow K_2SO_4 + Cr_2(SO_4)_3 + 4\,H_2O + 3\,(O)$$
$$(Cr_2O_7^{2-} + 14\,H^+ + 6\,e^- \longrightarrow 2\,Cr^{3+} + 7\,H_2O)$$

3. 塩類

(1) 塩化物　塩化物の多くは，水に溶けやすい．水に溶けにくい塩化物としては，$AgCl$，$PbCl_2$，Hg_2Cl_2 がある．これらはいずれも白色の固体で，$PbCl_2$ は温湯には溶け，$AgCl$ は感光作用がある．

ハロゲン化銀　AgF，$AgCl$，$AgBr$，AgI のうち，AgF だけは水に溶けやすい．$AgBr$ は淡黄色，AgI は黄色の粉末で，いずれも感光性があり，銀塩写真に利用される．

(2) 硫酸塩　水に溶けやすい結晶が多い．水に溶けにくい硫酸塩としては $BaSO_4$，$PbSO_4$，$CaSO_4$ がある．また，次のように色をもつ遷移金属の塩の結晶がある．$CuSO_4 \cdot 5\,H_2O$（青色），$NiSO_4 \cdot 7\,H_2O$（濃緑色），$FeSO_4 \cdot 7\,H_2O$（淡緑色），$MnSO_4 \cdot 7\,H_2O$（淡紅色）．

(3) 炭酸塩　水に溶けにくいものが多い．水に溶けやすいのは Na_2CO_3，K_2CO_3 などである．炭酸塩に酸を加えると，二酸化炭素を発生する．

〔例〕　$CaCO_3 + 2\,HCl \longrightarrow CaCl_2 + H_2O + CO_2$
　　　　$Na_2CO_3 + H_2SO_4 \longrightarrow Na_2SO_4 + H_2O + CO_2$

$CaCO_3$ は天然に方解石，それが集まった大理石や石灰岩として存在する．また，石灰岩はセメントや石灰（CaO）の製造などに用いられる．

Na_2CO_3 は $NaCl$，NH_3，CO_2 を原料とするアンモニア・ソーダ法によってつくられ，ガラスの製造その他化学工業に多量に用いられる．

(4) 硝酸塩　すべて水によく溶ける．また強熱すると分解して N_2，O_2 を発生する．

(5) 硫化物　アルカリ金属，アルカリ土類金属の硫化物は水に溶け，他の金属の硫化物は，一般に水に溶けにくい．天然に鉱物として産出するものが多い．

〔例〕　セン亜鉛鉱 ZnS，方鉛鉱 PbS，輝銀鉱 Ag_2S，辰砂 HgS*，針ニッケル鉱 NiS，黄銅鉱 $CuFeS_2$．

(6) ケイ酸塩　岩石を構成するおもな鉱物はケイ酸塩である．ケイ酸塩は SiO_4 の四面体が基本構造となっている巨大分子が多く，Si と O が結合した（巨大な）陰イオンを含むケイ酸塩と，Si^{4+} を置きかえた Al^{3+} を含む

---

*　CrO_4^{2-} は Pb^{2+} と反応してクロム酸鉛 $PbCrO_4$ の黄色沈殿を生じる．この現象は Pb^{2+} の検出に用いられる．また，クロム酸鉛は黄色顔料に用いられる．クロム酸塩，二クロム酸塩がいわゆる「六価クロム」である．

*　辰砂 HgS は天然に鉱物としても産出する．赤色を呈し，医薬品や顔料（朱）に用いられたこともある．

アルミノケイ酸塩と呼ばれるものがある．例を下に示す．

なお，カンラン（橄欖）石，ジャモン（蛇紋）石，輝石などは，簡単な式で示しているが，Mg の結晶中の位置に Mg の代わりに Fe，Ca，Mn などが入り組成は複雑になる．

〔ケイ酸塩鉱物の例〕　カンラン石 Mg_2SiO_4，ジャモン石 $Mg_6Si_4O_{10}(OH)_8$，輝石 $MgSiO_3$，ジルコン $ZrSiO_4$．

〔アルミノケイ酸塩の例〕　カリ長石 $KAlSi_3O_8$，ソウ（曹）長石 $NaAlSi_3O_8$，方沸石 $Na_2Al_2Si_3O_{10}\cdot 2H_2O$，白雲母 $KAl_2(AlSi_3O_{10})(OH)_2$．

5-6　錯イオン

1. 錯イオンと錯体

塩化鉄(III) $FeCl_3$ の水溶液にシアン化カリウム KCN の水溶液を加えると，白色沈殿を生じる．

$$FeCl_3 + 3KCN \longrightarrow Fe(CN)_3\downarrow + 3KCl$$

これにさらにシアン化カリウムの水溶液を加えると，沈殿が溶けて橙黄色の溶液となる．この水溶液を濃縮すると，赤色の結晶ができる．この赤色の結晶の水溶液からは，Fe^{3+} や CN^- はほとんど検出されない．これは次のように新しいイオン，ヘキサシアニド鉄(III)酸イオン $[Fe(CN)_6]^{3-}$ が生じたからである．

$$Fe(CN)_3 + 3KCN \longrightarrow K_3Fe(CN)_6$$
$$K_3Fe(CN)_6 \rightleftarrows 3K^+ + [Fe(CN)_6]^{3-}$$

このヘキサシアニド鉄(III)酸イオンのように，**あるイオンに他のイオンまたは分子が配位結合して生じたイオンを錯イオン**．このようにして生じた化合物を**錯体**または**錯塩**という*．

錯イオンの多くは，遷移元素の金属イオンを中心として，これに陰イオンまたは分子が結合している．そしてこの陰イオンや分子は非共有電子対をもち，金属イオンとの間は配位結合である．このとき，金属イオンを中心原子，これに配位する陰イオンや分子を**配位子**といい，その数を**配位数**という．

2. 錯イオンの立体構造

配位数が 2，4，6 の錯イオンが多い．そこで 2 配位，4 配位，6 配位の錯イオンの構造について考えてみよう．

(1) 2配位錯イオン　$[Ag(NH_3)_2]^+$ のような 2 配位錯イオンでは，中心原子の両側に配位子が直線状に結合している（図 5-5）．

(2) 4配位錯イオン　4 配位錯イオンでは，錯イオンによって正四面体構造をとるものと，正方形構造をとるものがある．

$[Zn(NH_3)_4]^{2+}$ は，中心原子の Zn^{2+} が正四面体の中心に位置し，各頂点に NH_3 が配位した構造となっている（図 5-6）．一方，$[Cu(NH_3)_4]^{2+}$ は，

カンラン（橄欖）石　olivine
ジャモン（蛇紋）石　serpentine
輝石　pyroxenes

錯イオン　complex ion
錯体，錯塩　complex compound, complex salt
*　配位化合物 (coordination compound) ともいう．

配位子　ligand
配位数　coordination number

図 5-5　$[Ag(NH_3)_2]^+$ の構造

中心原子の Cu^{2+} が正方形の平面の中心に位置し，各頂点に NH_3 が配位した構造になっている（**図 5-7**）．

〔正四面体構造の例〕　$[Zn(NH_3)_4]^{2+}$，$[Cd(NH_3)_4]^{2+}$，$[CoCl_4]^{2-}$

〔正方形構造の例〕　$[Cu(NH_3)_4]^{2+}$，$[Cu(H_2O)_4]^{2+}$，$[Ni(CN)_4]^{2-}$，$[PtCl_4]^{2-}$

(3) **6配位錯イオン**　$[Fe(CN)_6]^{4-}$ や $[Fe(CN)_6]^{3-}$ のような6配位錯イオンでは，中心原子の Fe^{2+} や Fe^{3+} が正八面体の中心に位置し，各頂点に CN^- が配位している（**図 5-8**）．

〔正八面体構造の例〕　$[Co(NH_3)_6]^{3+}$，$[Ni(NH_3)_6]^{2+}$，$[Fe(CN)_6]^{4-}$，$[Co(CN)_6]^{4-}$

3. 錯イオンの電子配置

(1) **2配位錯イオン**　2配位錯イオンは直線構造となる．$[Ag(NH_3)_2]^+$ を例にとって電子配置を考えてみよう．Agは原子番号47でその電子配置は $[Kr]4d^{10}5s^1$ であり，Ag^+ は $[Kr]4d^{10}$ である．この Ag^+ に2分子の NH_3 が配位する際，NH_3 分子の非共有電子対が，それぞれ5s軌道，5p軌道に入り，この5sと5pが混成し，sp混成軌道となって配位結合すると考えられる．

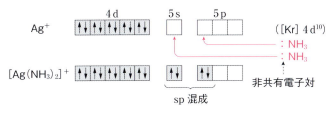

$[Ag(NH_3)_2]^+$ の電子配置

(2) **4配位錯イオン**　4配位錯イオンには，正四面体構造の場合と正方形構造の場合がある．正四面体構造の例として $[Zn(NH_3)_4]^{2+}$ の電子配置を考えてみよう．Znの原子番号は30で，電子配置は $[Ar]3d^{10}4s^2$ であり，Zn^{2+} は $[Ar]3d^{10}$ である．この Zn^{2+} に4分子の NH_3 が配位する際，NH_3 分子の非共有電子対が4s軌道と三つの4p軌道に入り，四つの等価な sp^3 混成軌道を形成して配位結合すると考えられる．

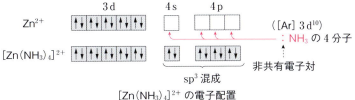

$[Zn(NH_3)_4]^{2+}$ の電子配置

正方形構造の例として $[Cu(NH_3)_4]^{2+}$ の電子配置を考えてみよう．Cuの原子番号は29で，その電子配置は $[Ar]3d^{10}4s^1$ であり，Cu^{2+} は $[Ar]3d^9$ である．この Cu^{2+} に4分子の NH_3 が配位するが，このとき Zn^{2+} の場合と違って一つの3dと4s，さらに二つの4pが混成し，四つの等価な軌

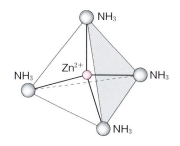

図 5-6　$[Zn(NH_3)_4]^{2+}$ の構造

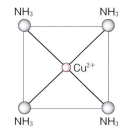

図 5-7　$[Cu(NH_3)_4]^{2+}$ の構造

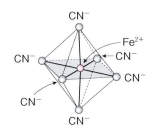

図 5-8　$[Fe(CN)_6]^{4-}$ の構造

道をもつ dsp² 混成軌道となって配位結合すると考えられる．

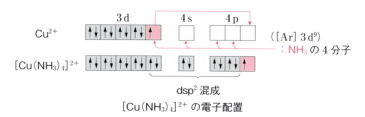

[Cu(NH₃)₄]²⁺ の電子配置

(3) 6配位錯イオン 6配位錯イオンは，正八面体構造となるが，この電子配置を [Fe(CN)₆]⁴⁻ を例として考えてみよう．Fe の原子番号は 26 でその電子配置は [Ar] 3d⁶4s²，Fe²⁺ は [Ar] 3d⁶ である．この Fe²⁺ に 6 個の CN⁻ が配位するのであるが，このとき Fe²⁺ は 3d の三つの軌道に電子対ができるような励起状態となり，空いた二つの軌道と 4s，4p に 6 個の CN⁻ の非共有電子対が入り，これらの軌道が混成して d²sp³ 混成軌道となって配位結合していると考えられる．よく現れる混成の型（錯塩に限らない）を**表 5-9** に示す．

表 5-9 よく現れる混成の型

配位数	混成軌道	立体構造
2	sp, dp	直線
3	sp²	三角形
4	sp³	四面体
4	dsp²	平面四角形
5	dsp³	三角両錐
6	d²sp³	八面体
6	d⁴sp	三角柱

錯イオンの呼び方 錯イオンの名称は，原則として次の順で呼ぶ．

配位子の数 → 配位子の名称 → 中心金属イオンとその酸化数

配位子の呼称は，NH₃：アンミン，H₂O：アクア，CN⁻：シアニド，OH⁻：ヒドロキシド，Cl⁻：クロリドなど．また錯イオンが負イオンの場合は，末尾に [酸] をつける．

〔例〕 [Ag(NH₃)₂]⁺：ジアンミン銀(I)イオン（二アンミン銀(I)イオン），[Fe(CN)₆]³⁻：ヘキサシアニド鉄(III)酸イオン（六シアニド鉄(III)酸イオン）．

4. アクアイオン

水溶液中の金属イオンは，Cu²⁺，Zn²⁺，Al³⁺ などのように書かれるが，これらのイオンは水分子がいくつかずつ配位して存在している．たとえば Cu²⁺ は [Cu(H₂O)₄]²⁺，Zn²⁺ は [Zn(H₂O)₄]²⁺，Al³⁺ は [Al(H₂O)₆]³⁺ のような形で存在している．このように H₂O 分子を配位した錯イオンを，**アクアイオン**という．

アクアイオンは水和イオン（55 ページ）の一種であるが，d 軌道をもたないアルカリ金属などでは，水和した水分子と金属イオンの結合力が弱

アクアイオン aqua ion

く，また配位数も一定ではない．このような水和イオンは，アクアイオンとは呼ばないことが多い．

アクアイオンは水溶液中ばかりではなく，水和水（結晶水）をもつ化合物中にも存在する．たとえば，硫酸銅(II)五水和物 $CuSO_4 \cdot 5H_2O$ では，この水和水5分子のうち4分子は $[Cu(H_2O)_4]^{2+}$ のように，アクアイオンが結晶構造にそのまま入っている．なお残りの1分子は，SO_4^{2-} と Cu^{2+} に配位した H_2O の間に水素結合によって固定されている．

塩の水溶液の加水分解の現象も，アクアイオンから説明される．たとえば，硫酸アルミニウム $Al_2(SO_4)_3$ を水に溶かすと，加水分解して酸性を示す現象を考えてみると，$Al_2(SO_4)_3$ の水溶液中では，Al^{3+} は $[Al(H_2O)_6]^{3+}$ のようなアクアイオンとなるが，このとき配位子である H_2O 分子の O－H 間の電子は O 原子を通して中心原子に引き寄せられる．このため，配位子の H_2O の一部が電離して H^+ を出して酸性を示すことになる*．

$$[Al(H_2O)_6]^{3+} \rightleftharpoons [Al(H_2O)_5(OH)]^{2+} + H^+$$

（または $[Al(H_2O)_6]^{3+} + H_2O \rightleftharpoons [Al(H_2O)_5(OH)]^{2+} + H_3O^+$）

その他の錯イオン $Al(OH)_3$ や $Zn(OH)_2$ などの両性水酸化物に，NaOH などの強塩基の溶液を加えると，次のように反応して溶ける．

$$Al(OH)_3 + OH^- \longrightarrow [Al(OH)_4]^-$$
$$Zn(OH)_2 + 2OH^- \longrightarrow [Zn(OH)_4]^{2-}$$

$[Al(OH)_4]^-$，$[Zn(OH)_4]^{2-}$ のように OH^-（ヒドロキシドイオン）が配位した錯イオンを**ヒドロキシド錯イオン**という．

また，$[Fe(CN)_6]^{4-}$ のように CN^-（シアンイオン）を配位した錯イオンを**シアニド錯イオン**，$[Cu(NH_3)_4]^{2+}$ のように NH_3 を配位した錯イオンを**アンミン錯イオン**という．

5. キレート

Cu^{2+} が存在する水溶液にアンモニア水を加えると $[Cu(NH_3)_4]^{2+}$ の錯イオンができるが，アンモニア水の代わりにエチレンジアミン $H_2N-CH_2-CH_2-NH_2$ の水溶液やグリシン H_2N-CH_2-COOH の水溶液を加えても同様に $[Cu(NH_2-CH_2-CH_2-NH_2)_2]^{2+}$ や $Cu(NH_2-CH_2-COO)_2$ のような錯体ができる．そして $[Cu(NH_3)_4]^{2+}$ では，

$$\overset{H}{\underset{H}{|}}\!\!:\!\!N\!-\!H$$

の1対の非共有電子対が Cu^{2+} と配位結合しているのに対し，$[Cu(NH_2-CH_2-CH_2-NH_2)_2]^{2+}$ では

$$\overset{H}{\underset{H}{|}}\!\!:\!\!N\!-\!CH_2\!-\!CH_2\!-\!N\!\!:\!\!\overset{H}{\underset{H}{|}}$$

の2対の非共有電子対と，また，

* 一方，Na^+ や Ca^{2+} などの水和イオンでは，水分子が弱く結合しているので，上記のように電離せず，したがって酸性を示さない．

ヒドロキシド錯イオン
  hydroxide-complex ion
シアニド錯イオン
  cyanide-complex ion
アンミン錯イオン
  ammine-complex ion

$Cu(NH_2-CH_2-COO)_2$ でも

$:\overset{H}{\underset{H}{N}}-CH_2-\overset{O}{\overset{\|}{C}}-O:$ の 2 対の非共有電子対

と，それぞれ Cu^{2+} が配位結合して錯体をつくっている．このように一つの配位子が金属イオンと 2 か所以上で配位結合してできた錯体を，**キレート**という*（金属を含む環は，五員環または六員環が普通で，特に五員環が安定である）．

キレート chelate
* ギリシャ語で chele はカニのハサミを意味する．

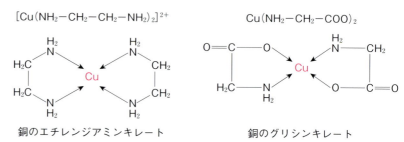

銅のエチレンジアミンキレート　　銅のグリシンキレート

$[Cu(NH_3)_4]^{2+}$ における NH_3 のように，一つの分子（またはイオン）に配位できる原子が一つしかない配位子を単座配位子といい，エチレンジアミンやグリシンのように一つの分子中に配位できる原子を 2 個もっている配位子を二座配位子といい，一つの分子中に配位できる原子を 3 個，4 個…もっている配位子を三座配位子，四座配位子…という．

〔例〕三座配位子：ジエチレントリアミン $H_2N-CH_2-CH_2-NH-CH_2-CH_2-NH_2$，イミノジ酢酸 $HN(CH_2COOH)_2$．

四座配位子：トリエチレンテトラミン $H_2N-CH_2-CH_2-NH-CH_2-CH_2-NH-CH_2-CH_2-NH_2$，ニトリロ三酢酸 $N(CH_2COOH)_3$．

六座配位子：エチレンジアミン四酢酸（EDTA）

EDTA
ethylendiamine-tetraacetic acid

$$\begin{matrix} HOOCCH_2 \\ HOOCCH_2 \end{matrix}\!\!>\!\!N-CH_2-CH_2-N\!\!<\!\!\begin{matrix} CH_2COOH \\ CH_2COOH \end{matrix}$$

EDTA はエチレンジアミンの 2 個のアミノ基の H を全部酢酸で置換した化合物で，2 個の N 原子と 4 個の H^+ のとれたカルボキシ(ル) 基（148 ページ）で配位結合できる．一方，金属イオンの配位数は 6 のものが多いため，このような金属イオンと EDTA は 1：1 のモル比で結合し，安定な水溶性のキレートをつくる．この性質を利用して，EDTA 溶液を用いて金属イオンを滴定することができる．これを**キレート滴定**という．

またキレートは，動物や植物において重要な働きをしている．たとえば血色素のヘモグロビンを構成している**ヘム**は鉄のキレートであり，植物の緑葉の緑色色素で，光合成の中心をなす**クロロフィル**は，ヘムと同じような構造をもったマグネシウムのキレートである．また，悪性貧血の治療に有効なビタミン B_{12} は，ヘムやクロロフィルによく似た構造をもったコバ

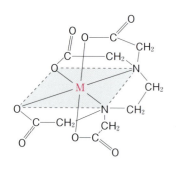

金属 M の EDTA キレート
M：金属イオン

キレート滴定
　chelatometric titration

ヘム　haem, heme
クロロフィル　chlorophyll

ルトのキレートである．

5-7 金属イオンの定性分析

1. 金属イオンの分属

古典的な金属イオンの分離・分属法について説明しよう．現在，分析化学ではいわゆる機器分析が発展しており，金属イオンを分離しなくても，定性はもちろん定量も可能である．ここに述べる定性分析法は，分析の実用性というより，無機化学反応を系統的に学ぶのに役立つ．いま Ag^+, Pb^{2+}, Hg_2^{2+}, Cu^{2+}, Hg^{2+}, Cd^{2+}, Pb^{2+}, Sn^{2+}, Sn^{4+}, Sb^{3+}, Bi^{3+}, Fe^{3+}, Al^{3+}, Cr^{3+}, Co^{2+}, Ni^{2+}, Mn^{2+}, Ca^{2+}, Sr^{2+}, Ba^{2+}, Na^+, K^+, Mg^{2+}, NH_4^+ の混合硝酸塩水溶液があって，これから各陽イオンを分属する方法を述べる．

a. この溶液に希塩酸を加えると，次のイオンが塩化物として沈殿する．（第1属）*

$$Ag^+ + Cl^- \longrightarrow AgCl\downarrow（白色），\quad Pb^{2+} + 2Cl^- \longrightarrow PbCl_2\downarrow（白色）$$
$$Hg_2^{2+} + 2Cl^- \longrightarrow Hg_2Cl_2\downarrow（白色）$$

b. 塩酸で微酸性になっている溶液に H_2S ガスを通じると次のイオンの硫化物が沈殿する．（第2属）

$$Pb^{2+} + S^{2-} \longrightarrow PbS\downarrow（黒色），\quad Cu^{2+} + S^{2-} \longrightarrow CuS\downarrow（黒色）$$
$$Cd^{2+} + S^{2-} \longrightarrow CdS\downarrow（黄色）$$

この他，硫化物の溶解度積の小さい SnS（褐色），SnS_2（黄色），Sb_2S_3（橙色），HgS, Bi_2S_3（いずれも黒色）が沈殿する．沈殿に多硫化アンモニウムを加え，SnS_3^{2-}, SbS_4^{3-} などとして溶かす．これらは乙類と称し，溶けないものは甲類という．

c. 第2属沈殿からのろ液（沪液）を煮沸して H_2S を除く．はじめ Fe^{3+} であったものが H_2S で還元され Fe^{2+} になっているので，濃硝酸数滴を加えて加熱し Fe^{3+} とする．この溶液に $NH_4Cl + NH_3$ 緩衝液を加え塩基性としたのち煮沸，水酸化物を沈殿させる．（第3属）

$$Al^{3+} + 3OH^- \longrightarrow Al(OH)_3\downarrow（白色），$$
$$Fe^{3+} + 3OH^- \longrightarrow Fe(OH)_3\downarrow（赤褐色），$$
$$Cr^{3+} + 3OH^- \longrightarrow Cr(OH)_3\downarrow（緑青色）$$

d. 第3属のろ液（NH_3 塩基性）に H_2S を通じ，第2属のイオンに比べて溶解度積の大きな硫化物を沈殿させる．塩基性で $H_2S \rightleftarrows 2H^+ + S^{2-}$ の平衡が右に移動し，S^{2-} の濃度が増し，沈殿ができる．（第4属）

$$Zn^{2+} + S^{2-} \longrightarrow ZnS\downarrow（白色），\quad Co^{2+} + S^{2-} \longrightarrow CoS\downarrow（黒色）$$
$$Ni^{2+} + S^{2-} \longrightarrow NiS\downarrow（黒色），\quad Mn^{2+} + S^{2-} \longrightarrow MnS\downarrow（淡紅色）$$

e. 第4属からのろ液を酢酸酸性とし，加熱して H_2S を除き，NH_3 で塩基性とし，$(NH_4)_2CO_3$ 水溶液を加えて炭酸塩を沈殿させる．（第5属）

$$Ca^{2+} + CO_3^{2-} \longrightarrow CaCO_3\downarrow（白色），\quad Sr^{2+} + CO_3^{2-} \longrightarrow SrCO_3\downarrow（白色）$$

* 属と族

無機イオンの定性分析では，イオンを第1属から第6属に分類する．この「属」は，周期表の「族」とは一致しないので，混同を避けるため異なる漢字を用いている（121ページも参照）．

$$Ba^{2+} + CO_3^{2-} \longrightarrow BaCO_3\downarrow（白色）$$

f. 第5属のろ液の一部を取り，NaHPO$_4$ 水溶液と NH$_3$ 水を加える．

$$Mg^{2+} + NH_3 + HPO_4^{2-} \longrightarrow MgNH_4PO_4\downarrow（白色）$$

第5属のろ液の一部について，酢酸酸性からヘキサニトロコバルト(III)酸ナトリウム Na$_3$[Co(ONO)$_6$] を加えて温めて放置する．

$$2K^+ + Na_3[Co(ONO)_6] \longrightarrow K_2Na[Co(ONO)_6]\downarrow（黄色）+ 2Na^+$$

別のろ液の一部について，KOH で塩基性とし，ヘキサヒドロキシドアンチモン(V)酸カリウム K[Sb(OH)$_6$] 水溶液を加える．

$$Na^+ + K[Sb(OH)_6] \longrightarrow Na[Sb(OH)_6]\downarrow（白色）+ K^+$$

Na$^+$，K$^+$ の炎色反応は極めて鋭敏な反応であり，不純物からでも検出されるので，これだけで Na$^+$，K$^+$ を検出したとするのは危険である．

NH$_4^+$ の検出については，最初の試料の少量に NaOH 水溶液を加えて塩基性として温めて，NH$_3$ の臭いで検出する．（第6属）

2. 金属イオンの分離・確認

上記のように分属した金属イオンを個々に分離して確認する．いくつかの例を示す．

a. 第1属については次のように操作する．

PbCl$_2$ の溶解度はかなり大きいので温湯を注いで溶かすことができる．また，Pb^{2+} の一部は第2属にまわる．他の沈殿を分けたろ液に K$_2$CrO$_4$ 水溶液を加えると，PbCrO$_4$（黄色）が沈殿する．AgCl, Hg$_2$Cl$_2$ の沈殿に NH$_3$ 水を加える．沈殿が Hg + NH$_2$HgCl$_2$ の黒色になる．[Ag(NH$_3$)$_2$]$^+$ イオンが溶け出すが，硝酸で酸性にすると AgCl が沈殿し，これは光に感光し，黒変する．

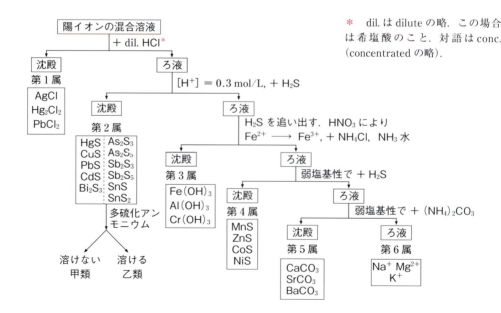

* dil. は dilute の略．この場合は希塩酸のこと．対語は conc.（concentrated の略）．

b. 第2属沈殿（甲類）に希硝酸を加えて煮沸すると HgS が残る．ろ別し，これを**王水***で溶かし，最終的には $SnCl_2$ 水溶液で還元し，$Hg + Hg_2Cl_2$ の生成による灰黒色となれば Hg の確認．ろ液を硫酸で処理し，$PbSO_4$（白色）を沈殿．CH_3COONH_4 の熱溶液で沈殿を溶かし，酢酸酸性から K_2CrO_4 を加えると $PbCrO_4$ の黄沈を生じる．ろ液について Bi^{3+} は NH_3 水で $Bi(OH)_3$ を沈殿させ，Na_2SnO_2 で還元し金属 Bi（黒色）として確認．NH_3 水の添加で Cu^{2+} は $[Cu(NH_3)_4]^{2+}$ の濃青色を呈する．最終的には $Cu_2[Fe(CN)_6]$ の赤褐色沈殿をつくって確かめる．Cd^{2+} は最終的には CdS の黄沈で確認する．（乙類の分析法についてはここでは省略する．）

c. 第3属の $Al(OH)_3$，$Fe(OH)_3$，$Cr(OH)_3$ の沈殿は，塩酸で溶かし，次に NaOH 水溶液で塩基性とすると，Al は AlO_2^- となって溶ける．いったん酸性とし，NH_3 水で中和して，$Al(OH)_3$ の寒天状白沈で確認する．$Fe(OH)_3$，$Cr(OH)_3$ の沈殿は，NaOH 水溶液と Br_2 水で処理し，Cr^{3+} を CrO_4^{2-} に酸化する．これは $PbCrO_4$ の黄沈として確認．$Fe(OH)_3$ は塩酸に溶かした後，KSCN で赤血色溶液，$K_4[Fe(CN)_6]$ で紺青色沈殿として確認する．

d. 第4属の NiS，CoS，MnS，ZnS を希塩酸で処理し，Mn^{2+}，Zn^{2+} とする．この溶液に NaOH 水溶液を過剰に加えて Zn^{2+} を ZnO_2^{2-} とし，酢酸微酸性から H_2S で ZnS の白沈を生じさせる．Mn^{2+} は $Mn(OH)_2$ を沈殿するので，一部を硝酸に溶かし，PbO_2 とともに加熱すると MnO_4^- の赤紫色を生じる．

NiS，CoS は塩酸と加熱し，$KClO_3$ で硫化物を分解する．最終的には Ni は NH_3 塩基性からジメチルグリオキシム $(CH_3CNOH)_2$ で赤沈させる．CoS は塩酸酸性にしたときに黄色または黄褐色を呈する．

e. 第5属の炭酸塩は酢酸で溶かし，Ba^{2+} は K_2CrO_4 を用いて $BaCrO_4$ の黄沈として確認．Ca^{2+} は最終的にはシュウ酸カルシウムの沈殿で確認する．Sr^{2+} は $SrSO_4$ の沈殿や炎色反応などで確かめる．

3. 周期表の族と定性分析の属

上に述べた陽イオンの分属と周期表における金属の位置とは必ずしも合致しない．ここで**硬軟酸塩基（HSAB）**の考えを紹介しておく．ルイスによれば，「酸は電子対の**受容体**であり，塩基は電子対の**供与体**である」．

定性分析で金属イオンはルイス酸，陰イオンはルイス塩基に相当する．ところで Ag^+ は AgCl の沈殿を生じるが AgF は沈殿しない．逆に Ca^{2+} は CaF_2 を沈殿するが，$CaCl_2$ は沈殿しない．Ag^+ はハロゲンとの親和性が $F < Cl < Br < I$ であるのに対し，Ca^{2+} は $F > Cl > Br > I$ となる．酸素と硫黄に関しても，親和性は Ag^+ は $O < S$ であるのに対し，Ca^{2+} は $O > S$ となる．他の元素についてもこの2つの傾向が見られる．

アメリカのピアソンは，酸の硬さと軟らかさという考えを示した．N，

王水　aqua regia
*　濃硝酸と濃塩酸を体積比1：3で混合した溶液．金属の王である金や白金も溶かすので，この名がある．

硬軟酸塩基
　hard and soft acids and bases
ルイス　G. N. Lewis
受容体　acceptor
供与体　donor

ピアソン　R. G. Pearson, 米

〈各種元素への親和性〉

硬い酸

N ≫ P > As > Sb
O ≫ S > Se > Te
F > Cl > Br > I

軟らかい酸

N ≪ P > As > Sb
O ≪ S ～ Se ～ Te
F < Cl < Br < I

O, F などと強く結合するものが硬い酸，S, P, I などと強く結合するものが軟らかい酸である．Ag^+ は軟らかい酸，Ca^{2+} は硬い酸である．一般に，左のようになる．硬い塩基は硬い酸と安定な化合物をつくり，軟らかい塩基は軟らかい酸と安定な化合物をつくる．$Na^+, Ca^{2+}, Al^{3+}, Fe^{3+}$ などは硬い酸であり，$Cu^{2+}, Ag^+, Cd^{2+}, Hg^{2+}$ などは軟らかい酸の仲間である．

一般に，硬い酸は体積が小さく，高い正電荷を持ち，硬い塩基は分極しにくく，電気陰性度が大きい．軟らかい酸・塩基はこの逆である．硬い酸・塩基はイオン結合性の化合物をつくりやすく，軟らかい酸・塩基は共有結合性の化合物をつくりやすい．HSAB は金属イオンの定性分析だけでなく，有機化学的な反応にも応用される場合があり，化学反応を理解するための一つの考え方である．

4. 金属イオンの検出

おもな金属イオンの検出反応は下の表のとおりである．

イオン（水溶液中の色）	検 出 反 応
Na^+	炎色反応：黄色
K^+	炎色反応：赤紫色
NH_4^+	ネスラー試薬によって黄～褐色沈殿
Mg^{2+}	NaOH 溶液によって白色沈殿（$Mg(OH)_2$）
Ca^{2+}	CO_3^{2-} によって白色沈殿（$CaCO_3$）．この沈殿は塩酸によって CO_2 を発生して溶ける．炎色反応：赤橙色
Ba^{2+}	SO_4^{2-} によって白色沈殿（$BaSO_4$）．炎色反応：淡緑色
Al^{3+}	両性金属イオンとしての性質
Sn^{2+}	両性金属イオンとしての性質．塩化水銀（II）溶液によって灰黒色の沈殿（$HgCl_2$ と Hg）
Pb^{2+}	CrO_4^{2-} によって黄色の沈殿（$PbCrO_4$）．S^{2-} によって黒色沈殿（PbS）
Cu^{2+}（青）	過剰のアンモニア水によって深青色溶液（$[Cu(NH_3)_4]^{2+}$）．S^{2-} によって黒色沈殿（CuS）
Ag^+	Cl^- によって白色沈殿（AgCl）．この沈殿はアンモニア水に溶け，また感光性あり．CrO_4^{2-} によって赤褐色沈殿（Ag_2CrO_4）
Zn^{2+}	両性金属イオンとしての性質．やや塩基性から S^{2-} によって白色沈殿（ZnS）
Cd^{2+}	S^{2-} によって黄色沈殿（CdS）
Hg^{2+}	S^{2-} によって黒色沈殿（HgS）
Fe^{2+}（淡緑）	$[Fe(CN)_6]^{3-}$ によって濃青色沈殿
Fe^{3+}（黄褐）	$[Fe(CN)_6]^{4-}$ によって濃青色沈殿
Ni^{2+}（緑）	アンモニア水によって淡緑色沈殿（$Ni(OH)_2$）．過剰のアンモニア水によって淡紫色溶液（$[Ni(NH_3)_6]^{2+}$）
Mn^{2+}（淡紅）	塩基性で，S^{2-} によって淡紅色沈殿（MnS）
Cr^{3+}（青または紫）	両性金属イオンとしての性質

演習問題

1. 次の (1) ～ (4) の各周期の元素の原子番号が増すにつれて，一般にどの軌道の電子が増加していくか．（ア）～（ク）より選べ．
   (1) 第1周期　(2) 第2周期　(3) 第5周期　(4) 第6周期
   （ア）s　（イ）p　（ウ）s→p　（エ）s→p→d　（オ）s→d→p
   （カ）s→p→d→f　（キ）s→d→f→p　（ク）s→f→d→p

2. At はハロゲンの中で原子番号が最も大きい元素である．また，安定同位体をもたない放射性元素である．他のハロゲンから，以下の At の性質を推定せよ．
   (1) 常温で固体，液体，気体のいずれか．　(2) 蒸気の分子式　(3) ナトリウム塩の化学式
   (4) ナトリウム塩の水溶液に塩素を作用させるとどうなるか．

3. CO_2, SO_2, NO, SiO_2, P_2O_5 のうち，(1) 酸性酸化物としての性質を示さないものはどれか．(2) 巨大分子となっているものはどれか．

4. 次の a～e の文章のうち，化学的に誤っているのはどれか．
   a. 硝酸銀溶液にみがいた銅板を浸すと銅板が銀メッキされる．
   b. 硫酸銅溶液に塩酸で洗ったくぎを浸すと，くぎが赤銅色を呈する．
   c. 硫酸亜鉛溶液に鉛板を浸すと，亜鉛が鉛板上に樹枝状に析出する．
   d. 水銀にナトリウムを溶かして水中に入れると水素が発生する．
   e. 塩化水銀(II) の水溶液をアルミニウム板の上に2～3滴落とすと，しばらくしてその部分が冒される．

5. 次の金属の冶金として，溶融塩電解によるものはどれか．

   Au, Cu, Zn, Fe, Na, Sn

6. 次の a～c の変化のうち，酸化還元反応でないものはどれか．
   a. 硫酸酸性過マンガン酸カリウム溶液にシュウ酸を加えたら，溶液の赤紫色が消えた．
   b. 二クロム酸カリウム溶液に塩化スズ(II) の溶液を加えたら，溶液は緑色に変わった．
   c. クロム酸カリウム溶液に塩酸を加えたら，溶液は黄色から赤橙色に変わった．

7. $Cr(H_2O)_6Cl_3$（淡緑色結晶）の錯体がある．この錯体 1 mol を水に溶かし，過剰の硝酸銀を加えると，2 mol の塩化銀を生じる．
   (1) この錯体の Cr の酸化数はいくらか．
   (2) この錯体を水に溶かした場合に生じる錯イオンのイオン式を書け．ただし，Cr の配位数は6である．

8. Co^{2+} を含む水溶液 10.0 mL を 0.020 mol/L の EDTA で滴定したところ，6.0 mL を要した．この溶液 100 mL の中には Co^{2+} は何 g 含まれるか．原子量は Co = 59.0．

9. 次の金属イオンを含む水溶液について，下記の問いに答えよ．

   Fe^{3+}, Cu^{2+}, Mg^{2+}, Zn^{2+}, Na^+, Ag^+, Pb^{2+}

   (1) 塩酸（少量）を加えても硫酸を加えても沈殿するイオンはどれか．
   (2) 水酸化ナトリウム溶液を加えていっても，アンモニア水を加えていっても，いったん沈殿し，過剰に加えるとその沈殿が溶けるイオンはどれか．

10. Cu^{2+}, Pb^{2+}, Fe^{3+}, Al^{3+}, Zn^{2+} を含む混合水溶液を，次ページの図のような操作によって各金属イオンを分離した．A～E の化学式を示せ．

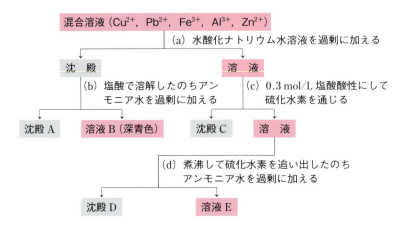

11. 次の (a) ～ (l) の気体の中から，(1) ～ (7) の答をそれぞれ1つ選べ．
    (a) 水素 (b) ヘリウム (c) フッ化水素 (d) 塩化水素 (e) 硫化水素 (f) 一酸化炭素
    (g) 二酸化炭素 (h) 窒素 (i) アンモニア (j) 二酸化窒素 (k) 酸素 (l) 塩素
    (1) 黄緑色の気体で，その水溶液が酸化作用を示す．
    (2) 無色，無臭で，毒性が強く，還元作用がある．
    (3) 無色，刺激臭で，ガラスに対して腐食作用がある．
    (4) 無色，刺激臭で，その水溶液が強酸性を示す．
    (5) 無色，特異臭で，毒性が強く，重金属イオンを含む水溶液に通じると沈殿を生じる．
    (6) 褐色，刺激臭で，その水溶液が強酸性を示す．
    (7) 無色，無臭で，この物質の固体は昇華しやすく，その水溶液が弱酸性を示す．

12. 炭素とケイ素は，周期表で同じ族の元素である．下記の問いに答えよ．原子量 H = 1，C = 12，Si = 28．
    (1) ケイ素原子のM殻（最外殻）の電子数はいくつか．
    (2) 炭素とケイ素は，同じ型の構造の水素化合物をつくる．メタンに対応するケイ素の水素化合物をモノシランといい，ともに常温・常圧で気体である．1gのメタンと同温，同圧で同体積のモノシランの重さは何gか．
    (3) 下の問いに答えよ．ただしnは充分大きい数である．
    a. 最も簡単なケイ酸塩は $[SiO_4]^{x-}$ というケイ酸イオンを含む．このイオンでは正四面体の中心にケイ素原子があり，各頂点に酸素原子がある．xを求めよ．
    b. $[SiO_4]^{x-}$ が1個の酸素原子を，次の $[SiO_4]^{x-}$ と共有する形で，図のように −Si−O−Si− と結合した鎖状の重合陰イオン $[(SiO_y)_n]^{nz-}$ がある．yとzを求めよ．

    $$\diagdown O \diagdown \underset{O}{\overset{O}{Si}} \diagdown O \diagdown \underset{O}{\overset{O}{Si}} \diagdown O \diagdown \underset{O}{\overset{O}{Si}} \diagdown O \diagdown$$

    c. $[SiO_4]^{x-}$ が，そのすべての酸素原子をまわりの $[SiO_4]^{x-}$ と共有し，三次元的に結合すると，$[(SiO_u)_n]^{nw-}$ となる．uとwを求めよ．
    (4) 最も簡単なケイ素と酸素の化合物は石英（二酸化ケイ素）である．二酸化ケイ素とフッ化水素との反応を化学反応式で示せ．

13. 3種の気体 A, B, C がある．いずれも水に溶け，それらの水溶液はそれぞれ酸性，酸性，塩基性を示す．BとCを混合すると白煙を生ずる．Bを希硝酸に溶解させて硝酸銀水溶液を加えると，白色沈殿を生じ，これはC

の水溶液に溶ける．Aは硫化水素水溶液と反応して黄白色の沈殿を生じ，またAをクロム酸カリウム水溶液に通ずると溶液の色は緑色に変わる．

A, B, Cはそれぞれ何であると考えられるか．次の (a) ～ (f) の中から選べ．

(a) CO_2　　(b) CO　　(c) NH_3　　(d) NO_2　　(e) HCl　　(f) SO_2

14. 周期表4族のジルコニウム（40番元素）とハフニウム（72番元素）は，その化学的性質が酷似している．この両者を定量的に分離するのは容易ではない．天然にも共に存在することが多い．このような化学的性質の類似の理由を考えよ．

15. 次の塩のうち，その水溶液にアンモニア水または水酸化ナトリウム水溶液を加えていくと，いずれの場合も，まず沈殿を生じるが，さらに多量に加えると，沈殿が溶けるものはどれか．

硝酸銀　　硝酸アルミニウム　　硝酸銅　　塩化鉄(III)　　硫酸亜鉛

16. 次の錯イオンの化学式を書け．
    (a) ジシアニド銀(I)酸イオン
    (b) テトラアンミン亜鉛(II)イオン
    (c) テトラヒドロキシド亜鉛(II)酸イオン
    (d) テトラアクア銅(II)イオン
    (e) ヘキサシアニド鉄(III)酸イオン
    (f) ヘキサアンミンコバルト(II)イオン
    (g) ヘキサアクアコバルト(II)イオン
    (h) ヘキサアンミンニッケル(II)イオン
    (i) テトラアンミンジクロリドコバルト(III)イオン

17. A欄の3種類の金属イオンを含む各水溶液について，下線をつけたイオンだけを沈殿させるには，B欄にあげたどの試薬（水溶液）を用いるのが最も適当か．また，生じる沈殿の化学式も示せ．

    [A]　(1) $\underline{Ba^{2+}}$, Al^{3+}, Zn^{2+}　　(2) $\underline{Al^{3+}}$, Cu^{2+}, Ag^+　　(3) $\underline{Ag^+}$, Cu^{2+}, Al^{3+}
    　　　(4) $\underline{Fe^{3+}}$, Al^{3+}, Zn^{2+}　　(5) $\underline{Cu^{2+}}$, Fe^{3+}, Zn^{2+}（弱酸性水溶液）

    [B]　a. HCl　　b. H_2SO_4　　c. H_2S　　d. NH_3　　e. $NaOH$

18. 家庭用のアルミ箔は高純度のアルミニウムである．希塩酸中にアルミ箔を入れ，ガラス棒で撹拌しても反応は遅いが，白金線でかき回すと，盛んに気泡を発して溶ける．この現象を説明せよ．

19. 周期表12族（Zn, Cd, Hgなど）は，日本では遷移元素に含めない．しかし，国によっては遷移元素として扱うこともある．どのような点が遷移元素に似ているか，また似ていないか考察せよ．

20. IUPAC命名法では，周期表2族の全てをアルカリ土類金属としている．日本では高校教科書などでベリリウムとマグネシウムをアルカリ土類金属から外している．これら2元素と他の2族元素との性質の違いを調べてみよ．

第6章　有機化学の基礎

有機化合物は生物との関係が深く，その種類は極めて多い．有機化合物の種類の多いことの理由は，炭素原子が共有結合によって長くつながり，しかもその結合が多様なためである．

● 6-1　有機化合物 ●

1. 有機化合物と無機化合物

有機化合物　organic compound

炭素を主成分とし，水素・酸素などを含む化合物を一般に**有機化合物**という．有機化合物には，これらの3元素の他に窒素・硫黄・リンなどの元素も含まれることがある．有機化合物以外の化合物を総称して**無機化合物**という．

無機化合物　inorganic compound

有機体　organism

有機化合物という言葉は，動・植物体，すなわち**有機体**の生活活動によってつくられる化合物という意味からきている．それに対して鉱物から得られる物質は，無機化合物と名づけられた．古くは，有機化合物は生物体のみがつくり得るものであり，実験室ではつくり得ないものとして無機化合物と区別されていた．ところが1828年，ウェーラーは，それまで生物体によってのみつくられると考えられてきた尿素 $CO(NH_2)_2$ を，シアン酸アンモニウム NH_4OCN と硫酸アンモニウム $(NH_4)_2SO_4$ の混合水溶液を加熱することによりつくり出した*．その後，実験室で多くの有機化合物が合成されるようになり，従来の有機化合物の定義はあてはまらなくなってきた．その結果，有機化合物は炭素を主成分とする化合物という意味で，炭素化合物と同義に用いられるようになった．

ウェーラー　F. Wöhler, 独

* シアン酸アンモニウムから尿素が得られる化学反応式は
$NH_4OCN \longrightarrow H_2N-CO-NH_2$
なお，硫酸アンモニウムは触媒として作用する．

有機化合物はその成分元素の数は少ないが，化合物の種類は，無機化合物に比べてはるかに多い．

CO_2，$CaCO_3$，HCN などは炭素化合物であるが，習慣として無機化合物として扱う．

有機化合物と無機化合物は，その性質に**表 6-1** のような一般的な違いがある．

2. 有機化合物の分類

炭素化合物は，炭素－炭素間の結合が骨格となっているから，分子内の炭素原子間の結合様式によって分類される．

炭素－炭素間の結合による骨格様式としては，鎖式と環式（または鎖状と環状）に大別される．鎖式とは，炭素原子が「鎖」のように直線状に結合する形式であり，環式とは，炭素原子の連鎖が「環」のように結合する

表 6-1 有機化合物と無機化合物の性質の違い

	有機化合物	無機化合物
融　　点	低いものが多い．300℃以下	高いものも低いものもある
熱安定性	不安定で分解しやすいものが多い	安定なものが多い
	可燃性のものが多い	不燃性のものが多い
水 溶 性	水に溶けにくく，有機溶媒に溶けやすいものが多い	水に溶けやすいものが比較的多い
電　　離	非電解質が多い	電解質が多い
比　　重	1より小さいものが多い	1より大きいものが多い
反応速度	一般に遅い	一般に速い
結　　合	ほとんどが共有結合	イオン結合のものも共有結合のものもある

形式である．そしてそれぞれ**鎖式化合物**，**環式化合物**という．

また炭素－炭素間の結合には，**飽和結合**と**不飽和結合**がある．飽和結合とは，炭素原子間の結合が1対の電子対によるもので炭素－炭素間の単結合であり，不飽和結合とは，炭素原子間の結合が2対あるいは3対の電子対による二重結合，三重結合をいう．そこで有機化合物は，次のように分類される．

鎖式化合物　chain compound
環式化合物　cyclic compound
飽和結合　saturated bond
不飽和結合　unsaturated bond

有機化合物 { 鎖式化合物 { 鎖式飽和化合物　（脂肪族化合物）
　　　　　　　　　　　 鎖式不飽和化合物
　　　　　　 環式化合物 { 環式飽和化合物　（脂環式化合物*）
　　　　　　　　　　　 環式不飽和化合物（芳香族化合物）

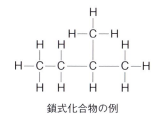

鎖式化合物の例

分子内に固有な基，すなわち官能基（135 ページ）をもつ有機化合物では，官能基によって分類することができる．

〔例〕　COOH 基をもつ化合物…カルボン酸

3. 有機化合物中の原子の結合

有機化合物中の原子間の結合を，次のように簡単な有機化合物について考えてみよう．

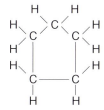

環式化合物の例

(1) メタン CH_4　メタンは有機化合物中最も簡単な構造をもつもので，CH_4 中の四つの H 原子は全く等価であり，H－C－H の結合角は 109.5°と実測されている．すなわち**図 6-1** のような正四面体の中心に C 原子があり，各頂点に H 原子が位置するような構造をもっている．このようにメタン分子の構造は，炭素原子の sp^3 混成軌道に，4個の H 原子の 1s 軌道が重なりあって結合したものである．

* **脂環式化合物**とは，環式の化合物のうち，芳香族化合物ではないものを意味するが，一般には環式の脂肪族化合物を指す．

(2) エタン C_2H_6　エタンは，炭素－炭素間が単結合となっている．これは二つの炭素原子の sp^3 混成軌道が互いに向かいあって直線上で重なり合い，互いに不対電子を共有し合って結合している（**図 6-2**）．このように，結合軸に対して対称となっているような結合が **σ 結合**（31 ページ）である．σ結合は結合力が強く，またこの結合を軸として回転できる．

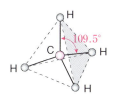

図 6-1　メタンの構造

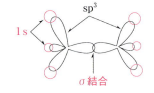

図6-2 エタンの構造

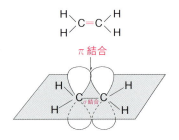

図6-3 エチレンの構造

ケクレ　F.Kekulé, 独

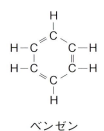

ベンゼン

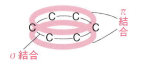

図6-4 ベンゼンの結合

(3) エチレン C_2H_4　エチレンは炭素-炭素間に二重結合をもっているが，また分子の形が平面構造であることも知られている．このことは，二重結合や炭素-水素間の単結合が一つの平面上にあることを意味する．これは，エチレンにおける炭素原子は，2s軌道と二つの2p軌道とが混成して一つの平面上に等価な三つの軌道，つまりsp^2混成軌道をつくると考えられる．残った2p軌道は，sp^2混成軌道の面に垂直にひろがっている．そして二重結合では炭素原子のsp^2混成軌道の一つが互いに向かいあって直線上で重なり合いσ結合となり，残った二つの炭素原子の2p軌道は，両側面で互いに平行に並んで重なり合って結合していると考えられる（図6-3）．この2p軌道の結合が**π結合**（パイ）（31ページ）である．π結合の結合力はσ結合より弱く，また二重結合は一つのσ結合と一つのπ結合からなるため，炭素原子はこの結合を軸として回転できない．

(4) アセチレン C_2H_2　アセチレンは炭素-炭素間に三重結合をもつ直線状の構造となっている．これは，炭素原子の2s軌道と1個の2p軌道が混成してsp混成軌道をつくり，二つの炭素原子のsp混成軌道が重なってσ結合となり，残ったそれぞれの二つの2p軌道が互いに重なって2組のπ結合となって三重結合を形成している．

(5) ベンゼン C_6H_6　ベンゼン環の構造については，1865年，ケクレが左の図のように六角形の炭素環に二重結合が一つおきにある構造を提案した．しかしベンゼンの種々の性質を調べると，単結合の部分と二重結合の部分の区別がないことがわかり，また，エチレンなどの二重結合のようには，反応性に富んでいないこともわかった．このようなことから，ベンゼン環は次のような結合になっていると考えられる．

ベンゼン環の炭素原子はsp^2混成軌道（互いに120°をなす）を形成していて，sp^2混成軌道の3個の軌道のうち，二つは隣りあう炭素原子のsp^2混成軌道とσ結合で結びつき，他の一つは水素原子と結合している．炭素原子の混成に関与しなかった一つのp軌道は，ベンゼン環の面に対して垂直に上下にひろがっていて，これが隣り合う炭素原子のp軌道と互いにπ結合で結びついている．すなわち，ベンゼン環のπ電子は，6個の炭素原子に平均してひろがっている（図6-4）．このことを，非局在化しているという．なお非局在化している電子は，鎖式炭化水素の二重結合のように局在化している電子より安定である．

σ結合にあずかる電子をσ電子，π結合にあずかる電子をπ電子という．

6-2　有機化合物の化学式

1. 元素分析

動物体や植物体から抽出した有機化合物や合成した有機化合物は，一般に混合物であり，再結晶，昇華，蒸留，吸着剤を用いる不純物の除去の

他，クロマトグラフィーなどによって精製して純粋な化合物とする．

ガスクロマトグラフィー 最近の元素分析は，移動相としてガスを使用するガスクロマトグラフィーがよく使用される．分析では，ガスボンベからガスを一定速度で，カラムとその前後の熱伝導度セルに流し，注入口から試料を注入する．このとき試料成分は，充塡剤との吸着性の差によって順次分離して溶出する．

　純粋にした有機化合物について**元素分析**を行う．近年，質量分析法，NMR*，X線回折法などの進歩で，有機化合物の分析が容易になったが，歴史的な分析法は化学的性質を理解するのに貴重であり，以下に示す．

(1) 炭素および水素の定量 有機化合物を酸素中で酸化剤とともに高温で加熱すると燃焼して，炭素および水素は，それぞれ CO_2, H_2O となる．これを適当な方法で捕集し，それぞれの質量を測定すると，炭素と水素の質量が計算で求められ，化合物中の質量百分率が得られる．いま，ある有機化合物 w mg を完全に燃焼して CO_2 a mg, H_2O b mg を得たとする．原子量は $C = 12.01$, $O = 16.00$, $H = 1.01$ であるから，炭素，水素の質量 x mg, y mg, 質量百分率 x' %, y' % が求められる*．

炭素・水素の定量例 図6-5のような装置を用い，白金ボートには質量を測定した試料を入れ，水分吸収管には $CaCl_2$ あるいは $Mg(ClO_4)_2$（アンヒドロン），二酸化炭素吸収管には50 % KOH溶液あるいはソーダアスベストを入れて酸素を送りながら加熱すると，H_2O, CO_2 はそれぞれの吸収管に吸収される．それぞれの増量から H_2O, CO_2 の質量を求める．

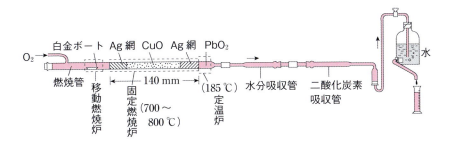

図6-5 炭化水素分析装置

(2) 窒素の定量 有機化合物中の窒素を定量するには，窒素を N_2 ガスとして定量する方法と，NH_3 ガスとして定量する方法がある．

a. ジュマ法 試料を酸化銅の粉とともに燃焼管の一部に入れ，管内の空気を二酸化炭素で置きかえ，燃焼管を熱して試料を CuO で酸化すると，試料中の N は N_2 ガスとなる．最後に二酸化炭素を水酸化カリウム溶液などで吸収させて，N_2 の温度・圧力・体積から N の質量を求め，N の質量百分率を求める．

b. ケルダール法 1883年ケルダールによって創案された．試料を濃硫

ガスクロマトグラフィー
　gas chromatography

元素分析　elemental analysis

* **NMR**（nuclear magnetic resonance）核磁気共鳴

*　分子量は $CO_2 = 44.01$, $H_2O = 18.02$ であるから
$$x = a \times \frac{12.01}{44.01} \text{ (mg)}$$
$$x' = \frac{x}{w} \times 100 \text{ (\%)}$$
$$y = b \times \frac{2.02}{18.02} \text{ (mg)}$$
$$y' = \frac{y}{w} \times 100 \text{ (\%)}$$

ジュマ　J. Dumas, 仏

ケルダール　J. Kjeldahl, デンマーク

酸および無水硫酸カリウムなどとともに加熱するとNはNH₃となり、さらに硫酸と反応して$(NH_4)_2SO_4$になる．冷却後強塩基を加えて蒸留し，再びNH_3を発生させて，これを酸で滴定して，NH_3の質量，さらにNの質量が求められ，Nの質量百分率が導かれる．

(3) 酸素の定量 直接定量するのではなく，他の含有元素の百分率の総和を求め，その残りを酸素の百分率とする．

(4) ハロゲンの定量 次のような二つの方法がある．

a. カリウス法 試料に濃硝酸および硝酸銀を加え，強熱すると，炭素はCO_2，水素はH_2O，ハロゲンはハロゲン化銀に変化する．この沈殿を集めて重量分析を行い，ハロゲンの百分率を求める．

カリウス G. Carius, 独

b. プレーグル法 試料を酸素気流中で燃焼させ，さらに白金触媒上を通して燃焼を完全にした後，酸性亜硫酸ナトリウムを含む炭酸ナトリウム溶液に燃焼ガスを吸収させてハロゲン化物イオンとする．これに硝酸銀溶液を加えて，ハロゲン化銀として沈殿させ，その質量から，ハロゲンの百分率を求める．

プレーグル F. Pregl, オーストリア

(5) 硫黄の定量 試料を酸素中で燃焼させ，燃焼ガスを過酸化水素水に吸収させると，亜硫酸は過酸化水素に酸化され硫酸になる*から，硫酸バリウムとして沈殿させて**定量する．

* $SO_2 + H_2O_2 \longrightarrow H_2SO_4$
** $SO_4^{2-} + Ba^{2+} \longrightarrow BaSO_4\downarrow$

2. 化学式の決定

上記の元素分析の結果を利用し，まず実験式を導き，次に分子量の実測値と実験式とから分子式を導き，さらに種々の性質などから構造式を決定する．

(1) 実験式の決定 元素分析によって得られた試料中の各成分元素の百分率をそれぞれの原子量で除すると，原子数の割合が得られる．これを最も簡単な整数比に換算して表した化学式，すなわち1分子中に含まれる各元素の原子数の割合を示す式が**実験式**である．

実験式 empirical formula

〔**実験式決定の例**〕ある有機化合物を元素分析したところ，炭素が40.0 %，水素が6.7 %，酸素が53.3 %であったとすると，原子量$C=12.0$，$H=1.0$，$O=16.0$であるから，原子数比は次のようになる．

$$C : H : O$$
$$= \frac{40.0}{12.0} : \frac{6.7}{1.0} : \frac{53.3}{16.0}$$
$$= 3.33 : 6.7 : 3.33$$
$$\fallingdotseq 1 : 2 : 1$$

よって，実験式はCH_2Oとなる．

(2) 分子式の決定 実験式は，分子中の原子数を最も簡単な整数比で表したものである．したがって，分子式は実験式のn（整数）倍となり，同時に分子量も実験式量のn倍となる．そこで，実験式が導かれ，別にその試料の分子量が実測されるとnが求められ，分子式が決定される．

分子量の測定法 分子量は，次のような方法で測定できる．

(1) 試料を気体としたとき，その質量，温度，圧力，体積の測定値が与えられると，気体の状態方程式に代入することによって分子量が計算できる（53ページ）．

(2) 試料溶液における溶媒，溶質の質量と，沸点上昇度または凝固点降下度が与えられると，モル沸点上昇またはモル凝固点降下を用いて，分子量が計算できる（59ページ）．

〔**分子式決定の例**〕ある有機化合物の実験式がCH_2O（式量30）で，分子量が約60と実測されたとすると，
$$n \times (CH_2O) = 60$$
$$\therefore\ n = \frac{60}{30} = 2$$
分子式は$C_2H_4O_2$となる．

(3) 試料溶液の濃度と浸透圧が与えられると，浸透圧の公式に代入して，お

よその分子量が計算できる*（60 ページ）．

(4) 試料が酸の場合，塩基標準液によって中和滴定し，その酸としての量を求め，さらに酸の価数から分子量が求められる**．

(5) 試料が酸の場合，酸の銀塩とし，これを焼いて残留する銀または銀酸化物の質量を測定して酸の量を求め，さらに酸の価数から分子量が求められる．

(6) 分子量決定法として，現在最も用いられているものは質量分析法（5 ページ）である．質量分析法によれば，分子量だけではなく分子式も推定することができる．

(3) 構造式の決定 有機化合物の多くは，数多くの異性体が存在し，分子式が決定されただけでは，その構造式を決定することができない．構造式の決定は，種々の化学反応や物理化学的方法によらなければならない．

物理化学的方法による分子構造の決定法としては，可視・紫外吸収スペクトル，赤外吸収スペクトル，核磁気共鳴スペクトル，質量スペクトルなどの測定結果が活用されていて，古典的な化学的方法よりもむしろ重要な研究方法となっている．

* 浸透圧による分子量の測定は，デンプンなどのような非常に大きい分子量の場合に用いることが多い．

** 分子量 M の a 価の酸 w (g) を中和するのに，c (mol/L) の b 価の塩基水溶液 v (mL) を要したとすると，次の計算によって，分子量 M を求めることができる．

$$\frac{aw}{M} = \frac{bcv}{1000}$$
$$\therefore M = \frac{1000\,aw}{bcv}$$

6-3 異性体

1. 異性体

メタン CH_4 やエタン C_2H_6 は，その構造式をいろいろ考えてみても，それぞれ右のような 1 種しか書くことができない．

ところがブタン C_4H_{10} では，4 個の炭素原子の結合の仕方を考えてみると，一直線状に結合したもの (a) と，枝分かれした形のもの (b) の 2 通りが書ける．

事実，C_4H_{10} の分子式をもった，性質が異なる 2 種の物質が存在する．このように，**分子式が同じで構造式が異なる物質**を**異性体**という．

(a) の構造のものをブタン（沸点 -0.5 ℃），(b) の構造のものをイソブタンまたは 2-メチルプロパン（沸点 -12 ℃）という．

異性体には，上記のように，原子または原子団の結合状態の相違による異性体と，結合状態は同じであるが立体的な配置の異なる異性体がある．前者を**構造異性体**，後者を**立体異性体**という．

2. 構造異性体

構造異性体には次のような種類がある．

(1) 連鎖異性体 ブタン C_4H_{10} には，上記のように 2 種の異性体が存在するが，ペンタン C_5H_{12} では，次のような 3 種の構造式が可能であり，またこれに相当する化合物はいずれも実在する．

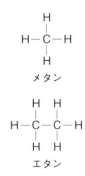

メタン

エタン

異性体　isomer

ブタンの異性体

構造異性体　structural isomer
立体異性体　stereo isomer

$$CH_3-CH_2-CH_2-CH_2-CH_3, \quad \begin{matrix}CH_3\\CH_3\end{matrix}\!\!>\!\!CH-CH_2-CH_3, \quad CH_3-\underset{CH_3}{\overset{CH_3}{\underset{|}{\overset{|}{C}}}}-CH_3$$

連鎖異性体　chain isomer
位置異性体　positional isomer

このC–C, $\mathrm{C}\!\!>\!\!\mathrm{C}$, $\mathrm{C}\!\!>\!\!\mathrm{C}\!\!<\!\!\mathrm{C}$ のCのような結合の相違による異性体を **連鎖異性体** という．

(2) 位置異性体　鎖式飽和炭化水素では連鎖異性体のみ存在するが，この水素を他の原子または原子団で置換した化合物では，この置換原子または原子団の位置の相違によって異性体を生じる．このような異性体を **位置異性体** という．たとえばプロピルアルコール C_3H_7OH には，次のような位置異性体が存在する．

$$CH_3-CH_2-CH_2-OH \qquad CH_3-\underset{OH}{\underset{|}{CH}}-CH_3$$

　　　1-プロパノール　　　　　2-プロパノール
　　　（プロピルアルコール）　（イソプロピルアルコール）

また，芳香族化合物ではベンゼン核上の原子団の結合位置の相違によって異性体を生じる．たとえばキシレン $C_6H_4(CH_3)_2$ には，左のような o（オルト），m（メタ），p（パラ）の3種の位置異性体が存在する．

アセト酢酸エチルは，遊離状態で次のような平衡を保っている．

$$CH_3-\underset{O}{\underset{\|}{C}}-CH_2-\underset{O}{\underset{\|}{C}}-O-C_2H_5 \rightleftharpoons CH_3-\underset{OH}{\underset{|}{C}}=CH-\underset{O}{\underset{\|}{C}}-O-C_2H_5$$

　　　　　　（ケト形）　　　　　　　　　（エノール形）

オルト　ortho-
メタ　metha-
パラ　para-

このように，原子または原子団の移動によって互いに移り変わる現象を，**互変異性** という．

互変異性　tautomerism

3. 立 体 異 性 体

立体異性体は，主に次のような2種に分類される．

(1) 鏡像異性体　乳酸は次のような構造式の化合物である．

$$H-\underset{OH}{\overset{CH_3}{\underset{|}{\overset{|}{C^*}}}}-COOH$$

この構造式中の中央にある炭素原子 C^* の四つの価標には，それぞれ異なる原子または原子団が結合している．このような炭素原子を **不斉炭素原子** という．このような不斉炭素原子1個をもつ化合物には，同一構造式で，普通の化学的性質は一致するが，ただ旋光方向のみが右旋と左旋と異なり，その旋光度の絶対値も互いに等しい異性体が2種ある．このような異性体を **鏡像異性体**（または **光学異性体**）という．

不斉炭素原子
　asymmetric carbon atom

鏡像異性体　enantiomer
光学異性体　optical isomer

不斉炭素原子をもつ化合物の溶液に偏光を通すと，偏光面を右または左

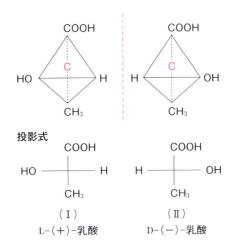

図 6-6 乳酸の立体構造

【参考】投影式 分子の立体構造を図示する構造式の一つで，その三次元構造を紙上に表したもの．

一般には，紙に分子の主鎖（最も長い炭素鎖）を平行にして置き，投影した状態を記載したもので，例えば HOOC−CH(OH)−CH(OH)−COOH の場合は，下図の A のようになる．さらに 1891 年にフィッシャー（H. E. Fischer）は，主鎖に結合している原子や原子団を主鎖の前面において投影し，正四面体の場合は下図の B のような記載などを提案した．

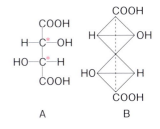

に回転させる．このような性質を旋光性といい，光源に向かって時計回りに回転するものを右旋性，反時計回りに回転するものを左旋性という．

この鏡像異性体の立体構造を乳酸を例にとって考えてみると，**図 6-6** の(I)，(II) のような関係にある*．

これからわかるように，(I) と (II) は互いに鏡像の関係にあり，どのようにしても重ね合わせることができない．(I) と (II) の関係は面に対して対称で**対掌体**ともいう．なお (I) は右旋性（＋で表す），(II) は左旋性（−で表す）であり，構造は，(I) は L 系列，(II) は D 系列である．

L と D の等量混合体を**ラセミ体**といい，旋光性がなく，L と D の分離は通常困難である．また人工的に不斉中心をもつ化合物を合成した場合には，普通，ラセミ体を生じる．

天然のタンパク質を分解して得られるアミノ酸（α-アミノ酸）はすべてL 系列であり，その一つであるグルタミン酸は L-グルタミン酸で，調味料としての働きをする．D-グルタミン酸にはその働きがない．普通の合成法によってつくったものはラセミ体で，調味料としてのききめは半分である．

(2) シス・トランス（幾何）異性体 炭素−炭素間が二重結合で結ばれていて，それぞれの炭素原子に 2 種の原子または原子団が結合しているときは，相対的位置の相違によって異性体を生じる．

たとえば，HOOC−CH=CH−COOH には，まんなかの炭素−炭素結合が二重結合で回転できないため，次の二つの異性体が存在する．

```
    H−C−COOH              H−C−COOH
    ‖                      ‖
    H−C−COOH              HOOC−C−H
       (I)                     (II)
```

上記の (I) はマレイン酸，(II) はフマル酸である．

* 立体構造を記号で示す仕方に D, L 表示法や R, S 表示法がある．このうち D は dextro（右），L は levo（左）に由来しているが，これらの記号は立体配置の系統を示すもので，右旋性，左旋性とはとくに関係ない．なお，天然のアミノ酸はすべて L 系列である．

D, L 表示は，グリセルアルデヒドの構造を基準にして決める．D-グリセルアルデヒド（下図）の四つの結合を切らずに誘導される化合物に D- の記号を付ける．これの対掌体には L- の記号を付ける．

```
       CHO
    H−−|−−OH
      CH2OH
```

対掌体　antipode
ラセミ体　racemic compound

シス形　*cis* form
トランス形　*trans* form

シス・トランス異性体
　　cis-trans isomer
幾何異性体　geometrical isomer

　　マレイン酸のように同種の基が同じ側にあるものを**シス形**，フマル酸のように反対側にあるものを**トランス形**といい，このような異性体のことを**シス・トランス異性体**または**幾何異性体**という．

● 6-4　有機反応 ●

1. イオン反応とラジカル反応

　有機化合物の多くは共有結合（30ページ）によってできている．したがって，有機化合物の反応では，共有結合が切れて新しい共有結合ができる．共有結合とは，結合する原子が価電子を出し合って電子対をつくり，これを両者で共有する結合であり，共有結合が切れるときの共有電子対の移動の仕方は，次のような二通りが考えられる．

　a. π電子や電気陰性度の大きい原子の作用で，分子内に電気的片寄りが生じ，一方が陽イオン，他方が陰イオンのような状態になる．

$$A:B \longrightarrow A^{\delta+} + :B^{\delta-}$$

　b. 共有電子対が両者に1個ずつ移動し，各原子は不対電子をもつ活性な状態になる．

$$A:B \longrightarrow A\cdot + \cdot B$$

イオン反応　ionic reaction

【参考】電気陰性度とイオン反応
　クロロメタン CH_3Cl とアンモニア NH_3 の反応について：
　電気陰性度（37ページ）が大きい原子ほど電子を引き付ける傾向が強く，電気陰性度が Cl＞C，N＞H であることから，次のように分極している．
　CH_3Cl は $H_3\overset{\delta+}{C}-\overset{\delta-}{Cl}$
　NH_3 分子は三角錐形であることから $\overset{\delta-}{N}-\overset{\delta+}{H}$
　δ＋ とδ－ が引き合って反応するから，次のようなイオン反応となる．
　$CH_3Cl + NH_3 \longrightarrow CH_3NH_2 + HCl$

　aのようなイオンによる反応を**イオン反応**というが，有機化合物は分子性物質で非電解質が多いから，実際にイオンを生じる反応は少なく，電子対の片寄りや移動が起こり，電気的，つまりイオン的に反応が進むもので，無機反応におけるイオン反応とは異なる．たとえば臭素水にエチレンを通じると，次のような反応によって1,2-ジブロモエタン $C_2H_4Br_2$ が生じる．

$$CH_2=CH_2 + Br_2 \longrightarrow CH_2Br-CH_2Br$$

　この反応では，次の順序で反応すると考えられる．

　① 臭素水中の臭素分子の電子対が一方に移動し，$Br^{\delta+}-Br^{\delta-}$（臭素イオン）となる．

　② エチレン $CH_2=CH_2$ と臭素イオンの反応は，次のように二段階の反応により1,2-ジブロモエタン CH_2Br-CH_2Br となる．

$$CH_2=CH_2 + Br^{\delta+}-Br^{\delta-} \longrightarrow \underset{\underset{Br^{\delta+}}{|}}{CH_2}-CH_2 + Br^{\delta-} \longrightarrow \underset{\underset{Br}{|}}{CH_2}-\underset{\underset{Br}{|}}{CH_2}$$

　なお，この反応の中間で生じた陽イオンは，次のような共鳴混合体である．

$$\underset{\underset{Br}{|}}{H_2C^{\delta+}}-CH_2 \rightleftarrows CH_2-\underset{\underset{Br^{\delta+}}{|}}{CH_2} \rightleftarrows H_2\overset{\delta+}{C}-\underset{\underset{Br}{|}}{CH_2}$$

ラジカル　radical
ラジカル反応　radical reaction

　bにおける不対電子をもつ活性な状態の原子または原子団を，**ラジカル**または**遊離基**といい，ラジカルによる反応を**ラジカル反応**または**遊離基反**

応という．たとえば，メタンと塩素の混合気体に光をあてると次のように反応する．

$$CH_4 + Cl_2 \longrightarrow CH_3Cl + HCl$$

この反応は，光のエネルギーによるいわゆる光化学反応の一つで，次のようなラジカルによる反応が，くり返し連続して起こり，反応が進行すると考えられる．

$$Cl_2 + 光 \longrightarrow 2\,Cl\cdot$$
$$CH_4 + Cl\cdot \longrightarrow CH_3\cdot + HCl$$
$$CH_3\cdot + Cl_2 \longrightarrow CH_3Cl + Cl\cdot$$

2. 鎖式化合物の置換反応

次のように，有機化合物の分子の一部を，他の原子や**官能基***で置きかえる反応を**置換反応**という．

$$CH_3I + NaOCH_2CH_3 \longrightarrow CH_3OCH_2CH_3 + NaI$$

$$CH_3-\underset{\underset{CH_3}{|}}{\overset{\overset{CH_3}{|}}{C}}-OH + HBr \longrightarrow CH_3-\underset{\underset{CH_3}{|}}{\overset{\overset{CH_3}{|}}{C}}-Br + H_2O$$

鎖式化合物における置換反応は，多くはイオン反応である．

(1) エステル化 アルコールにカルボン酸と少量の濃硫酸を加えて加熱すると，次のように反応してエステル**を生じ，エステル化と呼ばれる．

$$ROH\ +\ R'COOH \longrightarrow R'COOR + H_2O$$
　　　（アルコール）　（カルボン酸）　　　（エステル）

この反応は，アルコール ROH の H とカルボン酸 R'COOH の R'CO− が置換した置換反応である．この反応機構を次の順で考えてみよう．

〔例〕エタノールと酢酸に少量の濃硫酸を加えた混合溶液を加熱すると，酢酸エチル（エステル）が生成する．この反応機構は次のように考えることができる．

① 酢酸分子の $>C=O$（カルボニル基）は，電気陰性度の大きい O 側に電子対が引き寄せられて O が $\delta-$，C が $\delta+$ に荷電しているため，この混合溶液中では，硫酸の H^+ が $>C=O$ の O に結合している．

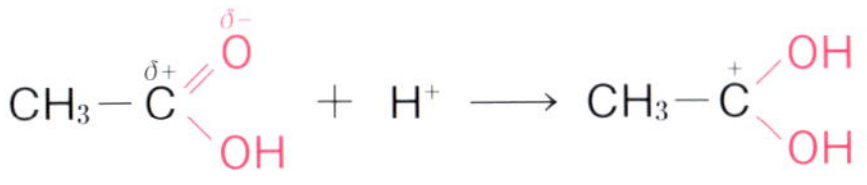

$$CH_3-\overset{\delta+}{C}\overset{\overset{\delta-}{O}}{\underset{OH}{\diagdown}} + H^+ \longrightarrow CH_3-\overset{+}{C}\overset{OH}{\underset{OH}{\diagdown}}$$

② エタノール分子では，電気陰性度の大きい O 側に電子対が引き寄せられて右図のように荷電している．　$\overset{\delta+}{C_2H_5}-\overset{\delta-}{O}-\overset{\delta+}{H}$

③ エタノール，酢酸，少量の濃硫酸の混合溶液を加熱すると，①，②より次のように反応する．

官能基　functional group
*　ある有機化合物の示す特徴的な性質や反応の原因となる原子団や原子が官能基である．
例：−OH，−COOH，−NO$_2$
−Cl，−Br，−I

置換反応　substitution reaction

**　**エステル**（150 ページ）
　酸（オキソ酸）とアルコールから H_2O がとれて生成した化合物がエステルである．
　酸 ＋ アルコール
　　$\longrightarrow$ エステル ＋ H_2O
　例：$CH_3COOH + C_2H_5OH$
　　$\longrightarrow CH_3COOC_2H_5 + H_2O$
　$3\,HNO_3 + C_3H_5(OH)_3$
　　$\longrightarrow C_3H_5(ONO_2)_3 + 3\,H_2O$

$$\underset{\underset{OH}{|}}{CH_3-\overset{O}{\overset{\|}{C^+}}} + \underset{\underset{H^{\delta+}}{|}}{\overset{\delta-}{O}-C_2H_5} \longrightarrow CH_3-\overset{O}{\overset{\|}{C}}-O-C_2H_5 + H_2O$$

この反応より，酸（硫酸）が触媒として働いていることがわかる．また，濃硫酸は脱水性があるので，濃硫酸は触媒としても脱水剤としても働いている．

なお，化学反応式は次のように表される．

$$CH_3COOH + C_2H_5OH \longrightarrow CH_3COOC_2H_5 + H_2O$$

(2) エーテル*の生成 エタノール C_2H_5OH に濃硫酸を加えて加熱（約 130 ℃）すると，ジエチルエーテル $C_2H_5OC_2H_5$ を生じる．

$$2\,C_2H_5OH \longrightarrow C_2H_5OC_2H_5 + H_2O$$

このとき，エタノールは硫酸の H^+ によって，次のように反応してイオンを生じる．

$$\underset{\underset{H^{\delta+}}{|}}{\overset{\delta+}{C_2H_5}-\overset{\delta-}{O}} + H^+ \longrightarrow \underset{\underset{H}{|}}{C_2H_5-\overset{+}{O}-H}$$

ここで生成したイオンは他のアルコール分子と反応する．

$$\underset{\underset{H}{|}}{C_2H_5-\overset{-}{O}-H} + \underset{\underset{H^{\delta+}}{|}}{\overset{\delta-}{O}-\overset{\delta+}{C_2H_5}} \longrightarrow C_2H_5-O-C_2H_5 + H^+ + H_2O$$

この反応より，酸（硫酸）が触媒として働いていることがわかる．また，エステル化の場合と同様に，濃硫酸は触媒としても脱水剤としても働いている．

3. 芳香族化合物の置換反応

ベンゼン環やナフタレン環の H の置換反応もイオン反応である．

(1) ベンゼンの置換反応 ベンゼン環の 6 個の炭素原子は，σ 結合と π 結合によって結ばれていて，先に述べたように（128 ページ）炭素原子の骨格は，ドーナツ形の π 電子によって両側からはさまれた形となっていて，電子（陰性）に富んだ構造である．このためベンゼン環は，δ+ に荷電したイオンや官能基に攻撃されやすい状態になっている．そしてこれらの置換反応は，δ+ のイオンがベンゼン環の π 電子を攻撃する反応である．たとえば，ベンゼンに硝酸と硫酸を作用させてニトロベンゼンとするニトロ化の反応を考えてみると，硝酸は次のように硫酸の H^+ によって ＋ のイオンとなる．

$$H-O-\overset{\delta+}{N}\underset{O}{\overset{O}{\diagup\!\!\!\diagdown}}{}^{\delta-} + H^+ \longrightarrow H-O-H + \overset{\oplus}{N}\underset{O}{\overset{O}{\diagup\!\!\!\diagdown}}$$

このイオンが次のように反応する．

---

* エーテル（145 ページ）
酸素原子 O の両側に炭化水素が結合した化合物がエーテルである．
例：$C_2H_5-O-CH_3$
　　エチルメチルエーテル
　　$C_2H_5-O-C_2H_5$
　　ジエチルエーテル

(2) フェノールの置換反応 フェノール C_6H_5OH の OH 基は，電子をベンゼン環の方に与える性質，すなわち，OH 基の O 原子の非共有電子対がベンゼン環の方へ移る傾向がある．このためベンゼン環の中の π 電子が順に移動して下記の (a)，(b)，(c)，(d) の四つの構造の間で共鳴してπ電子が均一でなくなり，全体として (e) のようにオルトとパラの位置が $\delta-$ に荷電する．

* フェノール（152 ページ）コールタール中に含まれ，また，ベンゼンからつくられる．微酸性，$FeCl_3$ 水溶液で呈色する．染料・医薬・樹脂などの原料．

したがって，フェノールに $\delta+$ のイオンまたは官能基が作用した場合，これらはオルトとパラの位置に結合することになる．たとえばフェノールをニトロ化すると，次のようにオルトとパラの位置で置換反応する．

フェノール　　　ニトロフェノール　　　ピクリン酸**

** 2,4,6-トリニトロフェノールともいい，爆薬・黄色染料（154 ページ）．

(3) ニトロベンゼンの置換反応 ニトロベンゼン $C_6H_5NO_2$ の NO_2 基は，OH 基の場合とは逆に，ベンゼン環の π 電子を引きつける性質がある．このためニトロベンゼンでは，下記の (a)，(b)，(c)，(d)，(e) などのように π 電子の移動が起こり，ベンゼン環の中の π 電子は均一でなくなり，(f) のようにオルトとパラの位置が $\delta+$ に荷電する．

したがって，ニトロベンゼンをさらにニトロ化すると，メタの位置にニトロ化されることになる*．

* ニトロベンゼンのメタの位置のニトロ化は，フェノールの場合のオルト，パラの位置の置換に比べて起こりにくい．

ニトロベンゼン + HNO₃ (ニトロ化) → m-ジニトロベンゼン

上記のように，フェノールでは OH 基に対してオルトとパラの位置に置換が起こり，ニトロベンゼンでは NO_2 基に対してメタの位置に置換が起こり，他の位置には置換が起こりにくい．このようなことについては，ロビンソンやインゴルドによって，次のようにまとめられている．

a. すでにベンゼン核に置換基*A，または A′ があると，その影響で次に起こる核置換 B が決まる．

b. 置換基 A が電子を与える傾向があると，B の位置はオルト，パラに向けられる．

c. 置換基 A′ が電子を引きつける傾向があると，B の位置はメタに向けられ，かつその核置換の反応は b に比べて起こりにくい．

これを置換基 A や A′ の**配向性**と呼び，A をオルト・パラ配向性，A′ をメタ配向性という（**表 6-2**）．

ロビンソン　R. Robinson，英
インゴルド　C. K. Ingold，英

* **置換基**　官能基や炭化水素などと「置換する基」という意味で，置換基と呼ぶ基はない．

配向性　orientation

表 6-2　官能基の配向性の例

オルト・パラ配向性	メタ配向性
$-OH$, $-NH_2$, $-OCOCH_3$, $-CH_3$, $-C_2H_5$, $-Cl$, $-Br$, $-I$	$-NO_2$, $-SO_3H$, $-COCH_3$, $-COOH$, $-CHO$

4. 付加反応

次のように不飽和化合物の不飽和結合（二重結合，三重結合）の部分に他の原子や官能基が結合する反応を**付加反応**という．

$$CH_2=CH_2 + Br_2 \longrightarrow CH_2Br-CH_2Br$$
$$CH\equiv CH + HCl \longrightarrow CHH=CHCl$$
$$C_6H_6 + 3Cl_2 \longrightarrow C_6H_6Cl_6$$

このように付加反応が起こるのは，不飽和結合に π 電子が存在するためである．したがって，付加反応は π 電子に対する δ+ のイオンの反応*である．

脱離反応　次のように，有機化合物の分子から，ある原子や官能基がとれて不飽和結合が生じるような反応を**脱離反応**という．

$$CH_3-CH_2-OH \longrightarrow CH_2=CH_2 + H_2O$$
$$CH_3-CH_2-Cl + KOH \longrightarrow CH_2=CH_2 + KCl + H_2O$$
$$\underset{\underset{Cl}{|}}{CH_2=CH} \longrightarrow HC\equiv CH + HCl$$

付加反応　addition reaction

* このように，π電子に対する δ+ のイオンの反応を**求（親）電子反応**という．

脱離反応　elimination reaction

演習問題

1. 炭素，水素，酸素を成分とする化合物がある．この物質 74.4 mg は 27 ℃，1.01×10^5 Pa で気体であり，40.0 mL の体積を占めた．また元素分析の結果は，炭素 51.6 %，水素 13.2 % である．そしてこの物質の水素原子はすべて同じ性質をもっている．この物質の，a. 実験式　b. 分子式　c. 構造式　を記入せよ．原子量は C = 12.0，O = 16.0，H = 1.0 とする．

2. 炭素・水素・酸素からなる一塩基性カルボン酸がある．この酸を元素分析したところ，試料 4.324 mg から二酸化炭素 6.337 mg，水 2.594 mg を生じた．またこの酸 0.135 g を含む水溶液を中和するのに 0.100 mol/L の水酸化アルカリ 15.00 mL を要した．この酸の分子式を求めよ．

3. 分子式 C_4H_8 をもつ化合物の異性体の構造式をすべて書け．

4. トルエン C_7H_8 の水素原子 1 個を塩素で置換してできる異性体の数はどれだけか．

5. 次の a ～ d は，エチレンとベンゼンについての記述である．誤っているのはどれか．
　a. いずれの分子の炭素原子も sp^2 混成軌道となっている．
　b. いずれの分子も平面構造である．　　c. いずれも無極性分子である．
　d. いずれの分子も H 原子の 2 置換体にはシス・トランス異性体がある．

6. 次の ① ～ ③ に該当するものを，下記の a ～ i より選べ．
　① 鏡像異性体が存在するもの．　② シス・トランス異性体が存在するもの．　③ 互いに異性体のもの．
　a. CH_3CHCl_2　　b. $CHCl=CHCl$　　c. $CH_2=CBr_2$　　d. $CH_3CH=CHCH_3$
　e. グリシン　　f. ギ酸エチル　　g. 酢酸メチル　　h. 乳酸　　i. 酢酸

7. 炭素，水素および酸素だけからなる鎖式飽和化合物がある．炭素数は 3，酸素数は 1 である．このような化合物はいくつあるか．

8. フェノール水溶液はリトマス紙をほとんど変色させないが，p-ニトロフェノール水溶液は青色リトマス紙を赤変させる．この理由を電子論的に説明せよ．

9. アニリンの検出には，アニリンの水溶液に臭素水を加えると生じるトリブロモアニリン $C_6H_2Br_3NH_2$ の白色沈殿を用いる．このトリブロモアニリンの構造を推定せよ．

10. 次の各反応の生成物を書き，反応機構をわかりやすく記せ．

　(1) 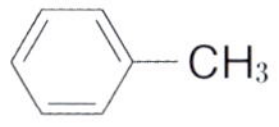 ⟨benzene⟩—CH_3 + HNO_3 ⟶

　(2) $CH_2=CHCl$ + HCl ⟶

　(3) CH_3COCl + NH_3 ⟶

第7章　低分子有機化合物

　多くの有機化合物の構造式は，分子式と，その化合物の反応から推定され，合成によって確かめられたものである．近年のX線構造解析法の進歩によって，種々の物質の分子の形が求められたが，その結果は構造式から推定されたものと一致する．有機化学の発達によって，医薬や染料，その他多くの物質が合成され，利用されてきたが，すべて構造式をもとに行われたものである．構造式は，人間の知恵の生み出した最も有用なものの一つであろう．

● 7-1　炭化水素 ●

1. 炭化水素の分類

　炭素・水素の2元素からなる炭化水素の骨格となる炭素原子間の構造の相違によって，炭化水素は次のように分けられる．

* 飽和炭化水素
① 炭素・炭素原子間がすべて単結合の炭化水素．
② これ以上水素などが結合（付加）できない炭化水素．
③ 不飽和結合をもたない炭化水素．

** 不飽和炭化水素
① 炭素・炭素原子間に二重結合や三重結合をもつ炭化水素．
② さらに水素などが結合（付加）することができる炭化水素．

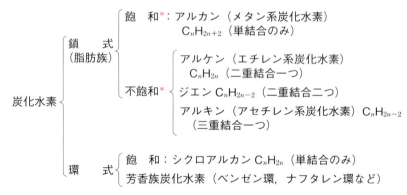

炭化水素 ┬ 鎖式（脂肪族）┬ 飽　和*：アルカン（メタン系炭化水素）C_nH_{2n+2}（単結合のみ）
　　　　│　　　　　　　└ 不飽和*┬ アルケン（エチレン系炭化水素）C_nH_{2n}（二重結合一つ）
　　　　│　　　　　　　　　　　　├ ジエン C_nH_{2n-2}（二重結合二つ）
　　　　│　　　　　　　　　　　　└ アルキン（アセチレン系炭化水素）C_nH_{2n-2}（三重結合一つ）
　　　　└ 環式 ┬ 飽　和：シクロアルカン C_nH_{2n}（単結合のみ）
　　　　　　　 └ 芳香族炭化水素（ベンゼン環，ナフタレン環など）

　炭化水素の命名法　慣用名とIUPAC（国際純正応用化学連合）（7ページ）の命名法があり，原則的な命名法を述べると，次のようになる．

　(1) 分子中の炭素数の呼び方　C_1：メタ（meth-），C_2：エタ（eth-），C_3：プロパ（prop-），C_4：ブタ（but-），C_5以上は数詞と同じになる（**表7-1**）．

　(2) 飽和・不飽和の呼び方　a. 飽和炭化水素では語尾にアン aneをつける．なお環式炭化水素では前にシクロ cycloをつける．

　〔例〕CH_4 メタン（meth**ane**），C_2H_6 エタン（eth**ane**），C_3H_8 プロパン（prop**ane**），C_3H_6 シクロプロパン（**cyclo**propane）．

　b. 二重結合をもつ炭化水素では語尾に，慣用名ではイレン ylene，IUPAC命名法ではエン eneをつける．

　〔例〕　　　　　　　　　（慣用名）　　　　　　　　（IUPAC）
　　$CH_2=CH_2$　　　　　エチレン（eth**ylene**）　　　　エテン（eth**ene**）
　　$CH_3-CH=CH_2$　　プロピレン（prop**ylene**）　　プロペン（prop**ene**）

表 7-1　アルカン（直鎖）

名　　称		分　子　式	融点（℃）	沸点（℃）	比　　重
メタン	methane	CH_4	−182.6	−161.7	0.415
エタン	ethane	C_2H_6	−172.0	−88.5	0.5462
プロパン	propane	C_3H_8	−187.1	−42.2	0.694
ブタン	butane	C_4H_{10}	−135.0	−0.5	0.5788
ペンタン	pentane	C_5H_{12}	−129.7	36.1	0.6262
ヘキサン	hexane	C_6H_{14}	−94.0	68.7	0.6594
ヘプタン	heptane	C_7H_{16}	−90.0	98.4	0.6837
オクタン	octane	C_8H_{18}	−56.8	125.6	0.7025
ノナン	nonane	C_9H_{20}	−53.7	150.7	0.7176
デカン	decane	$C_{10}H_{22}$	−29.7	174.0	0.7344
ペンタデカン	pentadecane	$C_{15}H_{32}$	10.0	268	0.7685
ヘプタデカン	heptadecane	$C_{17}H_{36}$	22.0	303	0.7745
オクタデカン	octadecane	$C_{18}H_{38}$	28.0	308	0.7819

c. 三重結合をもつ炭化水素では，慣用名ではアセチレンを基本とし，IUPAC 命名法ではイン yne をつける*．

* エチレン，アセチレンの呼び方は IUPAC でも認めている．

〔例〕　　　　　（慣用名）　　　　　　　　　　（IUPAC）

CH≡CH　　　アセチレン（acetylene）　　　　エチン（ethyne）

$CH_3-C≡CH$　メチルアセチレン（methylacetylene）　プロピン（propyne）

(3) 分枝構造の場合　IUPAC 命名法では，分子内の最も長い炭素骨格を基本名として，その位置を示す数字と基名で呼ぶ．

〔例〕　　　　　　　　　　　　（慣用名）　　　（IUPAC）

$\overset{1}{CH_3}-\overset{2}{C}H-\overset{3}{CH_2}-\overset{4}{CH_3}$
　　　　|
　　　CH_3　　　　　　イソペンタン　　2-メチルブタン

2. アルカン

鎖式飽和炭化水素には多くの種類があるが，その分子式はいずれも一般式 C_nH_{2n+2} で表される．それをメタン CH_4 ($n=1$) の**同族体**といい，これを総称して**アルカン**，または**メタン系炭化水素**という．

表 7-1 の融点・沸点からわかるように，炭素数の少ない低級な炭化水素は融点・沸点が低く，常温で気体であり，炭素数が増すにつれて融点・沸点が高くなり，炭素数の多い高級炭化水素では固体となる．このことはアルカンにかぎらず成立し，一般に同族体では，炭素数が増すにつれて融点・沸点は高くなる，ということができる．炭素数が4以上のアルカンには異性体があり，炭素数が増すにつれて異性体の数は急激に多くなる（**表 7-2**）．

同族体　homologue
アルカン　alkane
メタン系炭化水素
　methane series hydrocarbon
アルキル基　アルカン C_nH_{2n+2} の H 原子1個を除いた残りの基 C_nH_{2n+1} をアルキル基（alkyl group）という．
〔例〕　CH_3- メチル基，C_2H_5- エチル基，C_3H_7- プロピル基．

表 7-2　アルカンの C の数と異性体の数

C の数	4	5	6	7	8	9	10	11	12	20
異性体の数	2	3	5	9	18	35	75	159	355	366319

アルカンは，全般的に酸，塩基，その他の試薬と反応しにくい．しかし空気中でよく燃え，燃料として用いられる．

〔例〕　$CH_4 + 2O_2 \longrightarrow CO_2 + 2H_2O + 890\,kJ$
　　　　$C_{10}H_{22} + 15.5O_2 \longrightarrow 10CO_2 + 11H_2O + 6752\,kJ$

また，塩素とは比較的反応しやすく，光の照射や高温で置換反応を起こして塩化物となる．

〔例〕　$CH_4 + Cl_2 \longrightarrow CH_3Cl + HCl$
　　　　　　　　　　　　　クロロメタン（塩化メチル）
　　　　$CH_3Cl + Cl_2 \longrightarrow CH_2Cl_2 + HCl$
　　　　　　　　　　　　　ジクロロメタン（塩化メチレン）
　　　　$CH_2Cl_2 + Cl_2 \longrightarrow CHCl_3 + HCl$
　　　　　　　　　　　　　トリクロロメタン（クロロホルム）
　　　　$CHCl_3 + Cl_2 \longrightarrow CCl_4 + HCl$
　　　　　　　　　　　　　テトラクロロメタン（四塩化炭素）

3．アルケン

二重結合一つをもつ鎖式炭化水素の一般式はC_nH_{2n}で表され，この同族体を**アルケン**または**エチレン系炭化水素**という．

アルケン　alkene
エチレン系炭化水素
　ethylene series hydrocarbon

【補足】二重結合は平面構造であるため，エチレンC_2H_4のすべての原子は同一平面上にある．したがって二重結合の両側の二つの原子が互いに異なる化合物にはシス・トランス異性体が存在する．

表7-3の例からわかるように，融点・沸点は炭素数の同じアルカンに類似している．炭素数4以上では，枝分かれとは別に二重結合の位置による異性体があり，またシス・トランス異性体もある（133ページ）．

表7-3　アルケンの例

名　　　　称		化　学　式	融点（℃）	沸点（℃）
エチレン	ethylene	$CH_2=CH_2$	-169.2	-103.7
プロピレン	propylene	$CH_2=CH-CH_3$	-185	-47.7
1-ブテン	1-butene	$CH_2=CH-CH_2-CH_3$	<-190	-6.3
2-ブテン*	2-butene	$CH_3-CH=CH-CH_3$	-139	3.7

* シス（融点 -138.9，沸点 3.7），トランス（融点 -105.6，沸点 0.88）の異性体がある．

二重結合はσ結合とπ結合からなり，π結合は結合力が弱いため，二重結合のところで次のような酸化反応，付加反応が起こりやすい．

〔酸化反応の例〕

$$CH_2=CH_2 \xrightarrow[Ag]{(O)} CH_2-CH_2\;(\text{エチレンオキシド})$$
$$\qquad\qquad\qquad\qquad\;\; \diagdown\!O\!\diagup$$

$$CH_2=CH_2 \xrightarrow[PdCl_2]{(O)} CH_3CHO\;(\text{アセトアルデヒド})$$

$$CH_2=CH_2 \xrightarrow[KMnO_4 + H_2SO_4]{} CH_2(OH)-CH_2(OH)\;(\text{エチレングリコール})$$

〔付加反応の例〕

$$CH_2=CH_2 + Br_2 \longrightarrow CH_2Br-CH_2Br$$
　　　　　　　　　　　　　　　（1,2-ジブロモエタン）

$$CH_2=CH_2 + H_2SO_4 \longrightarrow CH_3-CH_2OSO_3H$$
（エチル硫酸）

$$nCH_2=CH_2 \xrightarrow{\text{付加重合}} \text{+CH}_2-CH_2\text{+}_n$$
（ポリエチレン）

エチレンは工業的に極めて重要な物質であり，石油の分解蒸留によって多量に製造される．実験室では，エタノールに濃硫酸を加えて加熱してつくられる．

$$C_2H_5OH \xrightarrow[\text{(H}_2\text{SO}_4\text{)}]{\text{約}170℃} C_2H_4 + H_2O$$

4. アルキン

アルキンは三重結合一つをもつ鎖式の炭化水素で，その代表的なものが**アセチレン**である．アルキンはアセチレン系炭化水素ともいう．

(1) 製 法 工業的には天然ガスの分解や，石油の分解でできるメタンの反応によってつくる．

$$2CH_4 \longrightarrow C_2H_2 + 3H_2$$

実験室では，カルシウムカーバイドに水を作用させてつくる．

$$CaC_2 + 2H_2O \longrightarrow Ca(OH)_2 + C_2H_2$$

(2) 性 質 無色・無臭の気体で，空気中で多くのスス*を出して燃える．また三重結合をもつため，種々の物質と付加反応する．

〔例〕
$$HC\equiv CH \xrightarrow[\text{(Ni)}]{H_2} CH_2=CH_2 \xrightarrow[\text{(Ni)}]{H_2} CH_3-CH_3$$

$$HC\equiv CH + HCl \longrightarrow CH_2=CHCl \text{（塩化ビニル）}$$

$$HC\equiv CH + CH_3COOH \longrightarrow CH_2=CH-OCOCH_3 \text{（酢酸ビニル）}$$

$$HC\equiv CH + H_2O \longrightarrow CH_3CHO \text{（アセトアルデヒド）}**$$

アセチレンの置換反応 アンモニア性硝酸銀水溶液，アンモニア性塩化銅(I)水溶液にアセチレンを通じると，それぞれ銀アセチリド Ag_2C_2 の白色沈殿，銅アセチリド Cu_2C_2 の赤褐色の沈殿を生じる．

$$HC\equiv CH + 2Ag^+ \longrightarrow AgC\equiv CAg\downarrow + 2H^+$$

$$HC\equiv CH + 2Cu^+ \longrightarrow CuC\equiv CCu\downarrow + 2H^+$$

5. 石 油

石油は種々の炭化水素の混合物で，少量成分として硫黄や窒素の化合物が含まれている．炭化水素としては，アルカンおよびシクロアルカンが主成分で，芳香族炭化水素も含まれている．種々の炭化水素の沸点の違いを利用して，**表7-4**のように分留される．

ナフサは，自動車や航空機などの燃料として重要であるばかりでなく，合成高分子化合物の原料としても需要が多い．原油の分留の残渣油の一部を触媒の存在下，常圧，450～550℃で反応させ，沸点の低いものに分解する操作を**クラッキング**（接触分解）という．ナフサの一部は触媒の存在

【発展】マルコフニコフ則

1870年，ロシアのマルコフニコフは，$CH_2=CHX$ に HX が付加した反応の生成物について，次のようなことを発見した．

この反応では二種の生成物が考えられるが，二重結合の両側のC原子のうち，H原子が多く結合している方のC原子に，HX分子のH原子が結合した化合物が主に生成する．

例：$CH_2=CHCl + HCl$
$\longrightarrow \begin{cases} CH_3-CHCl_2 \leftarrow \text{主に生成} \\ CH_2Cl-CH_2Cl \leftarrow \text{ごくわずか生成} \end{cases}$

アルキン　alkyne

アセチレン　acetylene

アセチレン系炭化水素
　acetylene series hydrocarbon

* 分子中の炭素の割合の大きい炭化水素ほど多くのススを出して燃える．
ススを多く出す順；
　$C_2H_2 > C_2H_4 > C_2H_6$

** アセチレンに水を付加させるとビニルアルコールになるが，ビニルアルコールは不安定でアセトアルデヒドに変化する．
$CH\equiv CH + H_2O$
$\longrightarrow CH_2=CH-OH$
　　ビニルアルコール（不安定）
$\longrightarrow CH_3CHO$
　　アセトアルデヒド

ナフサ　naphtha

クラッキング　cracking

表 7-4　分留された石油の成分

名　　称	留出温度（℃）	炭素数
石油エーテル petroleum ether	20〜60	C_5〜C_6
ナフサ naphtha	60〜200	C_5〜C_{11}
灯　油 kerosene	175〜250	C_9〜C_{18}
軽　油 light oil	200〜350	C_{14}〜C_{23}
重　油 fuel oil	350℃以上	C_{17}以上
ピッチ pitch	残渣	

下，高圧で，450〜550℃で反応させて，望ましい性質をもつ成分に変えることができる．これを**リフォーミング**（接触改質）という．

オクタン価　ピストン機関の燃焼過程で，通常の燃焼の範囲を超えて急激な爆発燃焼が起こり，金属をたたくような音を生ずる現象を**ノッキング**という．ノッキングは圧とともに増加する．一方，エンジンの圧縮比を大きくすると出力が増加し，消費燃料も少なくてすむ．**オクタン価**とは，ガソリンのノッキングを起こしにくい性質を示す尺度であり，ノッキングを起こしやすいヘプタンのオクタン価を 0，高圧で初めて爆発するイソオクタン（2,2,4-トリメチルペンタン）のオクタン価を 100 として決められている．

リフォーミング　reforming

ノッキング　knocking

オクタン価　octane number

【補足】炭化水素のオクタン価
ヘキサン：25　ペンタン：62
シクロヘキサン：98
ベンゼン：100　トルエン：112

●7-2　脂肪族化合物●

1. アルコール

鎖式炭化水素，脂環式炭化水素の水素，および芳香族炭化水素の側鎖の水素をヒドロキシ基*（−OH）で置換した形の化合物を**アルコール**という．アルコールは，OH 基の数によって 1 価アルコール，2 価アルコール，3 価アルコールなどに分類される（**表 7-5**）．

アルコールの命名法　アルコールは，炭素数の呼び方にオール（ol）をつける IUPAC 命名法と，アルキル基名＋アルコールで呼ぶ慣用名とがある．

*　以前はヒドロキシル基，また日本語で水酸基とも呼んだ．

アルコール　alcohol

〔多価アルコールの例〕

CH_2−OH
｜
CH_2−OH

エチレングリコール
（沸点 197℃）

CH_2−OH
｜
CH−OH
｜
CH_2−OH

グリセリン
（沸点 290℃）

（化学式）	（IUPAC 名）	（慣用名）
CH_3OH	メタノール	メチルアルコール
CH_3CH_2OH	エタノール	エチルアルコール
$CH_3CH_2CH_2OH$	1-プロパノール	プロピルアルコール
$CH_3CH(OH)CH_3$	2-プロパノール	イソプロピルアルコール

表 7-5　1 価アルコールの例

名　称	化学式	融点（℃）	沸点（℃）	比重（測定温度）
メタノール	CH_3OH	−97	64.7	0.793 (20)
エタノール	CH_3CH_2OH	−114	78.3	0.789 (20)
アリルアルコール	$CH_2=CHCH_2OH$	−129	97.0	0.852 (20)
シクロヘキサノール	$C_6H_{11}OH$	−24	161.5	0.962 (25)
ラウリルアルコール	$C_{12}H_{25}OH$	24	259	0.831 (24)
ベンジルアルコール	⌬−CH_2OH	−15.3	205.4	1.042 (25)

C_3H_7OH 以上の同族体には異性体がある．たとえば C_4H_9OH（ブタノール）には，次のような異性体がある．

$CH_3CH_2CH_2CH_2OH$　　（沸点 117 ℃）

$CH_3CH_2CHCH_3$　　　　（沸点 100 ℃）
　　　　　$|$
　　　　　OH

$\begin{matrix}CH_3\\CH_3\end{matrix}\Big\rangle CHCH_2OH$　　（沸点 108 ℃）

$CH_3-\underset{\underset{CH_3}{|}}{\overset{\overset{CH_3}{|}}{C}}-OH$　（沸点 83 ℃）

アルコールはまた，OH の結合した炭素原子に結合している炭化水素基（R−）の数によって，右のように第一級〜第三級に分類される．

$R-CH_2-OH$
第一級アルコール

$\begin{matrix}R\\R\end{matrix}\Big\rangle CH-OH$
第二級アルコール

$R'-\underset{\underset{R''}{|}}{\overset{\overset{R}{|}}{C}}-OH$
第三級アルコール

アルコキシド　alkoxide
アルコラート　alcoholate

(1) アルコールの反応　アルコールは OH 基をもつため，一般に次のような反応をする．

a. アルコールに金属ナトリウムを加えると，OH 基の H と Na が置換してアルコキシドと水素を生じる．

〔例〕　$2C_2H_5OH + 2Na \longrightarrow 2C_2H_5ONa + H_2$

アルコールの OH 基の水素を金属で置換した化合物を，**アルコキシド**または**アルコラート**という．

b. アルコールを適当な酸化剤で酸化すると，第一級アルコールはアルデヒド，第二級アルコールはケトンを生じる．

〔例〕　$CH_3-CH_2-CH_2-OH + (O) \longrightarrow CH_3-CH_2-CHO + H_2O$

　　　$\begin{matrix}CH_3\\CH_3\end{matrix}\Big\rangle CH-OH + (O) \longrightarrow \begin{matrix}CH_3\\CH_3\end{matrix}\Big\rangle C=O + H_2O$

c. アルコールとカルボン酸に少量の濃硫酸を加えて熱するとエステル（150 ページ）を生じる．

〔例〕　$CH_3COOH + C_2H_5OH \xrightarrow{約 60 ℃} CH_3COOC_2H_5 + H_2O$

d. アルコールに濃硫酸を加えて熱すると，エーテルやアルケンを生じる．

〔例〕　$2C_2H_5OH \xrightarrow{約 130 ℃} C_2H_5-O-C_2H_5 + H_2O$

　　　$C_2H_5OH \xrightarrow{約 170 ℃} C_2H_4 + H_2O$

エーテル　アルコールの OH 基の H と炭化水素が置換した R−O−R′（R，R′ は炭化水素基）の構造をもつ化合物を**エーテル**という．

エーテル　ether

〔例〕　CH_3-O-CH_3　（ジ）メチルエーテル（沸点 −23.5 ℃）

　　　$C_2H_5-O-C_2H_5$　（ジ）エチルエーテル（沸点 34.6 ℃）*

＊ ジエチルエーテルは，有機溶媒として重要である．

(2) おもなアルコール　おもなものとしては次のようなものがある．

a. **メタノール**（メチルアルコール）**CH_3OH**　水素と一酸化炭素から触媒を用いて高圧のもとで合成する．

$$2H_2 + CO \longrightarrow CH_3OH$$

芳香があり，水によく溶ける有毒な液体（沸点 65 ℃）．有機溶媒，液体燃料として用いられる．

【補足】アルコールとエーテル
互いに構造異性体の関係
例：C_2H_6O
　CH_3-CH_2-OH
　　エタノール
　CH_3-O-CH_3
　　ジエチルエーテル

b. エタノール（エチルアルコール）C_2H_5OH グルコースの水溶液に酵母を作用させると，グルコースが分解して生じる．また，エチレンに高圧で水を作用させて合成する．

$$C_6H_{12}O_6 \longrightarrow 2C_2H_5OH + 2CO_2$$
$$C_2H_4 + H_2O \longrightarrow C_2H_5OH$$

酒類に含まれる芳香のある液体（沸点78℃）で水とよく混ざる．有機溶媒，液体燃料として用いられる．

c. グリセリン $C_3H_5(OH)_3$ 油脂をけん化（150, 160ページ）すると，セッケン（161ページ）とともに生成する．油状の液体で甘味があり，水とよく混ざり吸湿性がある．吸湿性があることから，化粧品，絵具，スタンプなどの乾燥防止に利用したり，セロハンの表面処理に用いられる．

ニトログリセリン $C_3H_5(ONO_2)_3$ グリセリンに濃硝酸と濃硫酸を作用させると，グリセリンの硝酸エステルであるニトログリセリンが生成する．ニトログリセリンは爆発性があり，ケイソウ土に吸収させたものがダイナマイトである．

```
    H
    |
H－C－ONO₂
    |
H－C－ONO₂
    |
H－C－ONO₂
    |
    H
ニトログリセリン
```

2. アルデヒドとケトン

カルボニル基 carbonyl group

$>C=O$ で示される基を**カルボニル基**といい，カルボニル基をもつ化合物のうち，$-C{<}{\overset{O}{H}}$ 基をもつ化合物を**アルデヒド**，Hの結合しない $R-CO-R'$ の構造の化合物を**ケトン**という（表7-6）．

アルデヒド aldehyde
ケトン ketone

第一級アルコールを酸化するとアルデヒド，第二級アルコールを酸化するとケトンを生じる．

$$R-CH_2OH + (O) \longrightarrow R-CHO + H_2O$$
$$\begin{matrix}R\\R'\end{matrix}{>}CH-OH + (O) \longrightarrow \begin{matrix}R\\R'\end{matrix}{>}C=O + H_2O$$

(1) アルデヒドとケトンの反応 アルデヒドとケトンには，次のa, bのような共通反応，cのようなアルデヒドの特有反応がある．

表7-6 アルデヒドとケトンの例

アルデヒド			ケトン		
名称	化学式	沸点(℃)	名称	化学式	沸点(℃)
ホルムアルデヒド	HCHO	-21	アセトン	$CH_3-CO-CH_3$	57
アセトアルデヒド	CH_3CHO	20.8	エチルメチルケトン	$CH_3-CO-C_2H_5$	79.6
ベンズアルデヒド	C_6H_5-CHO	179	ジエチルケトン	$C_2H_5-CO-C_2H_5$	101
アクロレイン	$CH_2=CH-CHO$	52.5	アセトフェノン	$C_6H_5-CO-CH_3$	202

【補足】アルデヒドとケトン
互いに構造異性体の関係
例：C_3H_6O
 CH_3-CH_2-CHO
  プロピオンアルデヒド
 $CH_3-CO-CH_3$
  アセトン

a. $>$C=O の付加反応　アルデヒドとケトンは，次のように付加反応する．

（ⅰ）PtやNiなどの触媒の存在で水素を付加し，アルコールとなる．

$$R-CHO + 2(H) \longrightarrow RCH_2OH$$

$$\begin{matrix}R\\R'\end{matrix}\!\!>\!\!CO + 2(H) \longrightarrow \begin{matrix}R\\R'\end{matrix}\!\!>\!\!CHOH$$

（ⅱ）$NaHSO_3$の付加によって結晶性物質を生じる．

$$R-CHO + NaHSO_3 \longrightarrow R-CH\!\!<\!\!\begin{matrix}OH\\SO_3Na\end{matrix}$$

$$\begin{matrix}R\\R'\end{matrix}\!\!>\!\!CO + NaHSO_3 \longrightarrow \begin{matrix}R\\R'\end{matrix}\!\!>\!\!C\!\!<\!\!\begin{matrix}OH\\SO_3Na\end{matrix}$$

b. $>$C=O の縮合反応　アルデヒドとケトンは，次のような$-NH_2$をもつ化合物と反応して，両者でH_2O分子を放って結晶性の化合物を生じる．なおH_2Oのような簡単な分子を放って結合する反応を，**縮合**という．

〔例〕ヒドロキシルアミン H_2NOH との反応＊

$$R-CHO + H_2NOH \longrightarrow R-CH=NOH + H_2O$$

$$\begin{matrix}R\\R'\end{matrix}\!\!>\!\!C=O + H_2NOH \longrightarrow \begin{matrix}R\\R'\end{matrix}\!\!>\!\!C=NOH + H_2O$$

c. アルデヒドの特有反応　ケトンは酸化されにくいが，アルデヒドは酸化されやすく，還元性を示す．アルデヒドは，酸化されるとカルボン酸になる．

$$R-C\!\!<\!\!\begin{matrix}O\\H\end{matrix} + (O) \longrightarrow R-C\!\!<\!\!\begin{matrix}O\\OH\end{matrix}$$

（アルデヒド）　　　　　　（カルボン酸）

アルデヒドは還元性が強いので銀鏡反応を示し，フェーリング溶液を還元する．ケトンはこれらの反応を示さない．

（ⅰ）銀鏡反応：アルデヒドの水溶液にアンモニア性硝酸銀溶液を加えて温めると，銀イオンが還元されて析出し，容器の内面に銀鏡ができる．

$$RCHO + 2[Ag(NH_3)_2]^+ + 2OH^-$$
$$\longrightarrow 2Ag\downarrow + RCOO^- + NH_4^+ + 3NH_3 + H_2O$$

（ⅱ）フェーリング溶液の還元：アルデヒドの水溶液にフェーリング溶液を加えて加熱すると，赤色の酸化銅(I) Cu_2O の沈殿ができる．

$$R-CHO + 2Cu^{2+} + 5OH^- \longrightarrow Cu_2O\downarrow + RCOO^- + 3H_2O$$

アンモニア性硝酸銀溶液は，硝酸銀溶液にアンモニアを加えたものであり，$[Ag(NH_3)_2]^+$を生じている．フェーリング溶液は硫酸銅(Ⅱ)，酒石酸カリウムナトリウム，水酸化ナトリウムを水に溶かした溶液で，Cu^{2+}の錯イオンを生じ深青色を呈する．

縮合　condensation

＊この反応の生成物を**オキシム**（oxime）といい，
$R-CH=NOH$をアルドオキシム，
$\begin{matrix}R\\R'\end{matrix}\!\!>\!\!C=NOH$をケトオキシム
という．オキシムは一般に無色の結晶体で，水に難溶である．そのためオキシムは，アルデヒド，ケトンの分離や確認に利用される．

(2) おもなアルデヒドとケトン

a. ホルムアルデヒド HCHO メタノールを，CuやPtを触媒として酸素で酸化すると生成する．

$$CH_3OH + (O) \longrightarrow HCHO + H_2O$$

刺激臭のある気体（常温）で，水によく溶ける．40％程度の水溶液をホルマリンといい，消毒・殺菌剤として用いる．

【補足】 ホルムアルデヒドは，医薬品とともに，フェノール樹脂，尿素樹脂，メラミン樹脂などの合成樹脂の原料としても重要である．

b. アセトアルデヒド CH₃CHO エタノールを硫酸酸性二クロム酸カリウム溶液で酸化したり，アセチレンに硫酸水銀(II)などの触媒を用いて水を付加させると生成する．

$$C_2H_5OH + (O) \longrightarrow CH_3CHO + H_2O$$
$$CH\equiv CH + H_2O \longrightarrow CH_3CHO$$

刺激臭のある揮発性の液体（常温）で，水によく溶ける．アセトアルデヒドは合成酢酸，合成ブタノールの製造原料として重要である．

c. アセトン CH₃COCH₃ 酢酸カルシウムを乾留したり，イソプロピルアルコールを酸化すると生成する．

【補足】 アセトンの工業的製法は，クメン法（152, 153ページ）によってフェノールとともに生産される．

$$(CH_3COO)_2Ca \longrightarrow \begin{array}{c} CH_3 \\ CH_3 \end{array}\!\!\!C=O + CaCO_3$$

$$\begin{array}{c} CH_3 \\ CH_3 \end{array}\!\!\!CHOH + (O) \longrightarrow \begin{array}{c} CH_3 \\ CH_3 \end{array}\!\!\!C=O + H_2O$$

芳香をもつ揮発性の液体（常温）で，水によく溶ける．有機溶媒として，また，航空燃料（イソヘキサン，ネオヘキサン）の製造原料として重要である．

3. カルボン酸

$-C{\displaystyle{\nwarrow\!\!O \atop \swarrow\!\!OH}}$ (−COOH) で示される基を**カルボキシ(ル)基**といい*，カルボキシ基をもつ化合物を**カルボン酸**という（表7-7）．カルボキシ基を一つもつものをモノカルボン酸（1価カルボン酸），二つもつものをジカルボン酸（2価カルボン酸），三つもつものをトリカルボン酸（3価カルボン酸）という．鎖式炭化水素基の端の炭素原子にカルボキシ基の結合しているモノカルボン酸を**脂肪酸**といい，飽和脂肪酸と不飽和脂肪酸がある**．また，炭素数の比較的多い脂肪酸を**高級（高位）脂肪酸**という***．なお，脂環式炭化水素や芳香族のカルボン酸もある．

* 以前はカルボキシル基と呼ばれたが，最近はカルボキシ基と呼ばれる．

カルボン酸　carboxylic acid

脂肪酸　fatty acid

** 飽和脂肪酸の一般式は$C_nH_{2n+1}COOH$ で表され，二重結合がm個ある不飽和脂肪酸は$C_nH_{2n+1-2m}COOH$で示される．

高級脂肪酸　higher fatty acid

*** 高級とは，分子中の炭素原子数の多い脂肪酸やアルコールに用いる言葉である．

(1) カルボン酸の性質 カルボキシ基をもっているために，次のような性質がある．

一般に，炭素数の少ない低級カルボン酸は液体で刺激臭をもち，高級カルボン酸は白色ろう状の固体である．低級のものは水によく溶け，水溶液は次のようにわずかに電離するため，弱い酸性を示す．

$$RCOOH \rightleftarrows RCOO^- + H^+$$

表 7-7 カルボン酸の例

種類	名称	化学式	融点 (℃)	沸点* (℃)
飽和脂肪酸	ギ酸	HCOOH	8.4	100.5
	酢酸	CH$_3$COOH	16.6	118
	プロピオン酸	CH$_3$CH$_2$COOH	−22	141
	ラク(酪)酸	CH$_3$CH$_2$CH$_2$COOH	−4.7	162.5
	パルミチン酸	C$_{15}$H$_{31}$COOH	62	269 (100 mm)
	ステアリン酸	C$_{17}$H$_{35}$COOH	69	287 (100 mm)
不飽和脂肪酸	アクリル酸	CH$_2$=CH−COOH	13	141
	ビニル酢酸	CH$_2$=CH−CH$_2$COOH	−39	163
	オレイン酸	C$_8$H$_{17}$CH=CH−C$_7$H$_{14}$COOH	16	360
	リノール酸	C$_5$H$_{11}$CH=CHCH$_2$CH=CH−C$_7$H$_{14}$COOH	−5	230 (16 mm)
ジカルボン酸	シュウ酸	HOOC−COOH	189.5	(分解)
	コハク酸	HOOC(CH$_2$)$_2$COOH	185	235
	アジピン酸	HOOC(CH$_2$)$_4$COOH	153	265 (100 mm)

(注) 芳香族カルボン酸は 156 ページ参照.
* ( ) 内は mmHg で示した圧力下であることを示す.

【参考】ビニル酢酸はシアン化アリル CH$_2$=CHCH$_2$CN を加水分解すると生成する.

　酢酸ビニル CH$_2$=CHOCOCH$_3$ はアセチレンに酢酸を付加すると生成する (143 ページ). また, 合成繊維ビニロンの原料である (177 ページ).

低級・高級ともに塩基水溶液には塩をつくって溶ける.

$$RCOOH + NaOH \longrightarrow RCOONa + H_2O$$

(2) おもなカルボン酸

a. ギ酸 HCOOH　赤蟻中から発見されたことからギ(蟻)酸の名があるが, イラクサ, モミ類の葉など植物界にも広く存在する. メタノールやホルムアルデヒドを酸化すると得られるが, 工業的には加圧下で CO を NaOH に反応させてギ酸ナトリウム HCOONa とし, これを分解してつくる.

刺激臭のある液体で, 酢酸より酸性が強い. ギ酸は分子内にアルデヒド基 (−CHO) をもつから還元性を示す (図 7-1). ギ酸は染色, 皮ナメシ加工, その他防腐剤などに用いられる.

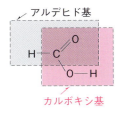

図 7-1　ギ酸の構造

b. 酢酸 CH$_3$COOH　エタノールやアセトアルデヒドを酸化すると得られる. また, 酢酸菌による酢酸発酵によってつくられる.

$$C_2H_5OH + 2(O) \longrightarrow CH_3COOH + H_2O \text{ (酢酸発酵も同じ)}$$
$$CH_3CHO + (O) \longrightarrow CH_3COOH$$

刺激臭のある液体で, 純粋なものは冬期に凍る (融点 16.6 ℃) ので, 氷酢酸という. 酢酸は, 食品として用いられる他, 染料, 香料, 合成繊維, 合成樹脂その他種々の薬品などの製造原料として用途がひろい.

ヒドロキシ酸　分子中にヒドロキシ基をもつカルボン酸を, ヒドロキシ酸またはヒドロキシカルボン酸という.

[例] リンゴ酸 $\begin{array}{l}CH_2COOH\\|\\CH(OH)COOH\end{array}$ 乳酸 $\begin{array}{l}CH_3CH(OH)COOH\end{array}$

酒石酸 $\begin{array}{l}CH(OH)COOH\\|\\CH(OH)COOH\end{array}$ クエン酸 $\begin{array}{l}CH_2COOH\\|\\C(OH)COOH\\|\\CH_2COOH\end{array}$

(注) サリチル酸は157ページ参照

4. エステル

エステル ester

アルコールと酸から水がとれて結ばれた形の化合物を**エステル**という.

$$RCOOH + R'OH \longrightarrow RCOOR' + H_2O$$
$$RSO_3H + R'OH \longrightarrow RSO_2OR' + H_2O$$
(酸) (アルコール) (エステル)

低級脂肪酸と**低級アルコール***からできた形のエステルは，果実臭をもつ液体が多く，合成香料や果実エッセンスの原料に用いる（**表7-8**）．また水に溶けにくいが，有機物をよく溶かすので，有機溶媒として用いられる．

* 低級とは，分子中の炭素原子数の少ない脂肪酸やアルコールに用いる言葉である．

表7-8 低級脂肪酸と低級アルコールのエステルの例

名 称	化 学 式	に お い
酢酸エチル	$CH_3COOC_2H_5$	西洋ナシの香
酢酸アミル	$CH_3COOC_5H_{11}$	リンゴの香
酪酸エチル	$CH_3(CH_2)_2COOC_2H_5$	パイナップルの香
酪酸アミル	$CH_3(CH_2)_2COOC_5H_{11}$	バナナの香
酢酸ベンジル	$CH_3COOCH_2C_6H_5$	ジャスミンの香
吉草酸アミル	$CH_3(CH_2)_3COOC_5H_{11}$	強いリンゴの香
イソ吉草酸イソアミル	$C_4H_9COOC_5H_{11}$	バナナの香
ペラルゴン酸エチル	$CH_3(CH_2)_7COOC_2H_5$	バラの香

高級脂肪酸と高級アルコールのエステルは白色の固体で，木ろうや鯨ろうなどがこれに属する．

エステルに塩基水溶液を加えて加熱すると，エステルの成分である酸の塩とアルコールに分解する*.

$$RCOOR' + NaOH \longrightarrow RCOONa + R'OH$$

* エステルである油脂に塩基水溶液を加えて分解し，セッケンを生じる変化を**けん化**(saponification)というが，さらに一般的には，上記のようなエステルの塩基水溶液によって塩とアルコールに分解する変化をけん化という．

7-3 芳香族炭化水素

1. 芳香族炭化水素の製造

芳香族炭化水素は，次のように石炭から得られる場合と，石油からつくられる場合がある．

(1) 石炭からの製造 かつては石炭を乾留したとき得られるコールタールの分留によってつくられ，種々の有機工業薬品製造の原料とされた．コールタールは有機化学工業，ひいては有機化学の重要な源流の一つである．コールタールの分留によって，芳香族炭化水素以外のフェノールやクレゾールなどの芳香族化合物も得られる．

(2) 石油からの製造 現在は石油化学工業の発達によって，石油のリ

フォーミング（144ページ）により種々の芳香族化合物がつくられる．

〔例〕

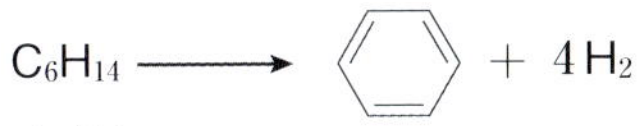

C₆H₁₄ ⟶ ⟨benzene⟩ + 4H₂
ヘキサン

2CH₂=CH−CH=CH₂ ⟶ ⟨cyclohexene⟩−CH=CH₂ ⟶ ⟨benzene⟩−C₂H₅ （エチルベンゼン） 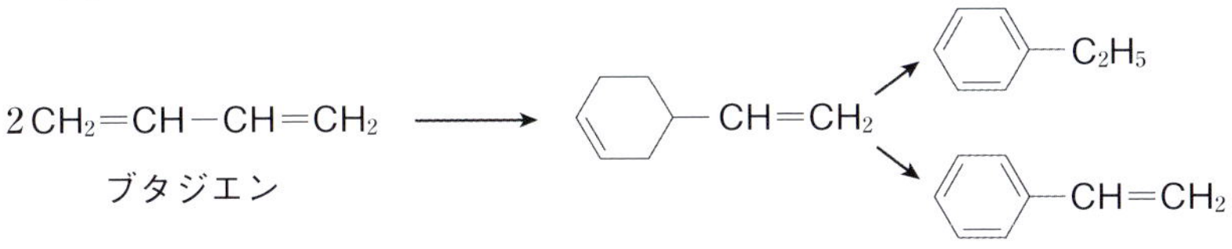
ブタジエン   ⟶ ⟨benzene⟩−CH=CH₂ （スチレン）

おもな芳香族炭化水素

ベンゼン（沸点 80 ℃）　トルエン（沸点 111 ℃）

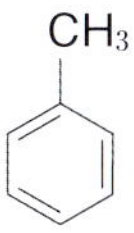

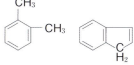

キシレン（沸点 144 ℃）　インデン（沸点 181 ℃）

ナフタレン（沸点 218 ℃，融点 80 ℃）

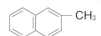

2-メチルナフタレン（沸点 241 ℃，融点 32 ℃）

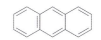

アントラセン（沸点 354 ℃，融点 216 ℃）

2. 芳香族炭化水素の反応

先に述べたように（128ページ），ベンゼン環における二重結合のπ電子は6個の炭素原子に平均してひろがり，非局在化しているため，鎖式炭化水素の二重結合と違って，比較的安定している．このため芳香族炭化水素では，付加反応がやや起こりにくく，むしろ置換反応の方が起こりやすい．なお，次のような置換，付加，酸化の反応が重要である*．

a. 置換反応　置換反応としては，次のようなスルホン化や，ハロゲン化，ニトロ化などが重要である（136ページ参照）．

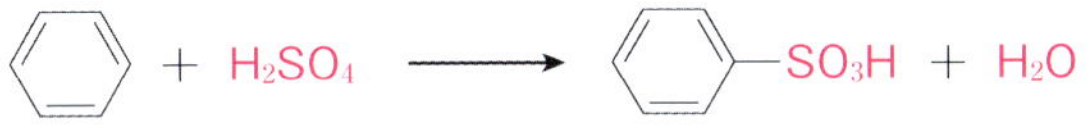

⟨benzene⟩ + H₂SO₄ ⟶ ⟨benzene⟩−SO₃H + H₂O
　　　　　　　　　　　　　　　ベンゼンスルホン酸

b. 付加反応　二重結合をもつから付加反応も起こるが，置換反応より起こりにくい．

〔例〕

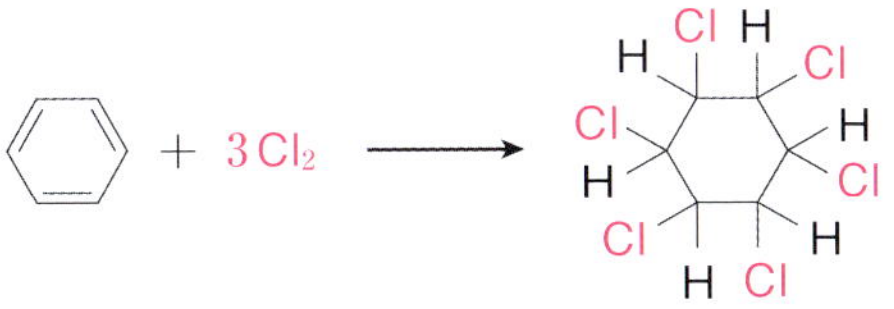

⟨benzene⟩ + 3Cl₂ ⟶ ベンゼンヘキサクロリド（BHC）（ヘキサクロロシクロヘキサン）

c. 酸化反応　ベンゼン環は比較的安定で酸化されにくい．しかし，側鎖はやや酸化されやすく，酸化されてカルボキシ基となる．

〔例〕

⟨benzene⟩−CH₃ + 3(O) ⟶ ⟨benzene⟩−COOH + H₂O
　　　　　　　　　　　　　　　　安息香酸

3. おもな芳香族炭化水素

芳香族炭化水素の分子量の小さいものは，芳香をもつ揮発性の液体であるが，大きな側鎖をもったものや，ベンゼン環が数個結合した分子量の大きいものは無色の結晶となる．結晶は一般に昇華性がある．またいずれも水に溶けにくい．

* ベンゼン環は，二重結合をもっているにもかかわらず二重結合の性質を示さないなど，芳香族特有の性質を示す．

o-キシレン（沸点 144 ℃）

m-キシレン（沸点 139 ℃）

p-キシレン（沸点 138 ℃）

a. ベンゼン C_6H_6 ベンゼンは，最も簡単な芳香族炭化水素である．芳香をもつ揮発性の液体で有機溶媒として用いられる．

1865 年，ケクレは，ベンゼンの 6 個の水素が同じ性質を示すことから，環状の構造を思いつき，六角形の構造式が生まれた．

b. トルエン $C_6H_5CH_3$ ベンゼンによく似た性質をもつ液体．ニトロ化されると爆薬トリニトロトルエン（TNT）$C_6H_2(CH_3)(NO_2)_3$ となり，酸化されると安息香酸 C_6H_5COOH となる．

c. キシレン $C_6H_4(CH_3)_2$ トルエンによく似た性質をもつ液体で，メチル基の置換位置により左のような 3 種の異性体がある．

d. ナフタレン $C_{10}H_8$ 無色の結晶で，特有の臭気があり，常温で昇華する．防虫剤として，また染料の原料として用いられる．

7-4 芳香族化合物

1. フェノール類

ベンゼン環やナフタレン環などに直接結合したヒドロキシ基（−OH）をもつ化合物を**フェノール類**という．ヒドロキシ基の数によって 1 価フェノール，2 価フェノール，3 価フェノールなどに分類される．

フェノール類　phenols

フェノール類の例

フェノール（融点 43 ℃，沸点 181 ℃）

クレゾール（融点 30 ℃，沸点 191 ℃）

ヒドロキノン（融点 171 ℃，沸点 285 ℃）

ピロガロール（融点 133 ℃，沸点 309 ℃）

(1) フェノール類の性質

a. 酸性 水溶液は弱い酸性を示す．一般に非常に弱い酸で，炭酸 H_2CO_3 より弱い．

b. 中和反応 弱いが酸であるから，塩基水溶液と中和し，塩となって水溶液となる．

〔例〕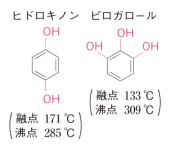

c. 呈色反応 フェノール類の水溶液に塩化鉄(III) $FeCl_3$ の水溶液を加えると，紫色〜褐色などの特有の色を呈する．

〔例〕　フェノール $C_6H_5(OH)$；紫色　　クレゾール $C_6H_4(OH)CH_3$；青色
　　　ヒドロキノン $C_6H_4(OH)_2$；青色　　ピロガロール $C_6H_3(OH)_3$；赤褐色
　　　サリチル酸 $C_6H_4(OH)COOH$；紫色

d. エステル化反応 酸塩化物，酸無水物と反応してエステルをつくる．

〔例〕 —OH ＋ CH_3COCl （塩化アセチル） ⟶ —$OCOCH_3$ （酢酸フェニル） ＋ HCl

(2) おもなフェノール類

a. フェノール（石炭酸） C_6H_5OH コールタールの分留によって得られるが，次の i, ii のようにしてベンゼンからつくられる．ii は**クメン法**と呼ばれ，フェノールとともにアセトンの工業的製法である．

クメン法　Cumen process

i

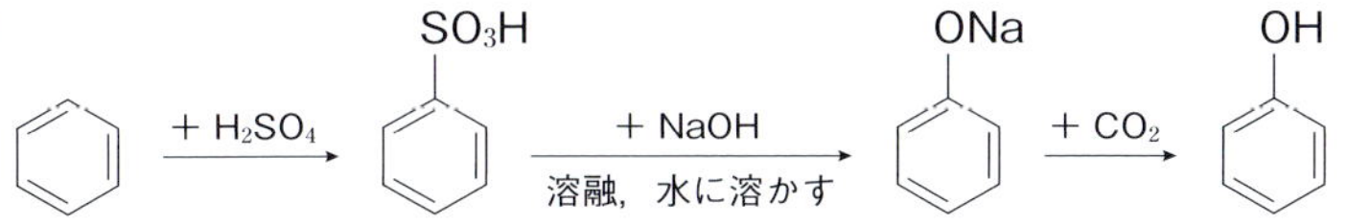

$$\text{benzene} \xrightarrow{+ H_2SO_4} \text{C}_6\text{H}_5\text{SO}_3\text{H} \xrightarrow[\text{溶融，水に溶かす}]{+ NaOH} \text{C}_6\text{H}_5\text{ONa} \xrightarrow{+ CO_2} \text{C}_6\text{H}_5\text{OH}$$

ii

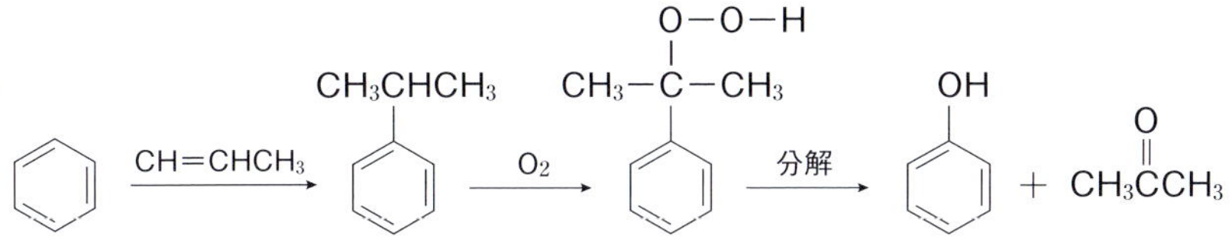

$$\text{benzene} \xrightarrow{CH=CHCH_3} \underset{\substack{\text{クメン}\\ \text{(イソプロピルベンゼン)}}}{\text{C}_6\text{H}_5\text{CH}(CH_3)_2} \xrightarrow{O_2} \underset{\substack{\text{クメンヒドロ}\\ \text{ペルオキシド}}}{\text{C}_6\text{H}_5\text{C}(CH_3)_2\text{OOH}} \xrightarrow{\text{分解}} \underset{\text{フェノール}}{\text{C}_6\text{H}_5\text{OH}} + \underset{\text{アセトン}}{CH_3COCH_3}$$

特異臭をもつ結晶で，皮膚を冒し，また殺菌作用がある．染料，医薬，合成樹脂などの原料に用いられる．

d. クレゾール $C_6H_4(OH)CH_3$　コールタールの分留によって得られるが，トルエンから，フェノールの製法 (i) と同じようにしてつくられる．フェノールに類似しているが，殺菌力はフェノールより強く，セッケン液に加えたものはクレゾールセッケンまたはリゾールと呼ばれ，殺菌剤に用いられる．また，木材の防腐剤として用いられる．右の3種の異性体がある．

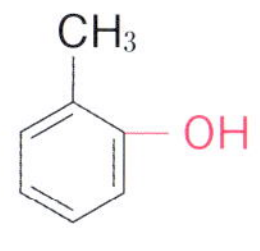

o-クレゾール

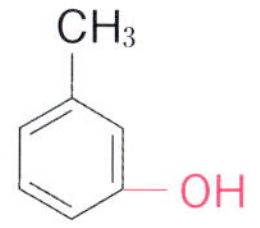

m-クレゾール

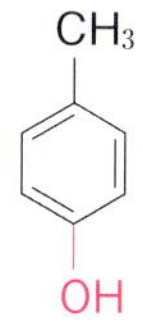

p-クレゾール

c. チモール，カルバクロール　それぞれチミアン油，オリガヌム油中に存在し，ともに強い防腐作用があり，歯磨などの口腔剤に用いられる．

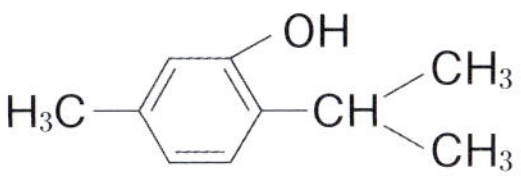

チモール 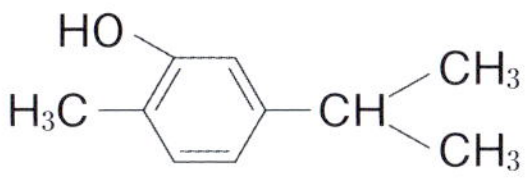　　　カルバクロール

d. 1-，2-ナフトール　1-，2- ともに無色の結晶で昇華性．また，いずれも染料合成の中間体である．

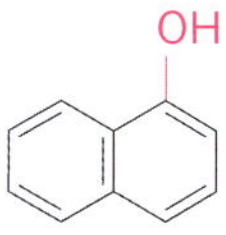

1-ナフトール

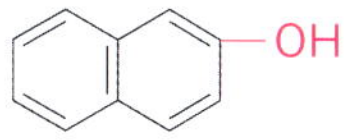

2-ナフトール

e. 2価フェノール　おもなものとして次のようなものがある．ピロカテキンとヒドロキノンは昇華性の結晶で，還元性が強く，写真現像薬として用いられる．

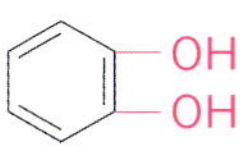

ピロカテキン 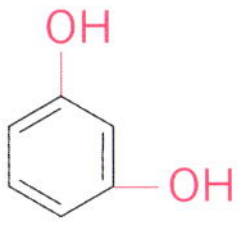　　レゾルシン 　　ヒドロキノン

f. ピロガロール $C_6H_3(OH)_3$　ピロガロールは3価のフェノールで，没食子酸の加熱分解によってつくられる．昇華性の強還元性物質で写真現像に用いられる他，塩基水溶液は酸素をよく吸収するのでガス分析に利用される．

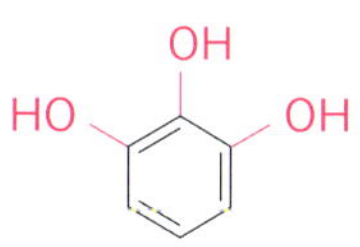

ピロガロール

芳香族ニトロ化合物
aromatic nitro compound

2. 芳香族ニトロ化合物

ベンゼン環にニトロ基（$-NO_2$）が結合した化合物を**芳香族ニトロ化合物**という．芳香族炭化水素やフェノール類などに，濃硝酸と濃硫酸の混酸を作用させてニトロ化すると，生成する．一般に黄色の液体または固体で，水に溶けにくい．おもな芳香族ニトロ化合物としては以下のようなものがある．なお，ニトロメタン（CH_3NO_2）のような脂肪族ニトロ化合物もある．

a. ニトロベンゼン $C_6H_5NO_2$　ベンゼンに濃硝酸と濃硫酸を作用させると，ニトロベンゼンが生成する．

淡黄色油状の液体（融点 5.7 ℃）で，芳香をもつ．蒸気は有毒である．還元するとアニリンを生じる．

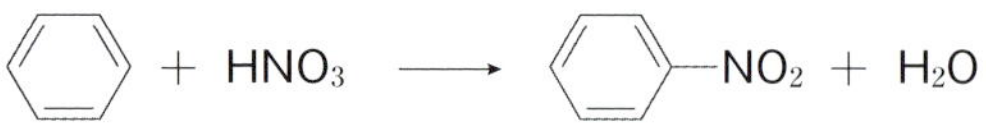

$$\bigcirc + HNO_3 \longrightarrow \bigcirc\text{-}NO_2 + H_2O$$

ニトロベンゼン

b. トリニトロトルエン $C_6H_2(CH_3)(NO_2)_3$　トルエンに濃硝酸と濃硫酸の混酸を作用させてニトロ化したとき，最終的に生成するのが 2,4,6-トリニトロトルエンである．黄色の結晶で，爆発性に富み，TNT 爆薬あるいは黄色火薬などという．

トリニトロトルエン
trinitrotoluene (TNT)

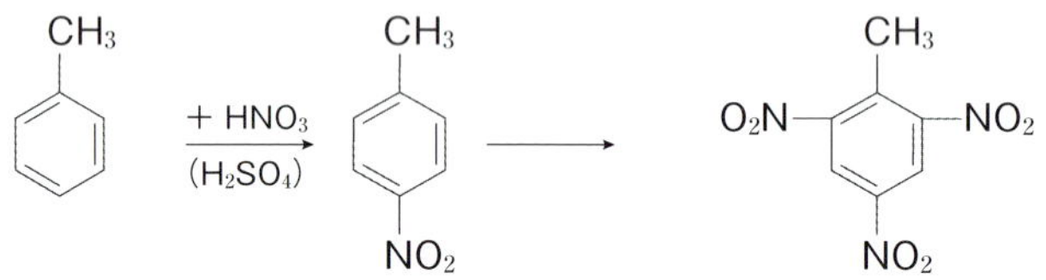

トルエン　　　p-ニトロトルエン　　　2,4,6-トリニトロトルエン

【補足】トリニトロトルエン，トリニトロフェノール，ニトログリセリン（146 ページ），ニトロセルロース（166 ページ）はいずれも爆薬であるが，ニトログリセリンとニトロセルロースはエステルである．

c. ピクリン酸 $C_6H_2(OH)(NO_2)_3$　ピクリン酸は，フェノールを直接ニトロ化しても得られるが，普通はフェノールをスルホン化したのち，硝酸でニトロ化してつくる．

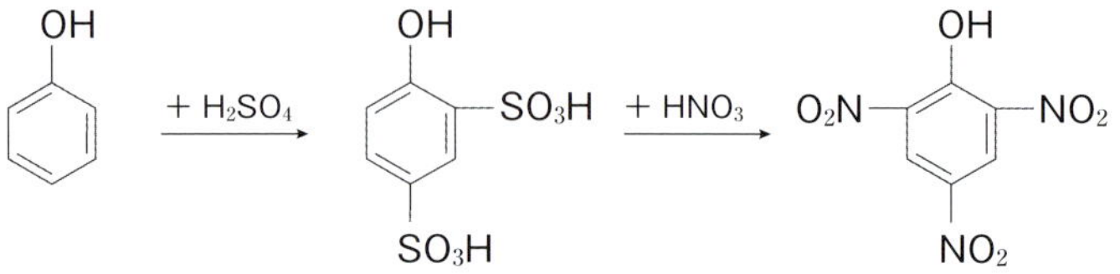

ピクリン酸
(2,4,6-トリニトロフェノール)

＊　ニトロ基は電子を引きつける性質が強いため（137 ページ），ピクリン酸のように三つのニトロ基をもつ場合は，ベンゼン環の電子密度が大きく低下して安定化すると同時に，ヒドロキシ基の電子がベンゼン環に引き寄せられ，H^+ を生じやすくなり，酸性を強くし，水にも溶けやすくなる．

アミン　amine

黄色の結晶で水によく溶け，水溶液はかなり強い酸性を示す＊．爆薬として用いられる他，絹，羊毛などの動物性繊維の黄色染料として用いられる．

3. 芳香族アミン

アンモニア NH_3 の H 原子を炭化水素基で置換したものを**アミン**とい

い，炭化水素基が**フェニル基** C_6H_5- であるものを**芳香族アミン**という．置換した炭化水素基の数により，第一級，第二級，第三級アミンという．

$$NH_3 \longrightarrow R-NH_2 \quad \begin{matrix}R\\R\end{matrix}\!\!>\!\!NH \quad \begin{matrix}R\\R'\end{matrix}\!\!>\!\!N-R''$$

第一級アミン　　第二級アミン　第三級アミン

フェニル基　phenyl group
芳香族アミン　aromatic amine

炭化水素基が鎖式炭化水素であれば，**脂肪族アミン**という．

脂肪族アミン　aliphatic amine

芳香族アミンの例

アニリン　　　 o-トルイジン　　　ジメチルアニリン　　　ジフェニルアミン

(融点　6 ℃ / 沸点　184 ℃)　(融点　−21 ℃ / 沸点　288 ℃)　(融点　2 ℃ / 沸点　193 ℃)　(融点　53 ℃ / 沸点　302 ℃)

(1) 第一級アミンの反応　第一級アミンは次のような反応をする．

a. 酸との反応　アミノ基は塩基性を示し，酸と中和して塩となる．

$$R-NH_2 + HCl \longrightarrow R-NH_3Cl$$

一般に脂肪族第一級アミンの方が，芳香族第一級アミンより塩基性が強い．

b. カルボン酸との反応　カルボン酸と反応してアミドを生じる．

$$R-NH_2 + R'COOH \longrightarrow R-NH-CO-R' + H_2O$$

$-NH-CO-$ を**アミド結合**といい，アミド結合をもつ化合物を**アミド**という．

アミド結合　amide bond
アミド　amide

c. ジアゾ化　芳香族第一級アミンに亜硝酸塩と塩酸を低温で作用させると，いろいろの合成に用いられるジアゾニウム塩を生じる*.

〔例〕　$C_6H_5NH_2 + NaNO_2 + 2HCl \longrightarrow C_6H_5N^+\equiv NCl^- + NaCl + 2H_2O$
　　　　　　　　　　　　　　　　　　塩化ベンゼンジアゾニウム

* $ArN^+\equiv NX^-$ のような化合物をジアゾニウム塩という．なお Ar は，芳香族炭化水素から一つの H 原子を除いた**アリール基**である．とくにベンゼンから H を 1 個除いた基はフェニル基という．

(2) おもなアミン

a. アニリン $C_6H_5NH_2$　ニトロベンゼンを還元することによってつくられ，実験室ではスズと塩酸で，工業的には鉄と塩酸で還元する．

 $-NO_2 + 6(H) \longrightarrow$ 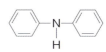 $-NH_2 + 2H_2O$

水に難溶性の無色の液体で，空気中で次第に褐色に変わる．酸とは中和して塩となり水に可溶となる．

$$C_6H_5NH_2 + HCl \longrightarrow C_6H_5NH_3Cl$$
　　　　　　　　　　　アニリン塩酸塩

無水酢酸を作用させると，**アセトアニリド**を生じる．

アセトアニリド　acetanilide

$$2C_6H_5NH_2 + (CH_3CO)_2O \longrightarrow 2C_6H_5-NH-COCH_3 + H_2O$$

アニリンの水溶液にサラシ粉水溶液を加えると紫色を呈することから，アニリンの検出に利用される．また，アニリンに硫酸と二クロム酸カリウム溶液を加えると，黒色物質を生じる．この黒色物質を**アニリンブラック**といい，黒色染料として用いられる．その他アニリンからは，種々の染料や医薬が合成される*．

アニリンブラック
aniline black

* アセトアニリドは，以前は解熱剤として使われた．また，敗血症・産じょく熱・丹毒などの細菌による病気に卓効のあるサルファ剤もアニリンの誘導体で，その一つのスルファニルアミドは下のような構造式で示される．

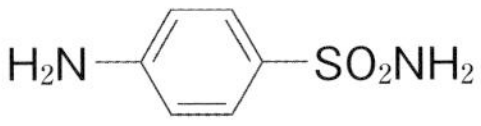

$H_2N-\!\!\!\bigcirc\!\!\!-SO_2NH_2$

b. トルイジン $C_6H_4(CH_3)NH_2$　ニトロトルエンを還元してつくられる．3種の異性体があり，このうち o-，p-トルイジンは染料製造原料として重要である．

4. その他の芳香族化合物

(1) 芳香族カルボン酸　カルボキシ基（－COOH）をもつ芳香族化合物を芳香族カルボン酸といい，カルボキシ基を一つもつもの，二つもつもの，またカルボキシ基の他にヒドロキシ基（－OH）ももっているヒドロキシ酸などがある．

芳香族カルボン酸の例

安息香酸　　フタル酸　　テレフタル酸　　サリチル酸

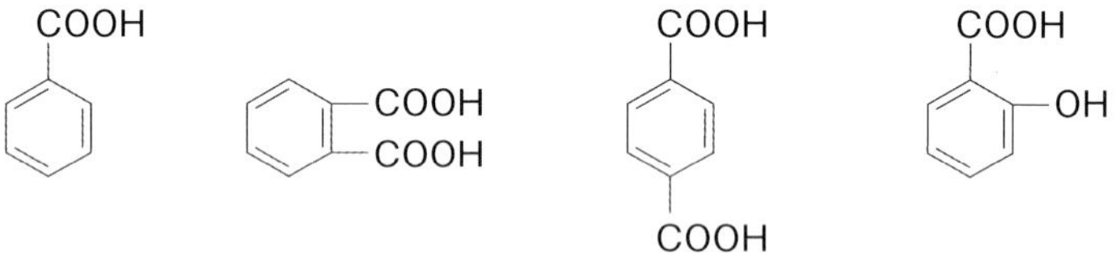

a. 安息香酸 C_6H_5COOH　天然の樹脂である安息香中に遊離して存在し，また，グリシンと結合した馬尿酸として馬の尿中に存在する．実験室ではトルエンを二クロム酸カリウムと硝酸で酸化してつくる．

昇華性の結晶で，熱水に溶ける．酢酸より強い酸性を示す．

$$\bigcirc\!\!-CH_3 + 3(O) \longrightarrow \bigcirc\!\!-COOH + H_2O$$

b. フタル酸 $C_6H_4(COOH)_2$　o-キシレンまたはナフタレンを酸化してつくる．無色の結晶であるが，空気中で熱すると，融解すると同時に脱水されて**無水フタル酸**となる．

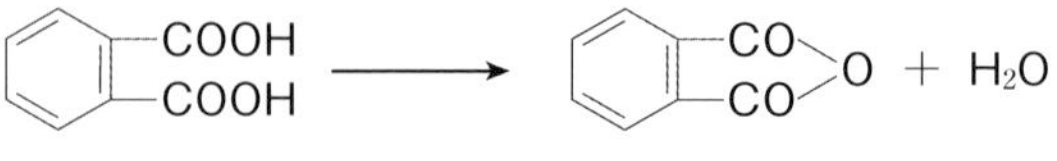

無水フタル酸

c. テレフタル酸 $C_6H_4(COOH)_2$　p-キシレンやトルエンからつくられ，合成繊維のテトロン（ポリエチレンテレフタラート）の原料である．

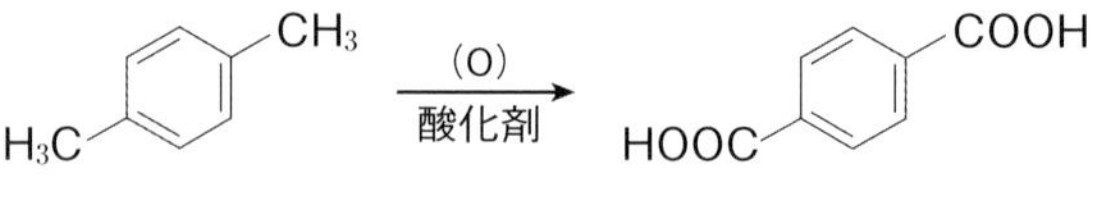

p-キシレン

【参考】酸性の強さと反応
酸性の強さは「カルボン酸＞炭酸＞フェノール類」であるから，次のように反応する．
① $NaHCO_3$ 水溶液と反応するのはカルボン酸であり，フェノール類は反応しない．
例：$NaHCO_3 + C_6H_5COOH$
　　$\longrightarrow C_6H_5COONa + CO_2 + H_2O$
②カルボン酸とフェノール類の塩の水溶液に CO_2 を吹き込むと，フェノール類の塩は反応してフェノール類を遊離するが，カルボン酸の塩は反応しない．
例：$C_6H_5ONa + CO_2 + H_2O$
　　$\longrightarrow C_6H_5OH + NaHCO_3$

d. サリチル酸 $C_6H_4(OH)COOH$　フェノールに NaOH を加え，高圧で CO_2 を作用させてつくる．アルコールとも酸（酸無水物，酸塩化物）とも反応してエステルをつくる．

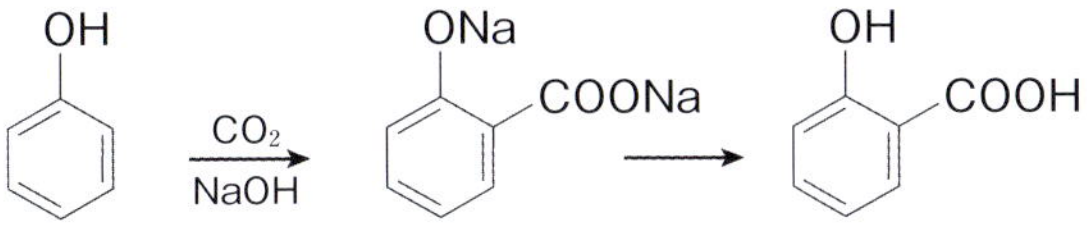

サリチル酸は，消毒，防腐剤として，また種々の医薬の原料に用いられる．サリチル酸メチルは消炎剤として，アセチルサリチル酸はアスピリンとも呼ばれ解熱剤として用いられる．

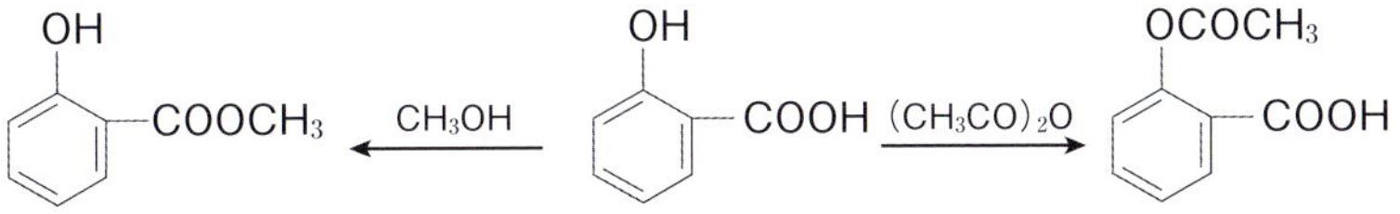

(2) 芳香族アルデヒドおよびケトン　脂肪族化合物におけるアルデヒドとケトンと同じように，芳香族化合物にもアルデヒドとケトンがあり，その性質は脂肪族のアルデヒドとケトンに類似している．

ベンズアルデヒドは，ベンジルアルコールやトルエンを酸化してつくる．

$$C_6H_5CH_2OH + (O) \longrightarrow C_6H_5CHO + H_2O$$
$$C_6H_5CH_3 + 2(O) \longrightarrow C_6H_5CHO + H_2O$$

酸化されると安息香酸となり，還元されるとベンジルアルコールとなる．

芳香族アルデヒドとケトンの例

ベンズアルデヒド　CHO

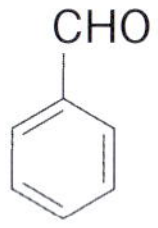

アセトフェノン　COCH₃

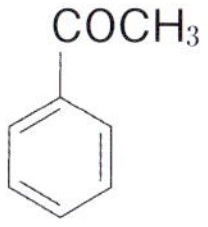

━━━━━━━━━━ 演 習 問 題 ━━━━━━━━━━

1. 次の分子式をもつ化合物に考えられる異性体の数を記せ．
   C_5H_{12}

2. $C_{27}H_{46}$ の式をもつ炭化水素 1 mol は，水素 1 mol を吸収して飽和になる．この炭化水素はいくつの環をもっているか．

3. アセチレンに水を付加させてできた化合物 **A** を酸化して化合物 **B** とした．次に，化合物 **A** を還元してできた化合物 **C** と **B** を硫酸を加えて加熱し，芳香のある化合物 **D** を得た．**A** ～ **D** の物質名を記せ．

4. 次の a, b の物質の中に，（ ）内に示した物質が含まれているかどうかを調べる方法を記せ．ただし，（ ）内に示した物質以外は含まれていないものとする．
   a. エタノール（水）　　b. エチルエーテル（エタノール）

5. 次の分子式をもつ化合物に考えられる構造式をすべて書け．
   a. C_3H_8O　　b. $C_3H_6O_2$

6. 酢酸とギ酸の入った試験管がある．それぞれを振りながら，うすい過マンガン酸カリウムの硫酸酸性水溶液を少量ずつ加えてみた．この場合の外見上の変化を示せ．もし両者に相違があれば，その理由を簡単に述べよ．

7. $C_nH_{2n-6}O_2$ なる分子式の脂肪酸には分子内に環や三重結合がないとすれば,二重結合は何個あることになるか.
8. $C_2H_4O_2$ の分子式をもつ化合物のうち,次の (1) ~ (3) のそれぞれに該当する物質の名称を記せ.
   (1) 加水分解によって酸とアルコールとに分かれるもの.
   (2) アルコールの性質をもち,かつフェーリング溶液を還元するもの.
   (3) 炭酸水素ナトリウムと反応して,二酸化炭素を発生するもの.
9. o-キシレンの水素原子1個を塩素で置換してできる異性体はいくつあるか.
10. C_7H_8O の分子式をもつ芳香族化合物の異性体はいくつあるか.
11. メタン,エチレン,ベンゼンの水素原子2個をいろいろの方法で塩素原子2個で置換すると,つねにメタンからは1種(異性体なし),エチレンからは3種,ベンゼンからは3種の異性体しか得られない.それ以上の異性体が得られない理由を次の a~e より選べ.
    a. 炭素と炭素の単結合は容易に回転できる.
    b. 炭素原子のまわりの原子配置は正四面体である.
    c. 炭素原子のまわりの原子配置は平面的である.
    d. 炭素原子で正六角形の環状構造をつくっている.
    e. 炭素と炭素の単結合と二重結合の区別がなくなっている.
12. アニリン・エチルエーテル・サリチル酸・トルエンの混合物がある.これを各成分に分離するため,下の図に示すような操作を行った.A~G の名称を書け.

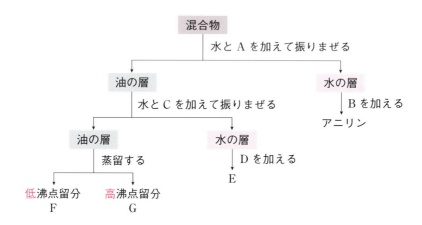

第8章　天然有機化合物と高分子化合物

われわれの生活は有機化合物と深い関連性がある．人間の体自体がおもに有機化合物でできている．本章にとり上げた油脂，炭水化物，タンパク質，さらに繊維，合成樹脂など，どれ一つとして，われわれの生活から切り離すことはできない．

● 8-1　油　脂 ●

1. 油　脂

油脂は，動植物体に広く含まれ，食品の重要成分であり，また，セッケン，グリセリン，ニトログリセリンの製造原料として重要である．

油脂は種々の脂肪酸のグリセリンエステル（**グリセリド**という）の混合物である．油脂を構成する脂肪酸にはいろいろあるが，表 8-1 に示すように，パルミチン酸，ステアリン酸，オレイン酸，リノール酸，リノレン酸などがおもなものである．そのうち前二者は二重結合をもたない飽和脂肪酸であるが，オレイン酸，リノール酸，リノレン酸はおのおの二重結合を 1 個，2 個，3 個もった不飽和脂肪酸である．

油脂には常温で固体のもの（**脂肪**という）と液体のもの（**脂肪油**という）があるが，一般に高級飽和脂肪酸からなる油脂は，常温で白色の固体であり，低級脂肪酸あるいは不飽和脂肪酸からなる油脂は，常温で無色の液体である．

油脂は水に溶けないが，エーテル・石油ベンジンなどの有機溶媒にはよく溶ける．高温の水蒸気を作用させると，加水分解して脂肪酸とグリセリ

油脂　oil and fat

グリセリド　glyceride

R_1COOCH_2
$|$
R_2COOCH
$|$
R_3COOCH_2

グリセリド

脂肪　fat
脂肪油　fatty oil

表 8-1　油脂に含まれる脂肪酸の割合（％）

脂 肪 酸		牛 脂	豚 脂	バター脂肪	ヤシ油	綿実油	アマニ油	ダイズ油
ラク（酪）酸	C_3H_7-COOH			3				
カプロン酸	$C_5H_{11}-COOH$			2	2			
カプリル酸	$C_7H_{15}-COOH$			1	6〜10			
カプリン酸	$C_9C_{19}-COOH$			2	4〜11			
ラウリン酸	$C_{11}H_{23}-COOH$			3〜4	45〜51			
ミリスチン酸	$C_{13}H_{27}-COOH$	2		10〜11	16〜20			
パルミチン酸	$C_{15}H_{31}-COOH$	27〜33	32	28	4〜8	20〜22	5〜10	2〜7
ステアリン酸	$C_{17}H_{35}-COOH$	15〜24	8	9〜12	1〜5	2		4〜7
オレイン酸	$C_{17}H_{33}-COOH$	43〜48	60	33〜36	2〜10	30〜35		32〜36
リノール酸	$C_{17}H_{31}-COOH$	2〜3		4〜5	1	42〜45	50〜60	52〜57
リノレン酸	$C_{17}H_{29}-COOH$						20〜30	2〜3

ンになる．また塩基を加えて熱すると，高級脂肪酸のアルカリ塩であるセッケンとグリセリンとなる．このように，油脂を塩基によって加水分解することを**けん化**という（150 ページ参照）．

$$\begin{array}{l} R^1COOCH_2 \\ R^2COOCH \\ R^3COOCH_2 \end{array} + 3\,NaOH \longrightarrow \begin{array}{l} R^1COONa \\ R^2COONa \\ R^3COONa \end{array} + C_3H_5(OH)_3$$

2. けん化価とヨウ素価

油脂は前述のように種々の脂肪酸からなるグリセリドであり，どのような脂肪酸のグリセリドを多く含むかによって油脂の性質が決まる．その構成脂肪酸の種類を表す方法として，**けん化価**と**ヨウ素価**がある．

けん化価　saponification value

(1) けん化価　けん化価は，油脂の平均分子量の大小を表す数値で，油脂 1 g を完全にけん化するのに要する水酸化カリウムの mg 数で表す．グリセリド $(RCOO)_3C_3H_5$ 1 mol をけん化するのに KOH 3 mol を要する．したがってグリセリドの分子量 M と，けん化価 S の間には次のような関係がある（KOH の式量 $= 56$）．

$$(RCOO)_3C_3H_5 + 3\,KOH \longrightarrow 3\,RCOOK + C_3H_5(OH)_3$$

$$1 \times M\,(\text{g}) : 3 \times 56 \times 10^3\,(\text{mg}) = 1 : S$$

$$\therefore\ M = \frac{3 \times 56 \times 10^3}{S}$$

このことから，けん化価の大きい油脂とは，平均分子量の小さい油脂であり，低級脂肪酸からなるグリセリドを多く含む油脂である．

ヨウ素価　iodine value, iodine number

(2) ヨウ素価　油脂の不飽和度を表す数値で，油脂 100 g に付加するヨウ素の g 数で表す．グリセリドの成分脂肪酸の二重結合 1 個につき，1 分子のヨウ素が付加する．したがって，ヨウ素価が大きい油脂とは，不飽和脂肪酸のグリセリドを多く含む油脂である．

3. 不飽和度と油脂の性質

＊　それぞれ，亜麻仁油，荏油，桐油と書く．

アマニ油・エノ油・キリ油＊などのように，リノール酸・リノレン酸などの不飽和度の高い脂肪酸のグリセリドを多く含み，ヨウ素価の大きい油脂（ヨウ素価が 130 以上）は，うすい層にして空気中に放置すると乾燥

乾性油　drying oil

（酸化重合）して樹脂状になることから**乾性油**と呼ばれ，印刷用インクの原料やペンキに用いられる．これに対し，ツバキ油・オリーブ油・ラッカセイ油などは不飽和度の低いグリセリド（ヨウ素価が 100 以下）を多く含

不乾性油　nondrying oil

み，乾燥しにくく**不乾性油**と呼ばれ，化粧品の原料や潤滑油として用いられる．なお，乾性油と不乾性油の中間のものに大豆油・ゴマ油などがあり，一般に食用油として用いられる．

乾性油に 1 ％以下の鉛やマンガンなどの酸化物を加えて煮沸したものを

ボイル油　boiled oil

ボイル油といい，乾性油よりさらに乾燥しやすく，油性ペイントや印刷用インクなどに用いる．魚油は悪臭があるが，この悪臭は不飽和度の高い脂

肪酸のグリセリドが酸化されてできるものである．ニッケルを触媒として魚油に水素を付加させると，融点の高い脂肪となり，悪臭もなくなり固体となる．これを**硬化油**という．

4. セッケンと合成洗剤

油脂に水酸化ナトリウム水溶液を加えて加熱すると，グリセリンと脂肪酸ナトリウムが生成する．この脂肪酸ナトリウムが**セッケン***であり，この変化がけん化である（160ページ参照）．

セッケンは水やアルコールに溶ける．セッケンは強塩基と弱酸からなる塩であるから，水溶液中では加水分解して塩基性を示し，また酸を加えると不溶性の高級脂肪酸を遊離して白濁する．

セッケン分子は，疎水性のアルキル基と親水性のカルボキシ基のナトリウム塩の部分からなり，水溶液中ではミセルとなり，水面のセッケン分子は疎水基が水面上に，親水基が水中に存在する状態で配列して，水の表面張力を低下させる界面活性剤（65ページ）である**．また油をセッケン水に入れると，疎水基が油滴の方を向いてセッケンの分子が油滴をとり囲み，ミセルとなって油を水に混じらせ乳化する．このように，セッケンは水の表面張力を低下させたり，乳化作用によって洗浄作用を示す．

セッケンはこのような洗浄作用をもつが，カルシウムイオンやマグネシウムイオンを含む硬水中では，それらの金属のセッケンとなって沈殿し洗浄作用が低下する．また，セッケンは水溶液中では塩基性を示すので，絹や羊毛などの動物性繊維を傷めるなどの欠点がある．このような欠点をなくした洗剤が**合成洗剤**である．

合成洗剤は，セッケンと同じく一つの分子中に疎水基と親水基をもつ物質である．水溶液中で中性を示し，硬水でも沈殿を生じない．合成洗剤には高級アルコールの硫酸エステルのナトリウム塩を主成分とするものと，アルキルベンゼンスルホン酸のナトリウム塩を主成分とするものがある．

● 8-2　炭水化物 ●

1. 炭水化物

グルコース，スクロース，デンプン，セルロースなどは，いずれも $C_m(H_2O)_n$ で表されるような分子式をもっていて，**炭水化物**または**糖類**と呼ばれる*．炭水化物はアルコール性ヒドロキシ基をもち，多価アルコールの一種としての構造をもっている．炭水化物は，米・麦・イモ類などの植物の種子や根などにデンプンとして存在する他，果実の甘味の主体であるグルコースやフルクトースとして，また，植物性繊維である綿・麻などではセルロースとして，天然にたくさん存在している．

炭水化物は，加水分解の可否，あるいは加水分解によって生じる糖の分子数から，**単糖類**，**二糖類**，**多糖類**などに分けられる（**表 8-2**）*．

硬化油　hardened oil

【参考】バターとマーガリン
バターは牛乳から分離した脂肪を原料とし，マーガリンは植物油など不飽和度の大きい油脂に水素を付加した硬化油を原料とする．

セッケン　soap
*　脂肪酸の金属塩を総称してセッケンというが，単にセッケンといえばナトリウム塩をさす．

**　セッケンや合成洗剤のように，疎水（親油）性の基と親水性の基をもつ物質を**界面（表面）活性剤**という．

合成洗剤　synthetic detergent
〔**合成洗剤の例**〕セチルアルコールの硫酸エステルのナトリウム塩　$C_{16}H_{33}OSO_3Na$，ドデシルベンゼンスルホン酸ナトリウム

$C_{12}H_{25}$—〈ベンゼン環〉—SO_3Na

など．

炭水化物　carbohydrate
糖類　saccharide
*　酢酸は分子式 $C_2H_4O_2$ なので $C_m(H_2O)_n$ で表されるが，炭水化物ではない．

単糖類　monosaccharide
二糖類　disaccharide
多糖類　polysaccharide
*　三糖類や四糖類などもあるが，重要なものが少なく，その数も極めて少ない．

表 8-2　炭水化物の分類例

種　類	分子式	加水分解生成物	例
単糖類	$C_6H_{12}O_6$	加水分解しない	グルコース，フルクトース
二糖類	$C_{12}H_{22}O_{11}$	2分子の単糖類	スクロース，マルトース，ラクトース
多糖類	$(C_6H_{10}O_5)_n$	多数の分子の単糖類	デンプン，セルロース

2. 単糖類

炭水化物を加水分解して得られる最小単位が単糖類であり，天然に存在する単糖類のほとんどは，6個の炭素原子からなる $C_6H_{12}O_6$ の**ヘキソース**と，5個の炭素原子からなる $C_5H_{10}O_5$ の**ペントース**である．ここでは，おもにヘキソースについて述べることにする．

ヘキソース　hexose
ペントース　pentose

【参考】ペントースはヘキソースに次ぐ重要な単糖類である．キシロース，アラビノースは多糖類の成分として植物界に広く存在する．
　また，リボース，デオキシリボースは核酸の成分である（171ページ）．

ヘキソースは，一般に無色の結晶で水によく溶け，甘味がある．還元性があり，銀鏡反応を呈し，フェーリング溶液を還元する．また，ヒドロキシルアミン NH_2OH を作用させるとオキシムを生じる（147ページ）．これらのことは，分子内にアルデヒド基（$-CHO$），カルボニル基（$>CO$）が存在することを示す．

グルコース　glucose

a. グルコース $C_6H_{12}O_6$　ブドウ糖とも呼ばれ，広く植物界に分布し，多くの場合フルクトースとともに存在する．またデンプン，セルロースなどの構成成分として存在する．工業的にはデンプンを酸で加水分解したり，または発酵法によってつくられる．

結晶のグルコース中では，5個の炭素原子が1個の酸素原子とともに六員環構造の骨格を形づくっている．グルコースを水に溶かすと，$O-C^1$ 原子間の結合が切れるとともに，C^1 原子はカルボニル炭素となり，アルデヒド型のグルコース，すなわちアルドースを生じ，環式グルコースと平衡を保つ．また，この平衡において，C^1 原子の OH 基に関して2種の環式グルコースが存在でき，それらを α-グルコース，β-グルコースという（C^1-OH と C^2-OH が同じ側のものが α，反対側のものが β である）．

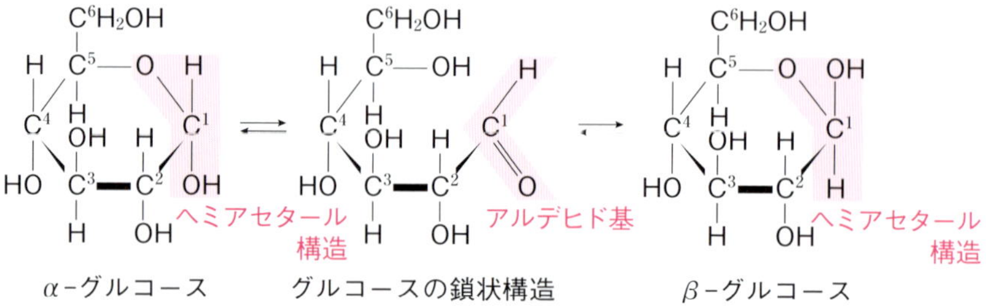

α-グルコース　　グルコースの鎖状構造　　β-グルコース

水溶液中のグルコースの平衡

ヘミアセタール　hemiacetal

ヘミアセタール構造　図の α-グルコースと β-グルコースの C^1 部分のように，同じC原子に $-OH$ とエーテル結合（$-O-$）を1個ずつ含む構造

$\mathrm{H}{>}\mathrm{C}{<}^{\mathrm{OR}}_{\mathrm{OH}}$ を**ヘミアセタール構造**という．この構造があると，水溶液中でその一部が分解してアルデヒド基をもつ鎖状構造となり，還元性を示す．

$$\mathrm{H}{>}\mathrm{C}{<}^{\mathrm{OR}}_{\mathrm{OH}} \longrightarrow \underset{\mathrm{H}}{\mathrm{C}}{=}\mathrm{O} + \mathrm{R-OH}$$

b. フルクトース $C_6H_{12}O_6$ 果糖とも呼ばれ，無色の潮解性結晶で，甘味はグルコースより強い．やはり広く植物界に分布するが，キクイモやダリヤ根中に多量含まれている**イヌリン**は，フルクトースを構成成分とする多糖類である．またフルクトースは，グルコースと結合してスクロースとして産出する．

フルクトースの分子構造は，結晶中では六員環構造であり，ヘミアセタール構造をもたないが，水溶液中で存在する鎖状構造には $-\mathrm{CO-CH_2OH}$ の構造があるため，還元性を示す．

フルクトース fructose
イヌリン inulin
【補足】**アルコール発酵**
　グルコースやフルクトースのような単糖類は，酵母菌中に存在する酵素群（170ページ）チマーゼによりアルコール発酵されてエタノールと二酸化炭素を生成する．
$C_6H_{12}O_6 \longrightarrow 2C_2H_5OH + 2CO_2$
単糖類　　エタノール　二酸化炭素
　なお，一般に微生物がもつ酵素によって有機化合物が分解する現象を**発酵**（fermentation）という．

β-フルクトース　　　フルクトースの鎖状構造　　　α-フルクトース
（還元性を示す）

水溶液中のフルクトースの平衡

$-\mathrm{CO-CH_2OH}$ の構造が還元性を示すのは，水溶液中で次のような平衡状態となり，アルデヒド基が生じることによる．

$$\underset{\mathrm{O}}{-\overset{\|}{\mathrm{C}}-\mathrm{CH_2OH}} \rightleftarrows \underset{\mathrm{OH\ OH}}{-\mathrm{C}=\mathrm{CH}-} \rightleftarrows \underset{\mathrm{OH}}{-\mathrm{CH}}-\underset{\mathrm{O}}{\overset{\|}{\mathrm{CH}}}$$

c. ガラクトース $C_6H_{12}O_6$ ガラクトースは，天然に遊離しては存在しないが，二糖類のラクトースや多糖類の**ガラクタン**（寒天に含まれる）の構成成分として存在する．

ペントース $C_5H_{10}O_5$ D-キシロース，L-アラビノースが重要である．D-キシロースは藁や植物木質部に多量存在する**キシラン**を加水分解すると得られ，木糖ともいわれる．L-アラビノースはトウモロコシの芯やアラビアゴムに存在する**アラバン**を加水分解すると得られる．ペントースは生化学的にヘキソースよりも安定で発酵を受けない．

ガラクトース galactose
ガラクタン galactan

キシロース xylose
アラビノース arabinose
キシラン xylan

アラバン araban

3. 二糖類

単糖類2分子から水1分子がとれて結合したものが二糖類で，加水分解により2分子の単糖類となる．ヘキソースの縮合型 $C_{12}H_{22}O_{11}$ で表される二糖類としては**スクロース**（ショ糖），**マルトース**（麦芽糖），**セロビオース**，**ラクトース**（乳糖）などがある（表8-3）．

スクロース sucrose
マルトース maltose
セロビオース cellobiose
ラクトース lactose

表 8-3　おもな二糖類

名　称	成　分	所　在
スクロース	α-グルコース, フルクトース	サトウキビ, テンサイに遊離して存在
マルトース	α-グルコース	デンプンの加水分解. 遊離して存在しない
セロビオース	β-グルコース	セルロースの加水分解. 遊離して存在しない
ラクトース	α-グルコース, ガラクトース	哺乳類の乳汁に遊離して存在

二糖類は，いずれも水に溶けやすい結晶あるいは粉末で甘味もある．また，スクロースを除いて還元性もある．スクロースは，下図のようにα-グルコース分子の炭素 C^1 の位置でエーテル結合*が生じて縮合するため，この位置に関連した還元反応が行えないとともに，フルクトース分子も五員環型の構造をとっているため，カルボニル基をつくれず還元性がない．

* このときできるエーテル結合 C-O-C を**グリコシド結合** (glycoside linkage) という．

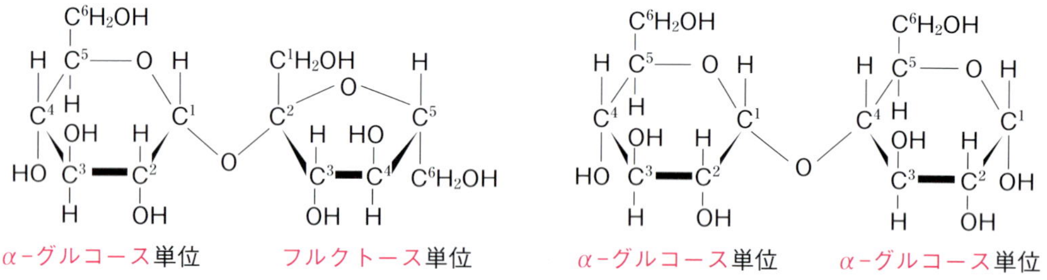

スクロースの構造　　　　　　　　マルトースの構造

スクロースを希酸またはインベルターゼという酵素で加水分解すると，α-グルコースとフルクトースの混合物が得られるが，これを**転化糖**という*．

$$C_{12}H_{22}O_{11} + H_2O \longrightarrow C_6H_{12}O_6 + C_6H_{12}O_6$$
　　　　　　　　　　　　　　　　　α-グルコース　フルクトース

転化糖　invert sugar
* 転化糖というのは，スクロース溶液が光学的に右旋性であるのに，加水分解が進むにつれて偏光面の回転が左に変わり，ついに左旋性になってしまうことから名づけられたものであり，この加水分解反応を**転化** (inversion) という．

4. 多糖類

デンプン，**グリコーゲン**，**セルロース**などはグルコースを成分とする多糖類であるが，この他フルクトースを成分とする**イヌリン**，ガラクトースを成分とする**ガラクタン**などの多糖類があり，これらはいずれも $(C_6H_{10}O_5)_n$ という式で表される．また $(C_5H_{10}O_5)_n$ で表される多糖類**ペントサン**がある．いずれも，単糖類分子が数百〜数千個 縮合重合*したもので，分子量も $10^4 \sim 10^5$ 程度の高分子化合物である．

デンプン　starch
グリコーゲン　glycogen
セルロース　cellulose
ペントサン　pentosan

* 水などの簡単な分子が脱離する縮合反応の繰り返しで高分子が生成する反応．

a. デンプン $(C_6H_{10}O_5)_n$　デンプンは，植物の貯蔵組織である種子・地下茎・根などにたくわえられる多糖類で，植物の緑葉中で同化作用によってつくられる．デンプンは，植物体内では小球状のデンプン粒として存在する．その形状・大きさは植物によって異なるが，骨格をなしている**アミ**

ロペクチン（水に不溶）と，その骨格に包み込まれた**アミロース**（熱湯に溶ける）からなる．いずれも α-グルコース の縮合重合体で，アミロペクチンは α-グルコース基が直鎖状ばかりでなく，ところどころ枝分かれして結合したもので，分子量は 10^5 の桁であり，アミロースは α-グルコース基が直鎖状に結合した分子で，分子量が 10^4 の桁となっている．

アミロペクチン　amylopectin
アミロース　amylose

【補足】普通の米（うるち米）はアミロース 20〜30 %，アミロペクチン 70〜80 %．
　もち米はアミロペクチン 98〜100 %で，アミロースはほとんど含まれていない．

アミロースの構造の一部

デンプンは冷水に溶けにくいが，温水にはコロイド状となって溶ける．デンプン水溶液にヨウ素水溶液を加えると，青〜赤紫色を呈する．これを**ヨウ素デンプン反応**といい，デンプンあるいはヨウ素の検出方法として重要である．デンプン水溶液に酸または酵素を作用させると，加水分解する．その初期には，高分子化合物ではあるが，デンプンより小さな分子である**デキストリン**となり，さらに加水分解してマルトース，さらにグルコースとなる．

ヨウ素デンプン反応
 iodo-starch reaction

デキストリン　dextrin

$$2(C_6H_{10}O_5)_n + nH_2O \longrightarrow nC_{12}H_{22}O_{11}$$
$$C_{12}H_{22}O_{11} + H_2O \longrightarrow 2C_6H_{12}O_6$$

b．グリコーゲン $(C_6H_{10}O_5)_n$　デンプンと同じく α-グルコース からなる多糖類であるが，動物の肝臓・筋肉にたくわえられているので，動物デンプンとも呼ばれる．構造は，アミロペクチンと同じような分枝構造をもつグルコースの縮合重合体であり，分枝の度合はさらに著しいことが確かめられている．精製したグリコーゲンは白色粉末で，水に溶けてコロイド溶液をつくり，ヨウ素水溶液を加えると赤紫〜褐色を示す．

c．セルロース $(C_6H_{10}O_5)_n$　セルロースは，植物の細胞壁の主成分をなす多糖類で，繊維素とも呼ばれ，紙・木綿などはセルロースの繊維を絡みあわせて利用したものであり，脱脂綿・パルプ・ろ紙などはほとんど純粋なセルロースである．セルロースは， β-グルコース の縮合重合体で，40 万程度の分子量をもつ高分子化合物であり，分枝構造はない．

セルロースは水に不溶な白色繊維状物質である．酸または酵素で加水分解すると，セロビオースを経てグルコースとなる*．

【参考】多糖類のいろいろ
　ヘキソース $C_6H_{12}O_6$ を成分とする多糖類には，デンプン，グリコーゲン，セルロースなどのグルコースを成分とするものの他，フルクトースを成分とするイヌリン，グルコースとマンノースを成分とするグルコマンナンなどがある．
　その他，ペントース $C_5H_{10}O_5$ を成分とするペントサンなどもある．

$$(C_6H_{12}O_5)_n \xrightarrow{\text{加水分解}} C_{12}H_{22}O_{11} \xrightarrow{\text{加水分解}} C_6H_{12}O_6$$
　　セルロース　　　セロビオース　　β-グルコース

＊　セルロースの加水分解酵素として，セロビアーゼ（β-グリコシダーゼ）がある．ヒトを含めて肉食をする動物はこの酵素をもたないが，草食性の動物はこの酵素をもつ．

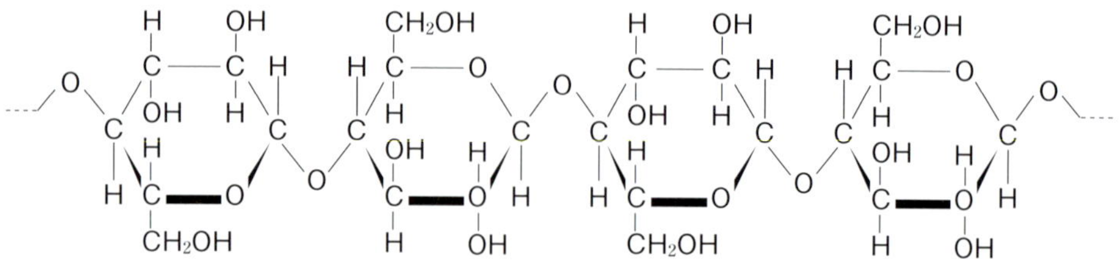

セルロースの構造の一部

ニトロセルロース
nitrocellulose

セルロースに濃硝酸と濃硫酸を作用させると，グルコース基の中の三つの OH 基がエステル化されて硝酸セルロース，すなわち**ニトロセルロース**を生じる．エステル化の程度は生成物の窒素の含有率で決められ，普通，三つの OH 基がすべてエステル化した三硝酸セルロース〔$C_6H_7O_2(ONO_2)_3$〕$_n$ は約 14 %の窒素を含み，二硝酸セルロース〔$C_6H_7O_2(OH)(ONO_2)_2$〕$_n$，一硝酸セルロース〔$C_6H_7O_2(OH)_2(ONO_2)$〕$_n$ はそれぞれ約 11 %，7 %の窒素を含む．

$$[C_6H_7O_2(OH)_3]_n + 3n\,HNO_3 \longrightarrow [C_6H_7O_2(ONO_2)_3]_n + 3n\,H_2O$$
三硝酸セルロース

パイロキシリン pyroxylin
コロジオン collodion

セルロースの三硝酸セルロースは，爆発性があり綿火薬と呼ばれ，無煙火薬に用いられる．二硝酸セルロースは**パイロキシリン**と呼ばれ，エーテルとアルコールの混合物によく溶け，この溶液を**コロジオン**という．コロジオンは透析膜などの製造に用いる．パイロキシリンを溶媒に溶かし，樹脂・顔料などを加えたものは塗料に使われる．パイロキシリンとショウノウをアルコールとよくねり合わせて**セルロイド**がつくられる*．

セルロイド celluloid
＊ セルロースを成分とするレーヨンについては，176 ページ参照．

● 8-3　タンパク質 ●

1. タンパク質

タンパク質 protein

タンパク質は生体の主要成分であって，われわれにとって最も重要な栄養素である．また，細胞内のタンパク質がコロイド溶液として存在することが，生命を保つために必要な条件である．毛髪，皮膚，爪なども水に不溶のタンパク質からなり，絹，羊毛もタンパク質である．

アミノ酸 amino acid

タンパク質を酸あるいは酵素で加水分解すれば**アミノ酸**を生じるが，ある種のタンパク質ではリン酸や糖類を含んでおり，核タンパク質はタンパク質と核酸の結合したものである．その他ヘモグロビン，ヘモシアニンなどのように色素と結合した色素タンパク質もある．

(1) 分類　タンパク質は，その加水分解生成物あるいは溶解性から次のように分類される．

a. { 単純タンパク質：加水分解によってアミノ酸のみを生じるもの．
　　複合タンパク質：加水分解によってアミノ酸と他の成分（糖，核酸，リン酸など）を生じるもの．

b. ｛可溶性タンパク質：水，塩類水溶液などに溶けるもの．球状．
不溶性タンパク質：水，塩類水溶液などに溶けないもの．繊維状．

さらに，a, b を組み合わせ**表 8-4**のように分類される．

表 8-4 タンパク質の分類

	タンパク質名	溶解する水溶液	おもな所在
単 純 可溶性	アルブミン グロブリン グルテニン	水，酸，塩基，塩 酸，塩基，塩 塩，塩基	卵白，血清など 卵白，血清，筋肉など 小麦などの穀物
単 純 不溶性	ケラチン フィブロイン	—	毛髪，爪，角，羽など 絹など
複 合 可溶性	核タンパク質 糖タンパク質 リンタンパク質	塩基 水，塩基 食塩水（等電点では不溶）	細胞 細胞 細胞より分泌

【補足】複合タンパク質
　核タンパク質：核酸との複合体で，ウイルスや染色体の成分である．
　糖タンパク質：糖またはその誘導体との複合体で，唾液中のムチンの成分である．
　リンタンパク質：リン酸との複合体で，牛乳に含まれるカゼインの成分である．
　色素タンパク質：色素との複合体で，血液中に含まれるヘモグロビンの成分である．

(2) 成分と構造　タンパク質はその所在の違いによって機能を異にするため，性質はそれぞれ著しく相違しているが，組成は似通っていて，およそ次のようになっている．

　C：50～55%　H：7%　O：20～30%　N：13～19%　S：0～2.5%

タンパク質を酸・塩基あるいは酵素によって加水分解すると，種々のアミノ酸を生じるので，タンパク質は，次のような構造をもつと考えられる．

$$\cdots NH-CH-CO-NH-CH-CO-NH-CH-CO\cdots$$
$$\quad\quad\quad | \quad\quad\quad\quad\quad | \quad\quad\quad\quad\quad |$$
$$\quad\quad\quad R^1 \quad\quad\quad\quad R^2 \quad\quad\quad\quad R^3$$

この構造式中の $-CO-NH-$ を**ペプチド結合**といい，タンパク質は約 20 種のアミノ酸が数十，数百…のペプチド結合によって結合した高分子化合物である．このように，多数のペプチド結合によってできた化合物を，**ポリペプチド**という．

タンパク質の高次構造　アミノ酸の配列順序を**一次構造**という．一次構造によってできたタンパク質の鎖状分子は，ペプチド結合の部分で水素結合することによって，らせん構造（α-ヘリックス）やじぐざぐ構造（β-シート）のような立体構造をとる．これを**二次構造**という．多くのタンパク質は，α-ヘリックスとβ-シート構造をあわせもったり，$-S-S-$ 結合やイオン結合，水素結合などにより，分子全体が複雑な立体構造をつくる．これを**三次構造**という．

(3) 性　質

a. 変　性　タンパク質に熱や強酸，強塩基，アルコール，重金属イオン（Hg^{2+}，Pb^{2+}，Ag^+，Cu^{2+} など）を加えると凝固し，生理的機能を失う．この現象をタンパク質の**変性**という．これは，タンパク質の立体構造を保っている水素結合などが切れ，分子の形状が変化し性質が変わることによる．変性したタンパク質は元にはもどらない．

b. ビウレット反応　タンパク質水溶液に，少量の塩基水溶液と硫酸銅

ペプチド結合　peptide bond

【補足】アミド結合とペプチド結合
　カルボキシ基 $-COOH$ とアミノ基 $-NH_2$ から H_2O がとれてできた結合 $-CO-NH-$ をアミド結合といい，アミド結合をもつ化合物をアミドという（155 ページ）．
　アミノ酸の $-COOH$ と別のアミノ酸の $-NH_2$ から H_2O がとれてできたアミド結合 $-CO-NH-$ をペプチド結合といい，ペプチド結合をもつ化合物をペプチドという．

ポリペプチド　polypeptide

一次構造　primary structure
二次構造　secondary structure
三次構造　tertiary structure

変性　denaturation

(II) 水溶液を加えると，赤紫～青紫色を呈する*.

c. **キサントプロテイン反応** ベンゼン環をもつアミノ酸を含むタンパク質の水溶液に濃硝酸を加えて煮沸すると黄色となり**，これを冷却して塩基水溶液を加えて塩基性にすると橙黄色となる.

d. **ミロン反応** フェノール性ヒドロキシ基をもつチロシンなどのアミノ酸からなるタンパク質の水溶液に，**ミロン試薬*****を加えると白色の沈殿を生じ，これを煮沸するとレンガ赤色となる.

e. **ニンヒドリン反応** ニンヒドリン水溶液を加えて加熱すると，青紫～赤紫色を呈する反応で，アミノ酸の検出反応である. タンパク質中には遊離したアミノ酸が含まれているため，一般にタンパク質もニンヒドリン反応を示す.

2. アミノ酸

アミノ基（$-NH_2$）とカルボキシ基（$-COOH$）をもつ化合物を**アミノ酸**といい，$-NH_2$ と $-COOH$ との位置関係によって α-, β-, γ-アミノ酸と呼ぶ*. **α-アミノ酸**は，タンパク質を構成する主要成分であり，タンパク質を加水分解して生じるアミノ酸はすべて α-アミノ酸で，約20種ある（**表 8-5**）.

グリシン $CH_2(NH_2)COOH$ 以外の α-アミノ酸は不斉炭素をもっており，鏡像異性体が存在する. 天然の α-アミノ酸はすべて L 系列である.

タンパク質中に含まれるおもなアミノ酸 (20種) を**表 8-5** に示す.

アミノ酸は一般に融点200℃以上の無色の結晶で，多くは溶融すると同時に分解する. 一般に水には溶けやすいが，有機溶媒には難溶性である. アミノ酸は，同一分子内に酸性の $-COOH$ と塩基性の $-NH_2$ をもついわゆる両性物質で，酸・塩基いずれとも反応する.

〔例〕
$$CH_2-COOH + NaOH \longrightarrow CH_2-COONa + H_2O$$
$$\quad |\qquad\qquad\qquad\qquad\qquad |$$
$$NH_2\qquad\qquad\qquad\qquad\qquad NH_2$$

$$CH_2-COOH + HCl \longrightarrow CH_2-COOH$$
$$\quad |\qquad\qquad\qquad\qquad\qquad |$$
$$NH_2\qquad\qquad\qquad\qquad\qquad NH_3Cl$$

アミノ酸は結晶中および水溶液においては，左のような双性イオン（両性イオンともいわれる）として存在する.

これに強酸あるいは強塩基を加えると，それぞれ次のようになる.

$$R-CH-COO^- + H^+ \longrightarrow R-CH-COOH$$
$$\quad |\qquad\qquad\qquad\qquad\qquad |$$
$$NH_3^+\qquad\qquad\qquad\qquad\qquad NH_3^+$$

$$R-CH-COO^- + OH^- \longrightarrow R-CH-COO^- + H_2O$$
$$\quad |\qquad\qquad\qquad\qquad\qquad\qquad |$$
$$NH_3^+\qquad\qquad\qquad\qquad\qquad\qquad NH_2$$

アミノ酸の水溶液では，陽イオン，双性イオン，陰イオンが平衡状態にあり，pH によってその割合が変化する. これらのイオンの電荷の総和が 0 になっているときの pH を**等電点**という.

---

* $NH_2CONHCONH_2$ を**ビウレット** (biuret) といい，ビウレット反応の名称は，この物質が示す呈色反応からきている. なおビウレット反応は，ペプチド結合を二つ以上もつ物質に生じる呈色反応である.

キサントプロテイン　xanthoprotein

** 黄色となるのはベンゼン核のニトロ化による. なお xantho は黄色，protein はタンパク質の意味.

ミロン試薬　Millon's reagent

*** ミロン試薬はタンパク質およびフェノール類の検出試薬で，硝酸水銀(II)および亜硝酸を含む硝酸酸性水溶液である.

* 下図のように $-NH_2$ と $-COOH$ が同じ炭素原子に結合したアミノ酸が α-アミノ酸であり，順にずれたアミノ酸が β-, γ-アミノ酸である.

$$R-CH-COOH$$
$$\quad |$$
$$NH_2$$
α-アミノ酸

$$R-CH-CH_2-COOH$$
$$\quad |$$
$$NH_2$$
β-アミノ酸

$$R-CH-CH_2-CH_2-COOH$$
$$\quad |$$
$$NH_2$$
γ-アミノ酸

グリシン　glycine

$$R-CH-COO^-$$
$$\quad |$$
$$NH_3^+$$

双性イオン　zwitterion
両性イオン　amphoion

等電点　isoelectric point

表 8-5 タンパク質中に含まれるおもなアミノ酸

アミノ酸	略号	構造式	備考
グリシン	Gly (G)	H-CH-COOH 　　│ 　　NH₂	中性アミノ酸
アラニン	Ala (A)	CH₃-CH-COOH 　　　│ 　　　NH₂	中性アミノ酸
バリン*	Val (V)	CH₃-CH-CH-COOH 　　│　│ 　　CH₃　NH₂	中性アミノ酸
ロイシン*	Leu (L)	CH₃-CH-CH₂-CH-COOH 　　│　　　│ 　　CH₃　　　NH₂	中性アミノ酸
イソロイシン*	Ile (I)	CH₃-CH₂-CH-CH-COOH 　　　　│　│ 　　　　CH₃　NH₂	中性アミノ酸
セリン	Ser (S)	HO-CH₂-CH-COOH 　　　　│ 　　　　NH₂	中性アミノ酸
スレオニン* (トレオニン)	Thr (T)	CH₃-CH-CH-COOH 　　│　│ 　　OH　NH₂	中性アミノ酸
アスパラギン酸	Asp (D)	HOOC-CH₂-CH-COOH 　　　　　│ 　　　　　NH₂	酸性アミノ酸
グルタミン酸	Glu (E)	HOOC-CH₂-CH₂-CH-COOH 　　　　　　　│ 　　　　　　　NH₂	酸性アミノ酸
リシン* (リジン)	Lys (K)	H₂N-CH₂-CH₂-CH₂-CH₂-CH-COOH 　　　　　　　　　　│ 　　　　　　　　　　NH₂	塩基性アミノ酸
アルギニン	Arg (R)	H₂N-C-NH-CH₂-CH₂-CH₂-CH-COOH 　　║　　　　　　　　│ 　　NH　　　　　　　　NH₂	塩基性アミノ酸
システイン	Cys (C)	HS-CH₂-CH-COOH 　　　　│ 　　　　NH₂	硫黄を含む
メチオニン*	Met (M)	CH₃-S-CH₂-CH₂-CH-COOH 　　　　　　　│ 　　　　　　　NH₂	硫黄を含む
フェニルアラニン*	Phe (F)	C₆H₅-CH₂-CH-COOH 　　　　　│ 　　　　　NH₂	ベンゼン環を含む
チロシン	Tyr (Y)	HO-C₆H₄-CH₂-CH-COOH 　　　　　　│ 　　　　　　NH₂	ベンゼン環を含む
トリプトファン*	Trp (W)	(インドール環)-CH₂-CH-COOH 　　　　　　　　　│ 　　　　　　　　　NH₂	複素環を含む
ヒスチジン*	His (H)	(イミダゾール環)-CH₂-CH-COOH 　　　　　　　　　　│ 　　　　　　　　　　NH₂	複素環を含む
プロリン	Pro (P)	H₂C-CH₂ │　　　＼ H₂C　　CH-COOH 　＼　／ 　　N 　　H	複素環を含む
アスパラギン	Asn (N)	H-N-C-CH₂-CH-COOH 　│　║　　　│ 　H　O　　　NH₂	アミド結合をもつ
グルタミン	Gln (Q)	H-N-C-CH₂-CH₂-CH-COOH 　│　║　　　　　│ 　H　O　　　　　NH₂	アミド結合をもつ

〔注〕1. -COOH 基を2個もつアミノ酸を酸性アミノ酸という. -NH₂ 基を2個もつアミノ酸を塩基性アミノ酸という. -COOH 基と -NH₂ 基を一つずつもつアミノ酸を中性アミノ酸ということがある.

2. アミド結合:NH₃ の H を,カルボン酸から -OH 基を除いた残基 RCO- で置換した構造のものをアミドという.

3. ヒトの体内で合成されない8種のアミノ酸と,合成されにくいヒスチジンを加えた9種類のアミノ酸を必須アミノ酸とする(表中,*で示した).

アミノ酸の中性ないし弱酸性水溶液に，少量のニンヒドリン液を加えて熱すると，赤紫色を呈する．この反応は極めて鋭敏で，アミノ酸の定性および定量に用いられる*．

* ニンヒドリン反応は，168ページにあるようにタンパク質の検出にも用いられ，また，普通のアミンもこの反応を呈する場合がある．

酵素　enzyme

3. 酵　素

(1) 成分と働き　酵素はタンパク質の一種で，細胞によってつくられる触媒作用をもつ物質で，細胞から分離してもその作用を失わない．また，適当な方法で精製すれば，結晶として得られる．

(2) 特　徴　酵素は触媒の一種であるが，無機触媒とは次のような違いがある．

　a. 微量で極めて大きな触媒作用をもつ．

カタラーゼという酵素の過酸化水素を分解する強さは，白金の1万倍である．

　b. 一定の最適温度とpHがあり，この条件で最大の効果を発揮する．

　c. 選択性が極めて大きい．

H^+は炭水化物，タンパク質，エステルなどのいずれの加水分解にも共通に触媒として作用するが，酵素の場合，触媒作用を受ける反応物質は特定されている．なお，酵素が作用する物質を**基質**という（**表8-6**）．

基質　substrate

表8-6　酵素の例

	名　称	基　質	生 成 物
加水分解酵素	アミラーゼ	デンプン	マルトース
	マルターゼ	マルトース	グルコース
	インベルターゼ	スクロース	グルコース，フルクトース
	リパーゼ	油　脂	脂肪酸，グリセリン
	ペプシン	タンパク質	ペプトン
	トリプシン	タンパク質	ペプトン，プロテオース
	エレプシン	ペプトン，プロテオース	アミノ酸
	ウレアーゼ	尿　素	アンモニア，二酸化炭素
酸化還元酵素	アミノ酸脱水素酵素	アミノ酸	α-ケト酸
	アルコール脱水素酵素	アルコール	アセトアルデヒド
	グルコース酸化酵素	グルコース	グルコン酸
	カタラーゼ	過酸化水素	水と酸素

【補足】基質の名称の語尾に「アーゼ(ase)」をつけると酵素の名称になる．
　例：デンプン；アミロース → アミラーゼ
　　　マルトース → マルターゼ

活性部位　active site
酵素-基質複合体
　enzyme-substrate complex

(3) 酵素反応　酵素には，反応する物質（基質）と立体的に結合できる構造（**活性部位**）があり，活性部位には立体構造が一致した物質（基質）だけが結合できる．この結合したものを**酵素-基質複合体**といい，酵素は酵素-基質複合体を形成できる物質（基質）のみと作用する（**図8-1**）．

反応において，酵素は基質と結合して酵素・基質複合体を形成し，その後分離するとき，基質は生成物に変化し，酵素は元にもどり再利用される．酵素をE，基質をS，酵素・基質複合体をE-S，生成物をPとすると，次のような関係がある．

$$E + S \longrightarrow E\text{-}S \longrightarrow E + P$$

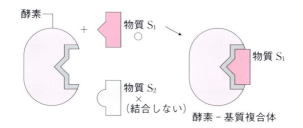

図 8-1 酵素の活性部位と酵素-基質複合体

●8-4 核　酸●

1. 核　酸

核酸は，生物体の細胞内の核・核小体（仁）・染色体に含まれ，遺伝やタンパク質の合成に重要な役割を果たしている物質で，複合タンパク質の一種である核タンパク質は，核酸とタンパク質の結合したものである．

2. RNAとDNA

核酸は，ペントースである**リボース** $C_5H_{10}O_5$ または**デオキシリボース** $C_5H_{10}O_4$ のリン酸エステルを骨組とし，これに複素環構造の塩基分子が結合した化合物を**ヌクレオチド**といい，核酸はヌクレオチドが鎖状に縮合重合した高分子化合物**ポリヌクレオチド**である．リボースからなる核酸を**リボ核酸**（**RNA**），デオキシリボースからなる核酸を**デオキシリボ核酸**（**DNA**）という．

核酸　nucleic acid

リボース　ribose
デオキシリボース　deoxyribose

ヌクレオチド　nucleotide
ポリヌクレオチド
　polynucleotide

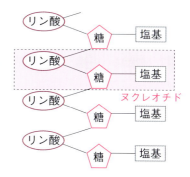

ポリヌクレオチド（核酸）

リボ核酸　ribonucleic acid
デオキシリボ核酸
　deoxyribonucleic acid

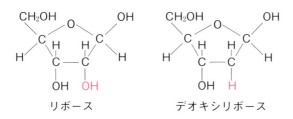

リボース　　　　デオキシリボース

RNA を完全に加水分解すると，複素環式有機塩基類，単糖およびリン酸の 3 成分に分かれる．複素環式有機塩基はアデニン，グアニン，シトシン，ウラシルの合計 4 種である．

DNA を完全に加水分解すると，RNA の場合と同様に 4 種の有機塩基とデオキシリボースとリン酸が得られるが，RNA とは有機塩基のうちの 1 種が異なり，ウラシルの代わりにチミンが含まれている．

DNA は 2 本のポリヌクレオチド鎖のアデニンとチミン，グアニンとシトシンの部分で水素結合をつくり，二重らせん構造を形成している．一方，RNA は通常 1 本で存在している．

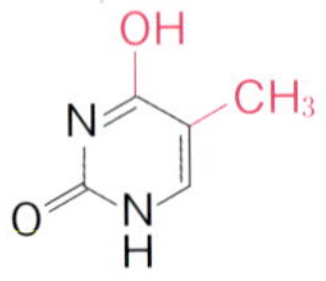

チミン

複製　duplication

【補足】RNA の呼び方
mRNA の m は messenger → 伝令 RNA
tRNA の t は transfer → 転移 RNA
rRNA の r は ribosome → リボソーム RNA

アルカロイド　alkaloid
＊　かつては植物塩基という訳語も用いられた．

エフェドリン　ephedrine

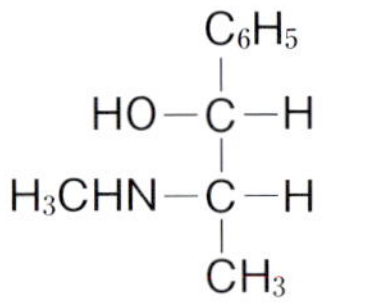

エフェドリン

ニコチン　nicotine

キニン　kinin

3. DNA の複製とタンパク質の合成

　DNA の二重らせん構造は，塩基間の水素結合によって保たれている．細胞が分裂して増殖するとき，DNA の二重らせん構造がほどけてそれぞれ 1 本のポリヌクレオチド鎖になり，それぞれの塩基部分に対応した新たなポリヌクレオチド鎖がつくられ，もとの DNA と全く同じ二重らせん構造が**複製**される．

　DNA の遺伝情報にはタンパク質のアミノ酸の配列順序が記録されていて，タンパク質の合成は，細胞内で次のように行われる．

　① 核内にある DNA の二重らせん構造がほどけて，その遺伝情報が mRNA の塩基配列の形で写しとられる．

　② この mRNA は核から出て細胞質にあるリボソームと結合し，mRNA の塩基配列に対応したアミノ酸が tRNA によって運び込まれ，特定のアミノ酸配列のタンパク質が合成される．

● 8-5　アルカロイド ●

　植物界に広く分布する特殊な生理作用をもつ含窒素塩基性物質を総称して**アルカロイド**という＊．普通，有機酸と結合してナス科，ケシ科，キンポウゲ科，アカネ科などの植物体内に存在する．多くは窒素を含むピロール，ピリジン，ピロリジンなどの複素環をもつ構造となっている．

　アルカロイドにはいろいろの種類があるが，おもなものとしては次のようなものがある．

　a. エフェドリン $C_{10}H_{15}ON$　液化しやすい結晶（融点 40.5 ℃）で，漢方薬の麻黄の中に含まれている．塩酸塩はぜんそくに卓効をもち，合成品が市販されている．左の構造式のように，複素環をもたないアルカロイドである．1885 年，長井長義によって初めて単離された．エフェドリンには不斉炭素原子が 2 個あり，鏡像異性体には薬理作用がない．気管支ぜんそくや点眼薬に用いられる．

　b. ニコチン $C_{10}H_{14}N_2$　無色の液体（沸点 247 ℃）で，リンゴ酸塩，クエン酸塩としてタバコの葉の中に存在する．神経を興奮させ，血管や腸を麻痺させる．硫酸塩は殺虫剤として用いられる．

　c. キニン $C_{20}H_{24}O_2N_2$　キナの樹皮に含まれ，解熱剤，マラリアの特効薬である．

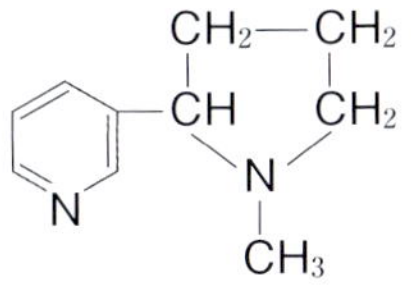

ニコチン 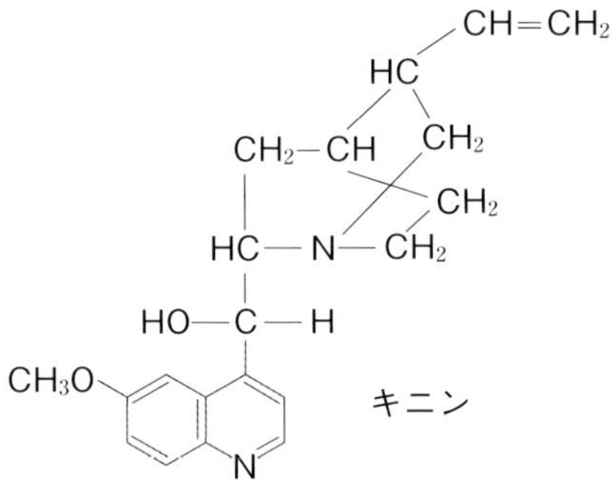　　キニン

d. **モルヒネ** $C_{11}H_{19}O_3N$　ケシの未熟の果実から出る液汁を乾燥したアヘン（阿片）に含まれるアルカロイドの一種であり，その塩酸塩は鎮痛麻酔性をもつ．

モルヒネ　morphine

e. **カフェイン** $C_8H_{10}N_4O_2$　茶の葉，コーヒーなどに含まれ，興奮剤である．

カフェイン　caffeine

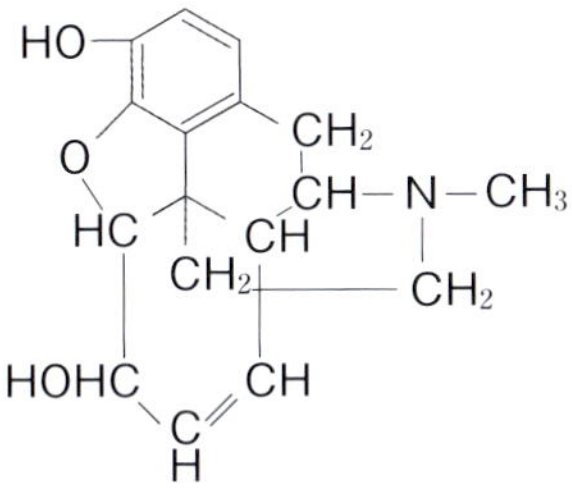

モルヒネ 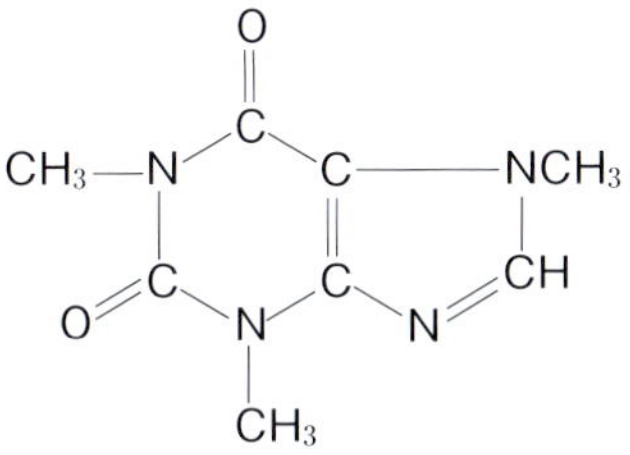　　カフェイン

【参考】その他のアルカロイド
　アトロピン，アコニチン，ロペリン，ベルペリン，ストリキニンなどが知られている．

8-6　ホルモンとビタミン

1. ホルモン

ホルモンは内分泌臓器から血管へ分泌される物質であり，正常な生活機能に微量必要な有機化合物である．微量で著しい生理作用をもつ点ではビタミンと似ているが，ビタミンと違って体内で合成される．ホルモンにはいろいろな種類が知られているが，おもなものとしては次のようなものがある．

ホルモン　hormone

a. **男性ホルモン**　アンドロステロン $C_{19}H_{30}O_2$ およびテストステロン $C_{19}H_{28}O_2$ などがあり，前者は男子の尿より，後者は精巣より得られる．

アンドロステロン
　androsterone
テストステロン　testosterone

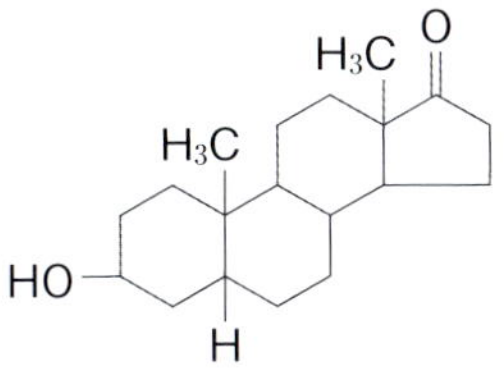

アンドロステロン 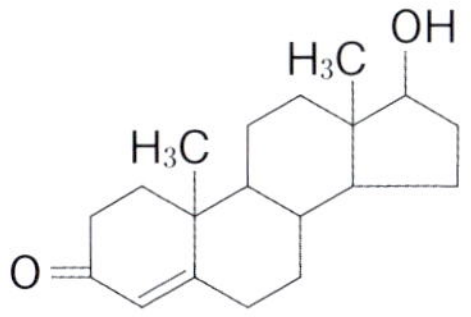　　テストステロン

エストロン　estrone
プロゲステロン　progesterone

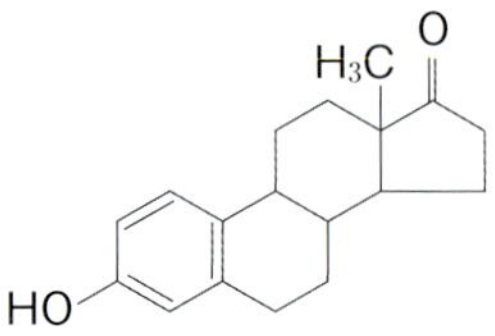

エストロン

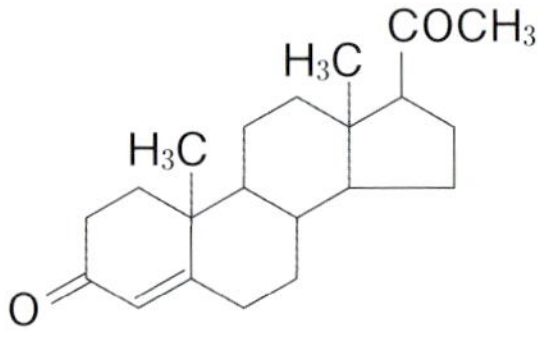

プロゲステロン

チロキシン　thyroxine

アドレナリン　adrenaline

オーキシン　auxin

ビタミン　vitamin
＊　ビタミン vitamine は vital amine から付けられた名称で，「生きるためのアミン」の意味である．ただし，実際のビタミンはアミンでないものも多いため，e をとって vitamin と記すようになった．

b. **女性ホルモン**　卵巣でつくられるホルモンで，卵巣ろ胞から産出される卵胞ホルモンと，卵巣黄体から産出される黄体ホルモンとに分けられる．卵胞ホルモンは生殖器の発育を促進し発情させるホルモンで，**エストロン** $C_{18}H_{22}O_{11}$ が重要であり，黄体ホルモンは受精卵を子宮に着床させ妊娠を持続させる作用をもつホルモンで，**プロゲステロン** $C_{21}H_{30}O_2$ がその例である．

c. **甲状腺ホルモン**　甲状腺で合成，分泌されるホルモンで，**チロキシン**（図の R＝I，T_4 で表す）と 3,3′,5-トリヨードチロシン（図の R＝H，T_3 で表す）の 2 種類がある．一般に T_3 は T_4 に比べて活性が数倍高い．末梢組織で T_4 から T_3 への転換が起こる．幼若動物の成長，分化，成熟の促進，成熟動物の各組織での基礎代謝の維持など，多岐にわたる生理作用を示す．

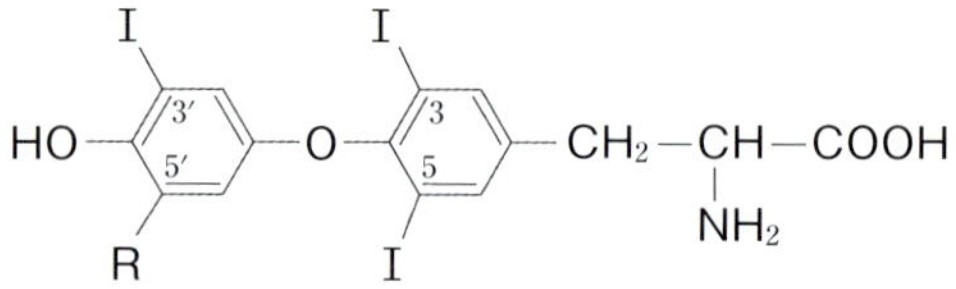

チロキシン（R＝I），3,3′,5-トリヨードチロシン（R＝H）

d. **副腎ホルモン**　アドレナリン $C_9H_{13}NO_3$ は高峰譲吉によって発見された（1901 年）副腎髄質ホルモンである．

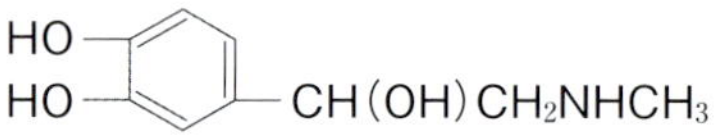

アドレナリン

e. **植物成長ホルモン**　微量で植物の成長を促進させる物質を総称して**オーキシン**と呼んでいる．

2. ビタミン

ビタミン＊は，生物が正常な生命活動を行うため欠くことのできない微量栄養素で，その生物自らは合成できない有機化合物につけられた総称である．高等動物の多くは数多くのビタミンを必要とするが，植物や酵母，カビなどの微生物はこれを合成することができるから，これらの生物にとってはビタミンではない．ビタミンはいろいろの種類が発見されているが，次にいくつかの例をあげてみよう．

a. **ビタミン A** $C_{20}H_{30}O$　融点 62～64℃の黄色の結晶で，肝油，バター，卵黄などに含まれ，不足すれば発育不良，眼疾を起こす．

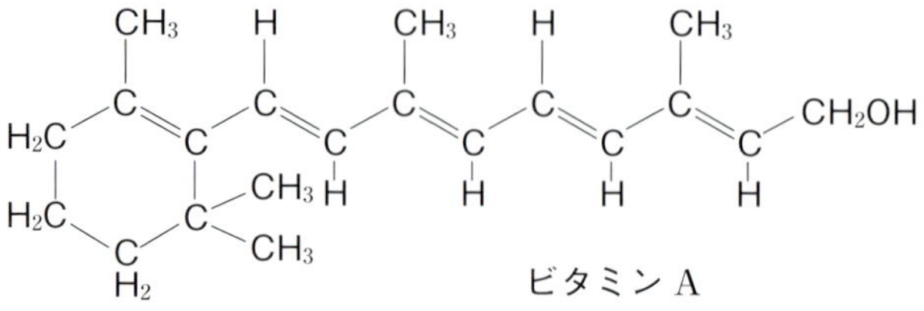

ビタミン A

b. ビタミン B_1 $C_{12}H_{18}ON_4SCl$　鈴木梅太郎により米ぬかから分離された，最初に確認されたビタミンで，**チアミン**とも呼ばれ，不足すれば脚気を起こす．

チアミン　thiamine

下記のビタミン B_1 の分子式は塩酸塩で，無色の結晶である．

ビタミン B_1 塩酸塩

c. ビタミン B_2 $C_{17}H_{20}O_6N_4$　橙黄色の結晶で，酵母，牛乳，卵白，肝臓などに含まれ，**リボフラビン**とも呼ばれ，成長促進作用がある．

リボフラビン　riboflavin

ビタミン B_2

d. ビタミン C $C_6H_8O_6$　レモン，ミカンなどの果実，野菜に含まれ，**L-アスコルビン酸**とも呼ばれ，不足すれば壊血病を起こす．合成品が市販されている．

L-アスコルビン酸
L-ascorbic acid

また，ビタミン B_{12} はコバルト原子を含む抗悪性貧血因子である．

ビタミン C

8-7 繊　維

1. 天然繊維

綿・麻・亜麻などの植物繊維は，ほとんどセルロースからできているのに対し，絹・羊毛などの動物繊維はタンパク質からなる．絹糸は，内部がフィブロインという繊維部分で，セリシンがこれを包んでいる．フィブロインもセリシンもタンパク質である．羊毛は毛髪や角質とともに，**ケラチン**というタンパク質からなる*．

【補足】**紙**　紙はセルロースの繊維がからみ合ってできているものであって，セルロース質の原料を水でかゆ状にとき，漉いてつくる．紙などをつくるためのセルロース質の材料が**パルプ**である．

ケラチン　keratin
＊　羊毛は弾性をもっているが，水蒸気を当てながら引き伸ばすと，伸びきって弾性がなくなる．本来のケラチンを α-ケラチン，弾性がなくなったケラチンを β-ケラチンという．

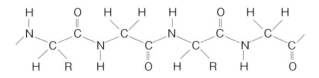

絹フィブロインの構造

α-ケラチン

2. 再生繊維と半合成繊維

a. 再生繊維　綿くずやパルプなどのセルロースを化学的に処理してコロイド溶液にし，これを細い穴から凝固液中に押し出してセルロースの繊維としたものを**再生繊維**という．再生繊維は**レーヨン**とも呼ばれ，**ビスコースレーヨン**や**銅アンモニアレーヨン**などがある*．

再生繊維　regenerated fiber
レーヨン　rayon
ビスコースレーヨン
　viscose rayon
銅アンモニアレーヨン
　cuprammonium rayon

* レーヨンという呼び名は，ビスコース人造繊維が太陽の光 (ray) に似ていることからロード (K. Lord，米) がつけた名称で，1924年アメリカで公式に採用され，国際的にも認められるようになった．なおわが国では，ビスコースレーヨンのことをさすことが多い．

ビスコースレーヨン　パルプを水酸化ナトリウム水溶液に浸してアルカリセルロース$[C_6H_7O_2(OH)_2(ONa)]_n$にした後，二硫化炭素を作用させると，次のようにセルロースキサントゲン酸ナトリウムとなる．

$$[C_6H_7O_2(OH)_2(ONa)]_n + n\,CS_2 \longrightarrow [C_6H_7O_2(OH)_2(OCS_2Na)]_n$$
　　　　　　　　　　　　　　　　　　　セルロースキサントゲン酸ナトリウム

これを希塩基水溶液に溶かすと粘りけのある溶液（ビスコースという）となる．ビスコースを細孔より希硫酸中に押し出すと，セルロースが再生され，レーヨンができる．これがビスコースレーヨンである．

$$[C_6H_7O_2(OH)_2(OCS_2Na)]_n + n\,H_2SO_4$$
$$\longrightarrow [C_6H_7O_2(OH)_3]_n + n\,CS_2 + n\,NaHSO_4$$

ビスコースを細長いすきまから希硫酸中に押し出し，セルロースを透明な膜として再生し，グリセリンの中をくぐらせた後，乾燥したものが**セロハン**である．

セロハン　cellophane

シュワイツァー試薬
　Schweitzer's reagent

銅アンモニアレーヨン　パルプを**シュワイツァー試薬**と呼ばれるテトラアンミン銅(II)水酸化物$[Cu(NH_3)_4](OH)_2$の濃い水溶液に溶かし，これを細孔より希硫酸中に押し出してセルロースを再生させたものである．光沢があり，長繊維であることが特徴である．

b. 半合成繊維　パルプに無水酢酸と濃硫酸を作用させるとセルロースがエステル化（アセチル化）され，ほぼ$[C_6H_7O_2(OH)(OCOCH_3)_2]_n$の組成となる．これをアセトンに溶かし，細孔から暖かい空気中に押し出すと，アセトンが蒸発してあとに糸が残る．これを**アセテート**（繊維）といい，**半合成繊維**とも呼ばれる．アセテート繊維は密度が$1.3\,g/cm^3$と，ビスコースレーヨンや銅アンモニアレーヨンの$1.5\sim1.6\,g/cm^3$よりも小さく，吸湿性も小さい．また不燃性であることから，写真フィルムなどの原料に用いられる．

アセテート　acetate
半合成繊維　semisynthetic fiber

3. 合成繊維

合成高分子化合物は，低分子量の物質をたくさん反応させて分子量の大きな高分子化合物としたものであるが*，この合成高分子化合物からつくられた繊維状物質は，**合成繊維**または化学繊維と呼ばれ，**ナイロン**，**ビニロン**，**ポリエステル**などの名で天然繊維とともに広く用いられる.

a. ナイロン　ヘキサメチレンジアミンとアジピン酸を縮合重合させてできる合成繊維で，アミド結合 $-CO-NH-$ と，$-(CH_2)_4-$，$-(CH_2)_6-$ とが交互にくり返された構造をもつ.

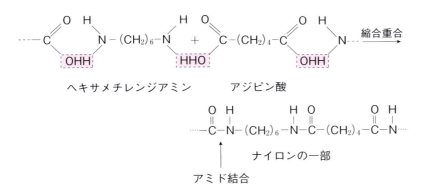

ナイロンは，アミド結合を多くもつポリアミド系の合成繊維の総称で，上記のナイロンを**ナイロン 66** といい（原料がともに炭素数6個の化合物であるため），ε-カプロラクタムをモノマーとして開環重合させてできるナイロンを**ナイロン 6** という.

$$\begin{matrix} CH_2-CH_2-NH \\ | \\ CH_2-CH_2-CH_2 \end{matrix} CO \xrightarrow{\text{開環重合}} +HN(CH_2)_5CO+_n$$

ε-カプロラクタム　　　　ナイロン 6

b. ポリエステル　エチレングリコールとテレフタル酸の縮合重合による高分子化合物ポリエチレンテレフタラート（PET）*で，エステル結合 $-O-CO-$ によって結合するためポリエステルと呼ばれる.

$$n\text{HO}-(CH_2)_2-\text{OH} + n\text{HOOC}-\bigcirc-\text{COOH}$$

エチレングリコール　　　テレフタル酸

$$\xrightarrow[\text{(エステル化)}]{\text{縮合重合}} \{O-(CH_2)_2-O-OC-\bigcirc-CO\}_n + 2n\text{H}_2\text{O}$$

ポリエチレンテレフタラート（PET）

c. ビニロン　二重結合をもった酢酸ビニルを付加重合させてポリ酢酸ビニルとし，これを加水分解してポリビニルアルコールに変え，さらにホルマリン処理してビニロンとする.

---

* 低分子化合物から高分子化合物を合成するとき，この原料の低分子化合物を**モノマー**（monomer），合成される高分子化合物を**ポリマー**（polymer）という.

合成繊維　synthetic fiber
ナイロン　nylon
ビニロン　vinylon
ポリエステル　polyester

ε-カプロラクタム
　ε-caprolactam

* ポリエチレンテレフタラートの商品名には，
　テトロン（Tetoron，日本），
　デークロン（Dacron，米），
　テリレン（Terylene，英）
などがある．略称ペット（PET）が普及している.

$$n\mathrm{CH_2=CH} \atop \mathrm{OCOCH_3} \xrightarrow{\text{付加重合}} {\{\mathrm{CH_2-CH}\}}_n \atop \mathrm{OCOCH_3} \xrightarrow{\text{加水分解}} {\{\mathrm{CH_2-CH}\}}_n \atop \mathrm{OH}$$

酢酸ビニル　　　　　　ポリ酢酸ビニル　　　　　　ポリビニルアルコール

$$\xrightarrow{\text{ホルマリン処理}} \cdots-\mathrm{CH_2-CH-CH_2-CH-CH_2-CH-}\cdots$$

ビニロンの構造の一部

ポリプロピレン，ポリアクリロニトリル　二重結合をもったプロピレンを付加重合させるとポリプロピレン，同じように二重結合をもったアクリロニトリルを付加重合させると，ポリアクリロニトリルなどの合成繊維が生成する.

$$n\mathrm{CH_2=CH} \atop \mathrm{CH_3} \longrightarrow {\{\mathrm{CH_2-CH}\}}_n \atop \mathrm{CH_3} \qquad n\mathrm{CH_2=CH} \atop \mathrm{CN} \longrightarrow {\{\mathrm{CH_2-CH}\}}_n \atop \mathrm{CN}$$

プロピレン　　　ポリプロピレン　　　アクリロニトリル　　ポリアクリロニトリル

4. 炭素繊維

炭素繊維は，アクリル樹脂（メタクリル樹脂；180 ページ）やピッチ（石油や石炭などを乾留したとき得られる残渣）またはレーヨンなどを高温で炭化してつくられる繊維で，90 %（質量%）以上が炭素で構成される.

炭素繊維は，引張りに強く，弾性があり，また電気伝導性があり，耐薬品性に優れ，テニスラケットやスキー板などのスポーツ用具，航空機の機材，電磁シールドなどに利用される.

● 8-8　合成樹脂

1. 合成樹脂

合成高分子化合物の中で，繊維，ゴムとして利用される以外のものを総称して**合成樹脂**という. また，有機高分子化合物の中の天然樹脂を**プラスチック**というが，普通プラスチックといえば，合成樹脂をさすことが多い.

合成樹脂は，加熱すると軟化し，冷えると硬化する**熱可塑性合成樹脂**と，加熱すると硬化し，再び軟化しない**熱硬化性合成樹脂**に分類される. 熱可塑性合成樹脂はポリマー分子が線状重合体であり，付加重合によって合成されるものに多い. 一方，熱硬化性合成樹脂はポリマー分子が網目状重合体であり，おもにモノマーとホルムアルデヒドとの縮合重合によって合成される.

熱硬化性の合成樹脂もはじめは線状分子であり，成形加工のとき熱して網目状分子とする.

ポリプロピレン　polypropylene
ポリアクリロニトリル
　polyacrylonitrile

炭素繊維　carbon fiber

【補足】炭素繊維を鉄と比較すると，密度で 1/4，強度で 10 倍といわれ，電気を通し，薬品に強いなど優れているが，加工しにくいという欠点がある.

合成樹脂　synthetic resin
プラスチック　plastics

熱可塑性合成樹脂
　thermoplastic synthetic resin
熱硬化性合成樹脂
　thermosetting synthetic resin

2. 熱可塑性合成樹脂

熱可塑性合成樹脂は，ビニル系モノマーの付加重合によって合成されるものが多い．おもなものとして次のようなものがある．

a. ポリ塩化ビニル 塩化ビニルを付加重合させる．

$$n\,CH_2=CH \xrightarrow{\text{付加重合}} (CH_2-CH)_n$$
$$\quad\quad\; |\quad\quad\quad\quad\quad\quad\quad\quad |$$
$$\quad\quad Cl\quad\quad\quad\quad\quad\quad\quad\, Cl$$

塩化ビニル　　　　ポリ塩化ビニル

ポリ塩化ビニルは可塑性が小さく，薄膜やシートなどに用いるときは可塑剤を入れてねり混ぜる．その他，板や管などに最も広く用いられている合成樹脂の一種である．

ポリ塩化ビニル
　polyvinyl chloride

b. ポリエチレン エチレンを炭化水素溶媒に溶かし，触媒を用いて低・中圧で付加重合させると，比較的硬いポリエチレンが得られる．また，1000気圧程度の高圧で付加重合させると，軟らかいポリエチレンが得られる．

$$n\,CH_2=CH \xrightarrow{\text{付加重合}} (CH_2-CH_2)_n$$

エチレン　　　　ポリエチレン

ポリエチレンは，薄膜や容器などに用いられる．

c. ポリスチレン スチレンを付加重合させる．

$$n\,CH_2=CH \xrightarrow{\text{付加重合}} (CH_2-CH)_n$$
(ベンゼン環)　　　　　　　(ベンゼン環)

スチレン　　　　　　ポリスチレン

透明度の高い無色の容器や，高周波絶縁体に用いられる．

イオン交換樹脂 スチレンとジビニルベンゼン $CH_2=CH-\bigcirc-CH=CH_2$ をまぜて重合させると分子が交互にならび，しかもジビニルベンゼンが橋渡しをしたようなポリマーを生じる．このポリマーに酸性基 $-SO_3H$ を導入したものが強酸性陽イオン交換樹脂（次ページの図），塩基性基 $-NR_3Cl$ を導入したものが強塩基性陰イオン交換樹脂である．水の軟化や脱塩，製塩，糖類の精製，金属の回収あるいは化学分析への応用など，広い用途がある．

ポリエチレン　polyethylene

【参考】ポリエチレンの合成と触媒

1940年，ICI 社（英）によるポリエチレン合成の重合反応では 1000 atm 以上の高圧を必要とし，多量の生産は難しかった．このためポリエチレンは高価なものであり，航空機のレーダーなど限られたものにしか用いられなかった．

1953年，チーグラー（独）は，ポリエチレン合成の重合反応の触媒としてアルキルアルミニウムなどを用いて常圧で重合反応を行わせることに成功した．このことによってポリエチレンを容易に大量生産することができるようになり，安価になり日常の包装用などに用いられるようになった．

ポリスチレン　polystylene

イオン交換樹脂
　ion exchange resin

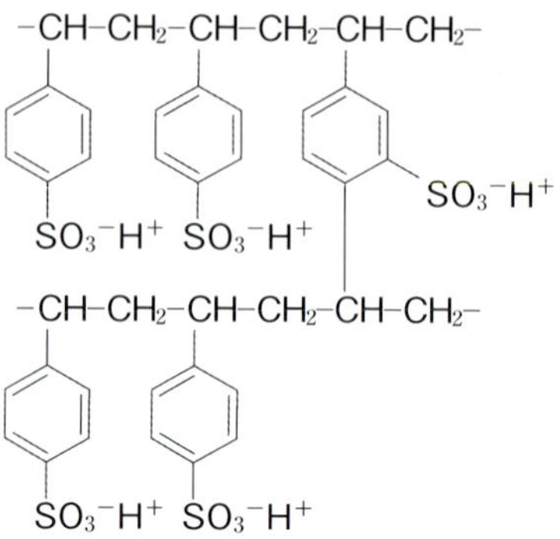

180　第8章　天然有機化合物と高分子化合物

強酸性陽イオン交換樹脂の構造

メタクリル樹脂
　methacrylic resin
アクリル樹脂　acrylic resin

【発展】メタクリル樹脂やポリスチレンは，大きな側鎖をもつため結晶化しにくく，結晶化度が低い．結晶化度の低い合成樹脂は，樹脂内部の微結晶による光の乱反射が少なく，透明性がよく，有機ガラスに用いられる．また，軟化点が低く，ガラス細工がしやすい．

d. メタクリル樹脂（アクリル樹脂）　メタクリル酸メチルの付加重合で得られる．

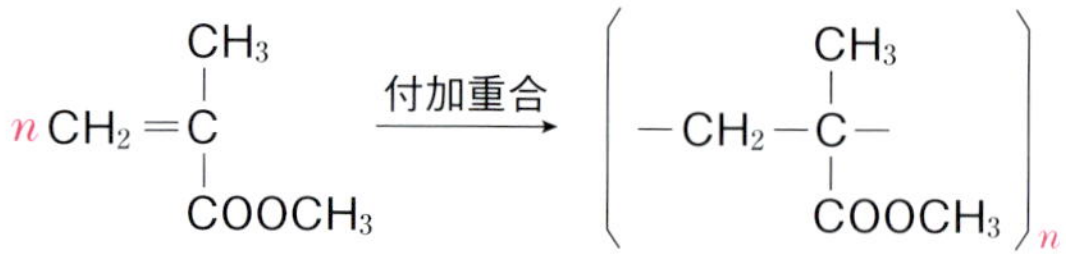

$$n\,CH_2=\underset{COOCH_3}{\overset{CH_3}{C}} \xrightarrow{付加重合} \left[-CH_2-\underset{COOCH_3}{\overset{CH_3}{C}}- \right]_n$$

メタクリル酸メチル　　　　メタクリル樹脂

有機ガラスの名で，航空機用として用いられた合成樹脂である．

3. 熱硬化性合成樹脂

熱硬化性合成樹脂は，ホルムアルデヒドと，他のモノマーの縮合重合によってできたものが多い．

a. フェノール樹脂　フェノールとホルムアルデヒドを酸や塩基を触媒として縮合重合させて合成すると，**ノボラック**や**レゾール**と呼ばれる中間生成物を経由してフェノール樹脂となる．

フェノール樹脂　phenolic resin

ノボラック　novolak
レゾール　resol

【参考】ベークライトは，フェノール樹脂の商品名で，1907年，アメリカの化学者ベークランド（L. Baekeland）が初めて作った合成樹脂である．

フェノール樹脂は，硬く，耐水性・耐薬品性に優れ，また電気絶縁性であり，電気器具やプリント基板などに用いられる．

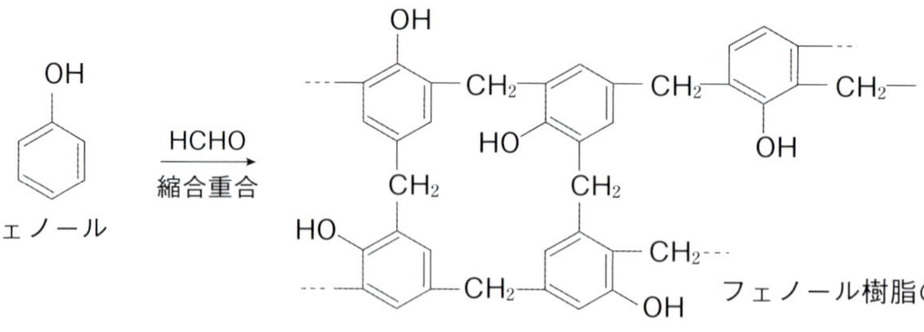

フェノール　$\xrightarrow[縮合重合]{HCHO}$　フェノール樹脂の一部

b. 尿素樹脂　ユリア樹脂ともいう．尿素とホルムアルデヒドから縮合重合によって合成する（次ページ図）．

成形品，繊維の防水，接着剤などに用いられ，着色しやすいため，美しい色をもった製品が多い．

c. メラミン樹脂　メラミンとホルムアルデヒドから縮合重合によって合成される*．

* 机，食卓などに用いられたり，耐熱性塗料に用いられたりする．

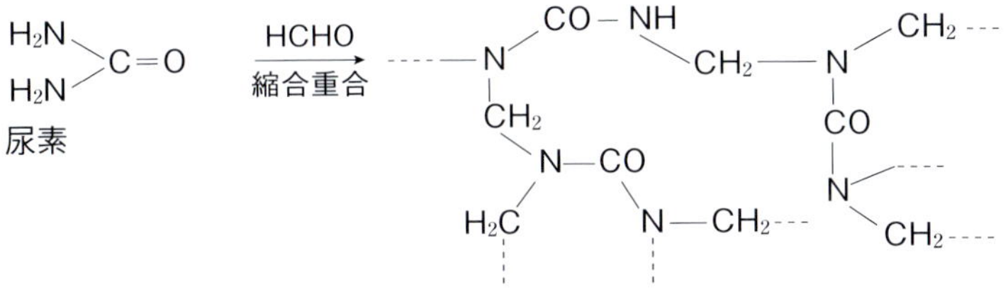

8-9 ゴム

1. 天然ゴム

熱帯性のゴムの木の幹を傷つけると，白色，粘性の液体が得られ，これをラテックスという．このラテックスにギ酸などの酸を加えると，ラテックス中に分散していたゴム成分の懸濁粒子が凝集し，黄褐色半透明の軟らかいかたまりとなって分離する．これが**生ゴム**である．生ゴムを乾留するとイソプレン C_5H_8 が得られ，生ゴムはイソプレンの付加重合体であることが推定される．

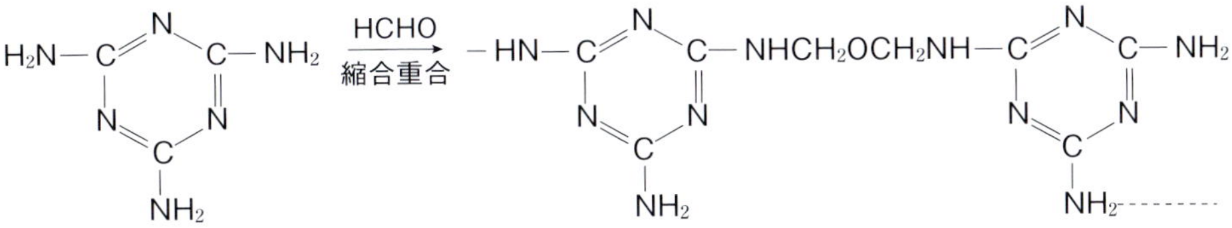

$$(C_5H_8)_n \xrightarrow{乾留} n\, C_5H_8$$

生ゴム　　イソプレン

イソプレン: $CH_2=C(CH_3)-CH=CH_2$

イソプレンの分子には一つおきに二重結合がある．このような分子が重合すると，二重結合は中央の炭素間に移る．

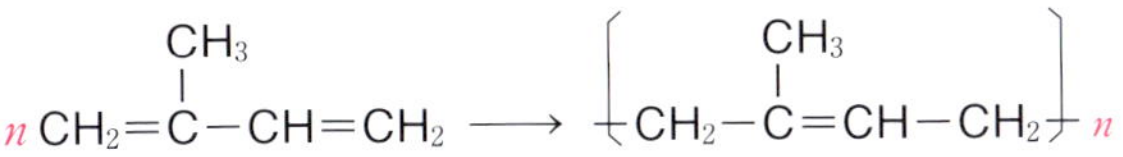

$$n\, CH_2=C(CH_3)-CH=CH_2 \longrightarrow \ \{CH_2-C(CH_3)=CH-CH_2\}_n$$

生ゴムのイソプレン単位の二重結合は，シス形の分子構造である．

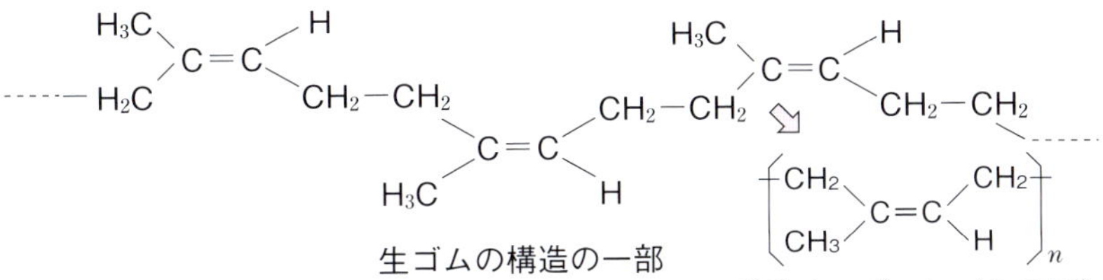

生ゴムの構造の一部

ポリイソプレン（シス形）

【補足】その他の合成樹脂

フッ素樹脂：テトラフルオロエチレン $CF_2=CF_2$ の付加重合によってつくる．
熱可塑性樹脂で耐熱性，耐薬品性に優れ，電気絶縁性であり，フライパンのコーティングやパッキング，また電気絶縁材などに用いられる．

シリコーン樹脂（ケイ素樹脂）：トリクロロシラン $HSiCl_3$ やジクロロシラン H_2SiCl_2 を水と反応させたあと縮合重合によってつくられる．熱硬化性樹脂で耐熱性，耐水性に優れ，電気絶縁性であり，電気絶縁材，ワックス，防水剤などに用いられる．

ラテックス　latex

生ゴム　raw rubber

【参考】グッタペルカ

スマトラ，ボルネオなどに自生する植物の樹液から得られるグッタペルカ（guttapercha）は，トランス形のポリイソプレンである（下図）．グッタペルカは分子鎖が密に詰まることができ，結晶化しやすく，硬くて弾性がない．
ケーブルの電気絶縁被覆，耐酸容器，電気メッキの型に用いる．

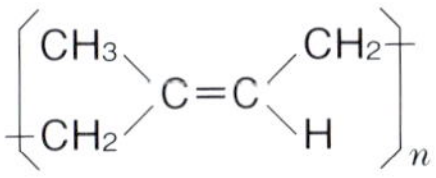

$$\left\{ \begin{array}{c} CH_3 \\ C=C \\ CH_2 \end{array} \begin{array}{c} CH_2 \\ H \end{array} \right\}_n$$

生ゴムは低温では硬くなり，高温では粘性が大きくなる．また，空気中で変質しやすいなど欠点が多く，実用ゴムにはならない．ところが生ゴムを熱しながら硫黄粉末を3〜10%混ぜてねると，前記のような欠点がなくなり，かつ弾性が増し，実用性のある弾性ゴムが得られる．このような，生ゴムに硫黄を加える操作を**加硫**という．加硫の際，硫黄を約30〜50%加えるとゴムは弾性を失い，黒色の硬い固体となる．これを**エボナイト**といい，電気絶縁性にすぐれているため電気用品製造に用いられる．

加硫　vulcanization
エボナイト　ebonite

天然ゴムの構造と性質　生ゴムは，前記の構造のように炭素鎖がシス形のジグザグになっているため，外力を加えると伸び縮みすると考えられる．空気中で放置するとC＝C間の二重結合が酸化されて変質し，老朽化の原因となる．加硫によって生ゴム分子間に硫黄原子が橋渡しのような結合，すなわち**架橋構造**をつくり，それによって弾力性や耐老朽化性が増してくると考えられる．また，加硫の程度が大きすぎると，弾力性が失われることになる．

架橋構造　bridge structure

2. 合成ゴム

天然ゴムがイソプレンの重合体であることから，逆にイソプレンをモノマーとして付加重合させて，天然ゴムと同じような**合成ゴム**をつくろうとする試みが行われたが，カロザースらが1931年，クロロプレンの重合体の合成に成功して以来，種々の合成ゴムがつくられるようになった．

合成ゴム　synthetic rubber
カロザース　W.Carothers, 米

a. クロロプレンゴム　商品化された最初の合成ゴムで，クロロプレンを付加重合させて合成する．

クロロプレンゴム
　chloroprene rubber

$$n\,CH_2=C-CH=CH_2 \xrightarrow{\text{付加重合}} {+\!CH_2-C=CH-CH_2\!+}_n$$
$$\quad\quad\quad\quad\;\;|\quad\quad\quad\quad\quad\quad\quad\quad\quad\;\;|$$
$$\quad\quad\quad\quad Cl\quad\quad\quad\quad\quad\quad\quad\quad\;\;Cl$$
　　　クロロプレン　　　　　　　　クロロプレンゴム

b. スチレン・ブタジエンゴム　ブタジエンを主骨格にして，スチレンを共重合させた合成ゴムである．

スチレン・ブタジエンゴム
　styrene-butadiene rubber
ニトリル・ブタジエンゴム
　nitrile-butadiene rubber

$$n\,CH_2=CH-CH=CH_2 + n\,CH_2=CH-C_6H_5$$
　　　ブタジエン　　　　　　　スチレン

$$\xrightarrow{\text{共重合}} \cdots-CH_2-CH=CH-CH_2-CH_2-CH(C_6H_5)-\cdots$$

スチレン・ブタジエンゴムの構造の一部

【補足】その他の合成ゴム

フッ素ゴム：フッ素を含むゴム状物質で，テトラフルオロエチレン $CF_2=CF_2$ とヘキサフルオロプロペン $CF_2=CFCF_3$ との共重合体など．耐熱性に優れ，耐熱性のホースやシールなどに用いる．

アクリルゴム：アクリル酸エステル $CH_2=CHCOOR$ の重合体，またはアクリロニトリル $CH_2=CHCN$ などとの共重合体．耐熱・耐油のパッキングやホースなどに用いる．

シリコーンゴム：ジクロロジメチルシラン $(CH_3)_2SiCl_2$ と H_2O から得られる重合体を酸化物で架橋して生成するゴムである．耐熱性・耐薬品性のパッキング，絶縁テープなどに用いる．

c. ニトリル・ブタジエンゴム　スチレン・ブタジエンゴムと同様に，ブタジエンを主骨格にしてアクリロニトリルを共重合させた合成ゴムである．

$$n\,CH_2=CH-CH=CH_2 + n'\,CH_2=CH-CN$$

ブタジエン　　　　　アクリロニトリル

$$\xrightarrow{共重合} \cdots-CH_2-CH=CH-CH_2-CH_2-\underset{\underset{CN}{|}}{CH}-\cdots$$

ニトリル・ブタジエンゴムの構造の一部

演習問題

1. 1種類の脂肪酸 RCOOH のみからなる油脂があり，この油脂のけん化価は191，ヨウ素価は174である．このグリセリドの分子量を求めよ．またこの脂肪酸中の不飽和結合が二重結合のみからなる（三重結合はない）とすると，この脂肪酸1分子中に何個の二重結合があるか．KOH の式量は56，I_2 の分子量は254．

2. 牛脂1.2 g を 0.5 mol/L の水酸化カリウム水溶液 30 mL で完全にけん化し，残りの水酸化カリウムを中和するのに 0.5 mol/L の塩酸 21.6 mL を要したとすれば，この牛脂のけん化価はいくらか．また，この牛脂 70 kg と純度 98 % の水酸化ナトリウムからセッケンをつくるのに，この水酸化ナトリウム何 kg を要するか．原子量は K = 39，O = 16，Na = 23，H = 1.0．

3. ヨウ素価 112 の綿実油 2 kg を完全に水素付加して，硬化油をつくるのに要する水素は，0 ℃，1気圧で何Lか．I の原子量は 127 とする．

4. 次の物質のうち，フェーリング溶液を還元するものはどれか．
    a. デンプン　　b. マルトース　　c. スクロース　　d. グルコース　　e. セルロース

5. 次の物質のうち，グリコーゲン，デンプン，デキストリン，スクロースのいずれの構成成分にもなっていないものはどれか．
    a. フルクトース　　b. ラクトース　　c. グルコース　　d. マルトース　　e. ガラクトース

6. スクロースとマルトース（ともに分子量342）の混合物 3.42 g を過剰のフェーリング溶液と反応させたところ，0.715 g の赤色沈殿 Cu_2O を生じた．混合物中にスクロースは何 % 含まれているか．原子量は Cu = 63.5．

7. グリシンが2分子結合してジペプチドができるとすれば，その変化を構造式で示せ．

8. グルタミン酸につき，下記の問いに答えよ．
    (1) 水に溶かしたときの電離式を書け．
    (2) グルタミン酸水溶液に，pH が7付近で赤色を示す指示薬を加えて，水酸化ナトリウム溶液で滴定した．終点における塩の形はどのようになっているか．

9. ビタミンとホルモンの大きな相違点を一つ記せ．

10. 次の化合物のうちでエステル結合をもつものはどれか．
    a. 脂肪　　b. タンパク質　　c. セルロース　　d. 天然ゴム　　e. スクロース

11. 次の化合物のうち，容易に重合して高分子化合物を生じるもので，しかも加水分解すると，生成物の一つとして酢酸を生じるものはどれか．
    a. $CH_2=CHCOOCH_3$　　b. CH_3COCH_3　　c. CH_3COOCH_3
    d. $(CH_3CO)_2O$　　e. $CH_2=CHOCOCH_3$

問 題 解 答

第 1 章

1. 酸素 1 g と化合する窒素の質量の比は

$$A : B : C = \frac{63.63}{36.37} : \frac{46.67}{53.33} : \frac{30.44}{69.56} \fallingdotseq 1.75 : 0.875 : 0.438 \fallingdotseq 4 : 2 : 1$$

簡単な整数比となり，倍数比例の法則に合致する．

2. モーズリーの関係式 $\sqrt{\nu} = a(Z-b)$ に代入すると

$$\sqrt{\frac{2.998 \times 10^{10}}{1.435 \times 10^{-8}}} = a(30-b) \cdots ① \qquad \sqrt{\frac{2.998 \times 10^{10}}{1.658 \times 10^{-8}}} = a(28-b) \cdots ②$$

$$\sqrt{\frac{2.998 \times 10^{10}}{1.789 \times 10^{-8}}} = a(Z-b) \cdots ③ \qquad ①,②,③ の式より \quad Z = 27 \qquad [答] \quad 27 \text{ (Co)}$$

3. Mn の陽子の数（原子番号）は $23 + 2 = 25$

よって，中性子の数は $55 - 25 = 30$ [答] 30

4. それぞれの気体 X の式量は，$O_2 = 32$ より $32 \times 2.06 \times 0.575 \fallingdotseq 37.904 \fallingdotseq 38$

$32 \times 2.56 \times 0.695 \fallingdotseq 56.934 \fallingdotseq 57$ $\quad 32 \times 3.12 \times 0.760 \fallingdotseq 75.878 \fallingdotseq 76$

38，57，76 の最大公約数は 19 で，比は 2，3，4 となる．

$$\frac{37.904 + 56.934 + 75.878}{2 + 3 + 4} \fallingdotseq 18.968 \qquad [答] \quad 18.97$$

5. 元素の原子量は，その元素の同位体の相対質量の含有率に応じた平均値であり，同位体の相対質量 $\fallingdotseq$ その同位体の質量数 であるから，含有率 20 % の同位体の質量数を x とすると

$$11 \times 0.8 + x \times 0.2 = 10.8 \qquad \therefore \quad x = 10 \qquad [答] \quad 10$$

6. この立方体の質量は $2.7 \times (4.0 \times 10^{-8})^3$ g　これは金属原子 4 個の質量であるから

$$2.7 \times (4.0 \times 10^{-8})^3 \times \frac{6.0 \times 10^{23}}{4} = 25.92 \qquad [答] \quad 26$$

7. 気体の重水素の分子量は約 4 で，1 g の物質量は約 $\frac{1}{4}$ mol

重水素分子には電子 2 個が含まれるので，電子数は約 $\frac{N_A}{2}$ 個 [答] $\frac{N_A}{2}$

8. 電子のモル質量は $9.1094 \times 10^{-28} \times 6.022 \times 10^{23} \fallingdotseq 5.49 \times 10^{-4}$ (g/mol)

陽子の原子質量単位の質量は $1.0079 - 0.0005 \fallingdotseq 1.0074$ [答] 電子 0.0005，陽子 1.0074

9. この金属の元素記号を M とすると，この酸化物の組成式は M_2O_3．この金属の原子量を x とすると

$$\frac{2x}{2x + 16 \times 3} \times 100 = 70 \qquad \therefore \quad x = 56 \qquad [答] \quad 56$$

10. 1 族（図 1-9 参照）

11. a) ハロゲン単体の沸点・融点は原子番号が大きいほど高い． b) ハロゲン単体は二原子分子である．
　　c) ハロゲン化物イオンは 1 価の陰イオンである．
　　　　[答] a) 固体　b) At_2　c) NaAt

12. 17族 (9, 17, 35, 53), 1族 (11, 19, 37, 55)
13. a：XY (LiF)　b：化合しない　c：XY$_2$ (CO$_2$)　d：XY$_3$ (AlCl$_3$)　e：化合しない　　［答］　c
14. $\dfrac{1}{\lambda_1} = R\left(\dfrac{1}{1^2} - \dfrac{1}{2^2}\right)$　∴　$\lambda_1 = 1.215 \times 10^{-5}$ cm

    $\dfrac{1}{\lambda_2} = R\left(\dfrac{1}{1^2} - \dfrac{1}{3^2}\right)$　∴　$\lambda_2 = 1.025 \times 10^{-5}$ cm

    ［答］　1.215×10^{-5} cm,　1.025×10^{-5} cm

15. $h\nu = E_6 - E_5 = \dfrac{2\pi^2 k_0^2 me^4}{h^2}\left(\dfrac{1}{5^2} - \dfrac{1}{6^2}\right)$

    $= \dfrac{2 \times 3.14^2 \times (8.99 \times 10^9)^2 \times (9.11 \times 10^{-31}) \times (1.60 \times 10^{-19})^4}{(6.63 \times 10^{-34})^2} \times \left(\dfrac{36-25}{25 \times 36}\right)$

    $= 2.65 \times 10^{-20}$ J

    $\lambda = \dfrac{hc}{h\nu} = 7.51 \times 10^{-6}$ m

    ［答］　2.65×10^{-20} J,　7.51×10^{-6} m

16. s電子1種, p電子3種, d電子5種　より, $1 + (1+3) + (1+3+5) = 14$　　［答］　14
17. F：$1s^2 2s^2 2p^5$　　Al：$1s^2 2s^2 2p^6 3s^2 3p^1$　　Cl$^-$：$1s^2 2s^2 2p^6 3s^2 3p^6$
18. α線の放出では質量数4, 原子番号2減少し, β線では原子番号1増加することから, α線がx回, β線がy回とすると,

    (1) $238 - 4x = 234$, $92 - 2x + y = 92$　　∴　$x = 1$, $y = 2$
    (2) $226 - 4x = 210$, $88 - 2x + y = 82$　　∴　$x = 4$, $y = 2$
    ［答］　(1) α線：1回, β線：2回　　(2) α線：4回, β線：2回

19. 質量数 $238 + 1 = 239$　原子番号は $92 + 2 = 94$　　［答］　$^{239}_{94}$Pu
20. 0.119 mm^3 の He の気体中の He 原子（分子）の数は

    $3.7 \times 10^{10} \times 60 \times 60 \times 24 \fallingdotseq 3.197 \times 10^{15}$（個）

    1 mol の気体中の原子（分子）の数は, 22.4 L = 22.4×10^6 mm^3 より

    $3.197 \times 10^{15} \times \dfrac{22.4 \times 10^6}{0.119} \fallingdotseq 6.02 \times 10^{23}$　　［答］　6.02×10^{23}/mol

21. はじめに ^{226}Ra が N_0 個あったとすると, 8.0×10^3 年後残っている数 N は

    $N = N_0 \left(\dfrac{1}{2}\right)^{8.0 \times 10^3 / 1.6 \times 10^3} = N_0 \left(\dfrac{1}{2}\right)^5 = 0.031 N_0$　　［答］　0.031 g

第 2 章

1. 価電子の数が3個であるから, 第3イオン化エネルギーと第4イオン化エネルギーとの間．　　［答］　3
2. Ca^{2+}：18, Ar　　Br$^-$：36, Kr
3. 67ページのNaClの図の立方体（1辺2.82×2 Å）には4NaClが含まれる. KFについてこの立方体の体積

    $(2.67 \times 2 \times 10^{-8})^3 = 152.3 \times 10^{-24}$ cm^3

    $\dfrac{4 \times (39.1 + 19.0)}{152.3 \times 10^{-24} \times 6.02 \times 10^{23}} = 2.53$　　［答］　2.53 g/cm^3

4. 元素間の電気陰性度の差が大きい化合物を選ぶ．　　［答］　KF

186　問題解答

5. 同族元素の金属単体の結合半径は，原子番号が大きいほど大きい． ［答］ b

6. BCl_3 は，B原子を中心とする正三角形の構造をもち，B原子が sp^2 混成軌道をもつ． ［答］ c

7. (1) b, c　(2) d　(3) b, d

8.
$$\begin{array}{c} H\ \ H \\ |\ \ | \\ H-C-C-O-H \\ |\ \ | \\ H\ \ H \end{array}$$ より，$347 + 351 + 460 + 413 \times 5 = 3223$ (kJ)　［答］ 3220 kJ

9. $\frac{1}{2}H_2 + \frac{1}{2}Cl_2 = HCl + 92.0$ kJ より，

$$92 + \left(\frac{1}{2} \times 435.6 + \frac{1}{2} \times 242.4\right) = 431 \text{ (kJ)}\quad [答]\ 431 \text{ kJ}$$

10. $(1.27 - 0.60/2) + (1.07 - 0.60/2) = 1.74$　［答］ 1.74 Å

11. (1) 同族元素の原子の結合距離は，原子番号の大きい元素ほど大きい．
(2) 同じ元素の原子間の結合距離は，単結合 > 二重結合 > 三重結合．
　［答］ (1) d　(2) b

12. 2原子分子；化合物は極性分子，単体は無極性分子．
3原子分子；H_2O，H_2S は折れ線形で極性分子，CO_2 は直線形で無極性分子．
4原子分子；NH_3 は三角錐形で極性分子，BF_3 は正三角形で無極性分子．
5原子分子；CH_4 は正四面体形で無極性分子，H が Cl に置き換わると極性を持つ．
　［答］　2原子分子；HCl, H_2　　3原子分子；H_2O, CO_2　　4原子分子；NH_3, BF_3
　　　　　5原子分子；CH_3Cl, CH_4

13. $1.60 \times 10^{-19} \times 1.44 \times 10^{-10} \times \dfrac{1}{3.336 \times 10^{-30}} \fallingdotseq 6.91$　　$\dfrac{0.79}{6.91} \times 100 \fallingdotseq 11.4$　　［答］ 11.4 %

14. 2分子が水素結合によって会合しているので，分子量 (46) の2倍になる．

$$H-C\begin{smallmatrix}\diagup O\cdots H-O\diagdown\\ \diagdown O-H\cdots O\diagup\end{smallmatrix}C-H$$

15. 41ページの図 2-7 の $H_2Te-H_2Se-H_2S$ の延長線上から，約 $-80\ ℃$．

16. (1) Br_2 の解離エネルギーは，Br–Br の共有結合を切り離すのに要するエネルギーであり，Br_2 の蒸発熱は，Br_2 分子間のファンデルワールス力を切り離すのに要するエネルギーである．
(2) 蒸発熱が $Cl_2 < Br_2$ であることは，ファンデルワールス力が $Cl_2 < Br_2$ であることを示す．これは，分子量が $Cl_2 < Br_2$ であることによる．
(3) Cl_2 の蒸発熱は，Cl_2 分子間のファンデルワールス力を切り離すのに要するエネルギーであり，NaCl の蒸発熱は Na^+ と Cl^- のイオン結合を切り離すのに要するエネルギーである．
(4) 分子量は H_2Te の方が H_2O より大きいが，H_2O では水素結合のため沸点が高い．
　［答］ (1) b　(2) d　(3) a　(4) c

17. H_2O：b, d, e　　CH_4：b, e　　Al：c　　C：b　　Ne：e　　NaCl：a　　$KClO_3$：a, b

18. (a) ○：(ウ), ×：(イ)　　(b) ○：(イ), ×：(ウ)　　(c) ○：(ア), ×：(イ)
(d) ○：(ウ), ×：(ア)

19. 最外殻軌道は F：$2p^5$, Cl：$3p^5$, S：$3p^4$, H は 1s のみ．CCl_4 と CH_4 の C は4価であるから sp^3 混成軌道，BCl_3 の B は3価であるから sp^2 混成軌道．
　［答］ (1) c　(2) a　(3) e　(4) d　(5) b

問 題 解 答　187

20. (A) (1) 電気陰性度の差を比較する．　[答]　c＞d＞b＞a
　　　　　 (2) 立体的に対称な構造を持つもの．　[答]　b, d, e
　　　(B) (1) 正四面体構造　(2) 平面正三角形構造　(3) 直線構造　(4) アルカンの結合　(5) アルケンの結合
　　　　　 (6) アルキンの結合　(7) 炭素－炭素間の結合距離は，単結合＞共役二重結合＞二重結合＞三重結合
　　　　 [答]　(1) c　(2) a, d　(3) b　(4) c　(5) a, d　(6) b　(7) c＞a＞d＞b

第 3 章

1. A の方が高い．沸点；A 100 ℃，B 80 ℃

2. $\dfrac{500 \times 10^3 \times 10}{273+27} = \dfrac{100 \times 10^3 \times x}{273}$　　∴　$x = 45.5$ (L)　[答]　45.5 L

3. $\dfrac{3 \times 10^{-9}}{760} \times 1.01 \times 10^5 \times 2 = n \times 8.31 \times 10^3 \times (273+25)$

　　∴　$n ≑ 3.2 \times 10^{-13}$ (mol)　　$6.0 \times 10^{23} \times 3.2 \times 10^{-13} = 1.92 \times 10^{11}$

　　[答]　1.9×10^{11}

4. $150 \times 1.01 \times 10^5 \times 47.4 = \dfrac{x}{28} \times 8.31 \times 10^3 \times 273$

　　∴　$x ≑ 8863$ (g) ≑ 8.9 kg　　$66.6 + 8.9 = 75.5$ (kg)　[答]　75.5 kg

5. $p = \dfrac{N_0 m \overline{u}^2}{3V}$ から求める．1 Pa = 1 N・m^{-2}，10^{-22} g = 10^{-25} kg，10^5 cm/s = 10^3 m/s，10 L = 10^{-2} m^3

　　圧力；$\dfrac{10^{24} \times 10^{-25} \times (10^3)^2}{3 \times 10^{-2}} ≑ 3.3 \times 10^6$ N・m^{-2} = 3.3×10^6 Pa　全運動エネルギー；$\dfrac{1}{2} \times 10^{-25} \times (10^3)^2$

　　$\times 10^{24}$ (J) = 5×10^4 (J)

　　　　[答]　圧力；3.3×10^6 Pa　　エネルギー；5×10^4 J

6. Pa のディメンションは [N・m^{-2}] すなわち [kg・m^{-1}・s^{-2}] である．このことを考慮して 50 ページの
　　(3.6) 式に数値を入れて計算する．$\overline{u}^2 = 2.5 \times 10^6$ (cm/s)^2

　　　　[答]　$\overline{u}^2 = 2.5 \times 10^6$ (cm/s)^2

7. $n = \dfrac{3200}{32.0} = 100$ mol

　　　　$10^3 \left(1.20 \times 10^4 + \dfrac{138 \times 100^2}{27.2^2}\right)(27.2 - 100 \times 0.0318) = 100 \times 8.31 \times 10^3 \times T$

　　これから $T = 401$ K (128 ℃)．　[答]　128 ℃

8. $\dfrac{123}{760} \times 1.01 \times 10^5 \times 0.1 = \dfrac{0.03}{M} \times 8.31 \times 10^3 \times (273+30)$　　∴　$M ≑ 46.2$

　　　　[答]　46

9. 圧力を大きくすると，最初は分子間力により，理想気体より体積 V が小さくなり，非常に圧力を大きくすると，分子の体積により，理想気体より体積 V が大きくなっていく．

10. 溶解度；$(100 - 26.3) : 26.3 = 100 : x$　　∴　$x = 35.7$ (g/100 g 水)

　　モル濃度；$1.280 \times 1000 \times 0.263 \times \dfrac{1}{208.3} ≑ 1.62$ (mol/L)

　　　　[答]　35.7 g/100 g 水，1.62 mol/L

11. 式量は Na$_2$SO$_4$ = 142，10 H$_2$O = 180，Na$_2$SO$_4$・10 H$_2$O = 322 より，

188　問題解答

$Na_2SO_4 \cdot 10H_2O$ 24.0 g 中の水和水の質量は $24.0\,g \times \dfrac{180}{322}$,

Na_2SO_4 の質量は $24.0\,g \times \dfrac{142}{322}$. 蒸発させた水を x (g) とすると

$$\underbrace{\left(100 - 24 \times \dfrac{180}{322} - x\right)}_{\text{残っている水の質量}} : \underbrace{\left(19.05 - 24 \times \dfrac{142}{322}\right)}_{\text{溶けている }Na_2SO_4\text{ の質量}} = 100 : 19.05$$

$x = 42.13$ (g)　　［答］ 42.1 g

12. ヘンリーの法則より，溶ける質量は分圧に比例し，分子量 $O_2 = 32$, $N_2 = 28$ より

$$\dfrac{0.0201 \times 4/5 \times 1/28}{0.0475 \times 1/5 \times 1/32} \fallingdotseq 1.9 \quad ［答］\ 1.9$$

13. ラウールの法則より，溶媒の蒸気圧の減少率は，溶液中の溶質のモル分率に等しく，$H_2O = 18$, $C_6H_{12}O_6$（グルコース）$= 180$ より

$$\dfrac{17.50 - p}{17.50} = \dfrac{18/180}{900/18 + 18/180} \quad \therefore\ p \fallingdotseq 17.47 \quad ［答］\ 17.47\ \text{mmHg}$$

14. 沸点上昇度は 0.13 K であるから，分子量を M とすると

$$0.13 = 0.52 \times \dfrac{4.5}{M} \times \dfrac{1000}{100} \quad \therefore\ M = 180 \quad ［答］\ 180$$

15. 凝固点降下度は質量モル濃度に比例し，電解質水溶液ではイオンの濃度に比例するから，求める凝固点降下度を x (K) とすると，$C_6H_{12}O_6$（グルコース）$= 180$, NaCl $= 58.5$, NaCl $\longrightarrow Na^+ + Cl^-$ より

$$\dfrac{10}{180} : 0.103 = \dfrac{2}{58.5} \times 2 : x \quad \therefore\ x \fallingdotseq 0.127 \quad ［答］\ -0.127\ ℃$$

16. 凝固点降下度は $178 - 154 = 24$ (K). 凝固点降下度は質量モル濃度に比例するから，試料物質の分子量を M とすると

$$24 = 40.0 \times \dfrac{2.69 \times 10^{-3}}{M} \times \dfrac{1000}{20.00 \times 10^{-3}} \quad \therefore\ M \fallingdotseq 224 \quad ［答］\ 224$$

17. (1) ファント・ホッフの浸透圧の関係式に代入すると

$$\Pi = 4.05 \times 8.31 \times 10^3 \times (273 + 27) \quad \therefore\ \Pi = 1.01 \times 10^7\ (Pa)$$

(2) 電離度を α とすると，$CaCl_2 \longrightarrow Ca^{2+} + 2Cl^-$ より

$$1.90 \times (1 + 2\alpha) = 4.05 \quad \therefore\ \alpha \fallingdotseq 0.57$$

　　［答］　(1) 1.01×10^7 Pa　(2) 0.57

18. 負コロイドであるから，価数の大きい陽イオンを含む塩を選ぶ．陽イオンは a；Na^+　b；K^+　c；NH_4^+　d；Al^{3+} と K^+　e；Ba^{2+}　　［答］ d

19. 親水ゾルは，水に混じりコロイド粒子からなるゾルで，水分子を強く吸着している．　　［答］ a

20. 鉄原子の半径を r (cm) とし，面心立方格子，体心立方格子の単位格子の一辺をそれぞれ l, l' とすると，$4r = \sqrt{2}\,l$, $4r = \sqrt{3}\,l'$. 単位格子に含まれる原子数は，それぞれ 4 個，2 個であるから，原子 1 個の質量を m (g) とすると，密度の比は $\dfrac{4m/l^3}{2m/l'^3} = \dfrac{4m/(4r/\sqrt{2})^3}{2m/(4r/\sqrt{3})^3} \fallingdotseq 1.1$

（別解）　充填度より　$\dfrac{74}{68} \fallingdotseq 1.1$　　［答］ 1.1 倍

21. 金属の結合半径を r (Å)，面心立方格子の単位格子一辺の長さを l (Å) とすると，$4r = \sqrt{2}\,l$ より，

$$r = \frac{\sqrt{2} \times 3.52}{4} \fallingdotseq 1.24 \,(\text{Å})$$

単位格子の質量は $8.85 \times (3.52 \times 10^{-8})^3$ g,単位格子中の原子数は 4 個であるから,モル質量を M (g/mol) とすると

$$M = 8.85 \times (3.52 \times 10^{-8})^3 \times \frac{6.02 \times 10^{23}}{4} \fallingdotseq 58.1 \,(\text{g/mol})$$

　　〔答〕　結合半径；1.24 Å　　原子量；58.1

第 4 章

1. 衝突回数を mol/s に換算すると $\dfrac{3.5 \times 10^{28}}{6.02 \times 10^{23}} \fallingdotseq 5.81 \times 10^4$ (mol/s)

よって $\dfrac{5.81 \times 10^4}{1.2 \times 10^{-8}} \fallingdotseq 4.84 \times 10^{12}$ (回)　　〔答〕　4.84×10^{12} 回につき 1 回

2. 速度式は,最も反応速度の小さい律速段階で決まる.$v = k[\text{HBr}][\text{O}_2]$ で示されるということは,① 式が律速段階であることを示す.　　〔答〕　①

3. 逆反応の活性化エネルギーは,正反応の活性化エネルギー + 反応熱 となる.

　　よって $130 + 25 = 155$ (kJ)　　〔答〕　155 kJ

4. Li(固) $+ \dfrac{1}{2}$F$_2$ = LiF $+ 609.0$ kJ　　Li(固) = Li(気) $- 160.5$ kJ

　　Li(気) = Li$^+$ + e$^-$ $- 519.6$ kJ　　F$_2$ = 2F(気) $- 153.0$ kJ

　　F(気) + e$^-$ = F$^-$ + 349.0 kJ　　Li$^+$ + F$^-$ = LiF $+ x$ kJ

よって $x = 609.0 + 160.5 + \dfrac{153.0}{2} + 519.6 - 349.0 = 1016.6$ (kJ)

　　〔答〕　1017 kJ

5.　　　　　CH$_3$COOH + C$_2$H$_5$OH $\rightleftarrows$ CH$_3$COOC$_2$H$_5$ + H$_2$O

はじめ　　　1 mol　　　　1 mol

平衡時　　　1/3 mol　　　1/3 mol　　　　2/3 mol　　　　2/3 mol

平衡定数 $K = \dfrac{(2/3)/V \times (2/3)/V}{(1/3)/V \times (1/3)/V} = 4$

平衡における酢酸エチルを x mol とする.$x < 1$ (mol)

　　　　　　CH$_3$COOH + C$_2$H$_5$OH $\rightleftarrows$ CH$_3$COOC$_2$H$_5$ + H$_2$O

平衡時　　$(1-x)$ mol　$(2-x)$ mol　　x mol　　　　x mol

$$K = \frac{(x/V)^2}{(1-x)/V \times (2-x)/V} = 4 \quad \therefore \quad x \fallingdotseq 0.85 \,(\text{mol}) \quad \text{〔答〕} \quad 0.85 \text{ mol}$$

6. N$_2$O$_4$ = 92 より,0.184 g の物質量は $\dfrac{0.184}{92} = 0.002$ (mol)

平衡時の混合気体の物質量は $\dfrac{67.2}{22.4 \times 10^3} = 0.003$ (mol)

平衡時における NO$_2$ を x mol とすると,

$$\left(0.002 - \frac{x}{2}\right) + x = 0.003 \quad \therefore \quad x = 0.002 \,(\text{mol})$$

よって，N_2O_4 の物質量は $0.002 - \dfrac{0.002}{2} = 0.001$ (mol)

N_2O_4 の分圧は $1.0 \times 10^5 \times \dfrac{0.001}{0.003} = \dfrac{1}{3} \times 10^5$ (Pa)

NO_2 の分圧は $1.0 \times 10^5 \times \dfrac{0.002}{0.003} = \dfrac{2}{3} \times 10^5$ (Pa)

圧平衡定数 $K_p = \dfrac{[(2/3) \times 10^5]^2}{(1/3) \times 10^5} = \dfrac{4}{3} \times 10^5$ (Pa)　　[答]　$\dfrac{4}{3} \times 10^5$ Pa

7. 　　　　　　　$2\,HI\ \rightleftarrows\ H_2\ +\ I_2$
　　はじめ　　　n mol
　　平衡時　　　$n(1-0.2)$ mol　　$0.1n$ mol　　$0.1n$ mol

　　平衡定数 $K = \dfrac{(0.1n/V)^2}{[n(1-0.2)/V]^2} \fallingdotseq 0.016$　　[答]　0.016

8. ル・シャトリエの原理に従う．触媒は平衡を移動させない．固体は圧力と関係がない．
　　　[答]　a. 左に移動　b. 左に移動　c. 変化なし　d. 右に移動　e. 右に移動

9. a；$OH^- + H^+ \longrightarrow H_2O$ より，右に移動．b；右に移動．c；変化なし
　　d；$OH^- + H^+ \longrightarrow H_2O$ より，右に移動．
　　e；Na_2CO_3 の加水分解によって，OH^- が増加するから，左に移動．
　　　　[答]　e

10. c mol/L のとき，$K = \dfrac{c\alpha \times c\alpha}{c(1-\alpha)} \fallingdotseq c\alpha^2$ より

　　$\alpha = \sqrt{\dfrac{1.8 \times 10^{-5}}{0.1}} \fallingdotseq 1.34 \times 10^{-2}$

　　$[H^+] = 0.1 \times 1.34 \times 10^{-2} = 1.34 \times 10^{-3}$ (mol/L)
　　　[答]　電離度；1.34×10^{-2}　$[H^+]$；1.34×10^{-3} mol/L

11. $[H^+] = 10^{-3}$ mol/L　　∴　$[CH_3COO^-] = 10^{-3}$ mol/L
　　$[CH_3COOH] = 0.05 - 10^{-3} = 0.049$ (mol/L)

　　$\dfrac{10^{-3} \times 10^{-3}}{0.049} \fallingdotseq 2.04 \times 10^{-5}$　　[答]　2.0×10^{-5} mol/L

12. $[Ba^{2+}] = [SO_4^{2-}] = 2.06 \times 10^{-6} \times \dfrac{1000}{200} = 1.03 \times 10^{-5}$ (mol/L),

　　$K_{sp} = 1.06 \times 10^{-10}$ (mol/L)^2　　[答]　1.06×10^{-10} (mol/L)^2

13. (1) $CaSO_4 \rightleftarrows Ca^{2+} + SO_4^{2-}$ より，$[Ca^{2+}] = [SO_4^{2-}] = \sqrt{6.0 \times 10^{-5}} \fallingdotseq 7.75 \times 10^{-3}$ (mol/L)
　　よって，水溶液 1 L 中の $CaSO_4$ の質量は，$CaSO_4 = 136$ より，$136 \times 7.75 \times 10^{-3} \fallingdotseq 1.05$ (g)
　　(2) 混合した Ca^{2+} と SO_4^{2-} のモル濃度の積は

　　　$0.01 \times \dfrac{200}{800+200} \times 0.01 \times \dfrac{800}{800+200} = 1.6 \times 10^{-5}$ (mol/L)^2

　　$CaSO_4$ の溶解度積 6.0×10^{-5} (mol/L)^2 より小さいから沈殿しない．
　　　[答]　(1) 1.1 g　(2) 沈殿しない

14. (1) $[CH_3COO^-] = 0.003 \times \dfrac{1000}{100} = 0.03$ (mol/L), $[H^+]$ を x とすると

$$\frac{x(0.03+x)}{0.1-x} \fallingdotseq \frac{0.03x}{0.1} = 1.8 \times 10^{-5} \quad \therefore \quad x \fallingdotseq 6 \times 10^{-5} \, (\text{mol/L})$$

$$\text{pH} = -\log(6 \times 10^{-5}) = 4.22 \quad [答] \quad 4.2(2)$$

(2) $[\text{H}^+] = \dfrac{1 \times 0.1}{1000} \times \dfrac{1000}{100} = 0.001 \, (\text{mol/L})$ を加えたことから,

$$\frac{(0.03 - 0.001) \times x}{0.1 + 0.001} = 1.8 \times 10^{-5} \quad \therefore \quad x \fallingdotseq 6.3 \times 10^{-5} \, (\text{mol/L})$$

$$\text{pH} = -\log(6.3 \times 10^{-5}) = 4.20 \quad [答] \quad 4.2(0)$$

15. 酸化数の変化は次の通り. (1) I;$-1 \to 0$, Br;$0 \to -1$, (2) SO_2 の S;$+4 \to 0$, H_2S の S;$-2 \to 0$, (3) S;$+4 \to +6$, Cl;$0 \to -1$, (4) Br;$-1 \to 0$, Mn;$+4 \to +2$

酸化剤として作用している物質は, 酸化数が減少した原子を含む. 還元された元素は酸化数が減少した原子である.

[答] (1) Br_2, Br;$0 \to -1$ (2) SO_2, S;$+4 \to 0$

(3) Cl_2, Cl;$0 \to -1$ (4) MnO_2, Mn;$+4 \to +2$

16. 94 ページの表 4-8 から, $0.799 - (-0.763) = 1.562$ [答] 1.56 V

17. $\text{Na}_2\text{S}_2\text{O}_3$ 水溶液の濃度を x mol/L とすると, I_2 1 mol と $\text{Na}_2\text{S}_2\text{O}_3$ 2 mol が反応し, $\text{I}_2 = 254$ より, I_2 の $\dfrac{0.254}{254} = 0.001$ mol と反応した $\text{Na}_2\text{S}_2\text{O}_3$ は 0.002 mol, $x = \dfrac{0.002}{20} \times 1000 = 0.1 \, (\text{mol/L})$

要する $\text{Na}_2\text{S}_2\text{O}_3 \cdot 5\text{H}_2\text{O}$ の質量は, $\text{Na}_2\text{S}_2\text{O}_3 \cdot 5\text{H}_2\text{O} = 248$ より

$248 \times 0.1 = 24.8 \, (\text{g})$ [答] 24.8 g

18. (ア) アレニウスの定義では, 水溶液中で OH^- を出す物質が塩基であるから, 塩基の水溶液は必ず塩基性を示す.

(イ) 水溶液中で $\text{NH}_4^+ \longrightarrow \text{NH}_3 + \text{H}^+$ で, H^+ を与えるので酸である.

(ウ) $\text{NH}_3 + \text{H}^+ \longrightarrow \text{NH}_4^+$ のように H^+ を取ろうとするので塩基である.

(エ) $\text{H}_2\text{O} \longrightarrow \text{H}^+ + \text{OH}^-$, $\text{H}_2\text{O} + \text{H}^+ \longrightarrow \text{H}_3\text{O}^+$ のように酸としても塩基としても作用する.

(オ) $\text{HCl} \longrightarrow \text{H}^+ + \text{Cl}^-$ のように H^+ を与えて酸として作用するが, H^+ を受け取らないので塩基ではない.

[答] (エ)

19. (1) $0.036 = k \times 0.30^x \times 1.20^y$ ①

$0.009 = k \times 0.30^x \times 0.60^y$ ②

$0.018 = k \times 0.60^x \times 0.60^y$ ③

①, ② より $y = 2$ ②, ③ より $x = 1$ [答] d

(2) $k = 0.083$ [答] $0.083 \, (\text{L/mol})^2 \text{s}^{-1}$

20. (1) $K = [\text{SO}_3][\text{NO}]/[\text{SO}_2][\text{NO}_2] = 3$

(2) 加えた NO を x mol とする. NO_2 の量が 1 mol から 3 mol に増加すると, 平衡式から, SO_2 は 2 mol 増加して 10 mol, SO_3 は 2 mol 減少して 4 mol となる. NO は $(4+x-2)$ mol となる. これを K の式に入れると, $x = 20.5$ となる. [答] 20.5 mol

第 5 章

1. (1) (ア) (2) (ウ) (3) (オ) (4) (ク)

2. (1) ハロゲン単体は, 原子番号が大きいほど, 沸点・融点が高い.

(2) ハロゲン単体は2原子分子である. (3) ハロゲン化物イオンは1価の陰イオンである.
(4) 化合力（酸化力）は，原子番号が小さいほど強い.

[答] (1) 固体 (2) At_2 (3) $NaAt$ (4) $2NaAt + Cl_2 \longrightarrow 2NaCl + At_2$

3. (1) NO は，水に溶けにくく，塩基と反応しない. (2) SiO_2 は石英や水晶の成分で，共有結合の結晶である．水酸化アルカリなどと溶融すると水溶性のケイ酸塩になる． [答] (1) NO (2) SiO_2

4. c；イオン化傾向が Zn > Pb であるから，変化しない. [答] c

5. 溶融塩電解は，イオン化傾向の大きい金属の製法である. [答] Na

6. $2CrO_4^{2-} + 2H^+ \rightleftharpoons Cr_2O_7^{2-} + H_2O$ の変化は，酸化数の変化がなく，酸化還元反応ではない．
　　黄色　　　　　　　　赤橙色

[答] c

7. Cr に配位している Cl は，Ag^+ によって沈殿しないから，$Cr(H_2O)_6Cl_3 \longrightarrow [Cr(H_2O)_5Cl]^{2+} + 2Cl^-$ $+ H_2O$. よって酸化数は +3 [答] (1) +3 (2) $[Cr(H_2O)_5Cl]^{2+}$

8. Co^{2+} と EDTA は 1：1 のモル比で反応する．

$$59 \times \frac{0.020 \times 6.0}{1000} \times \frac{100}{10} = 0.0708$$ [答] 0.071 g

9. (1) $Pb^{2+} + 2Cl^- \longrightarrow PbCl_2\downarrow$　ただし，過剰の塩酸には錯体をつくって溶ける．
$Pb^{2+} + SO_4^{2-} \longrightarrow PbSO_4\downarrow$

(2) 水酸化ナトリウム水溶液またはアンモニア水を加えたとき，
少量では，どちらも $Zn^{2+} + 2OH^- \longrightarrow Zn(OH)_2\downarrow$
過剰では，NaOH 水溶液；$Zn(OH)_2 + 2OH^- \longrightarrow [Zn(OH)_4]^{2-}$
アンモニア水；$Zn(OH)_2 + 4NH_3 \longrightarrow [Zn(NH_3)_4]^{2+} + 2OH^-$

[答] (1) Pb^{2+} (2) Zn^{2+}

10. (a) 両性金属イオンである Pb^{2+}，Al^{3+}，Zn^{2+} は，過剰の水酸化ナトリウム水溶液によって錯イオンとなって溶ける．よって，沈殿は
$Cu^{2+} + 2OH^- \longrightarrow Cu(OH)_2\downarrow$　$Fe^{3+} + 3OH^- \longrightarrow Fe(OH)_3\downarrow$

(b) (a) の沈殿のうち，過剰のアンモニア水によって溶けるのは
$Cu(OH)_2 + 4NH_3 \longrightarrow [Cu(NH_3)_4]^{2+}$（深青色）$+ 2OH^-$
よって，沈殿 A は $Fe(OH)_3$，溶液 B は $[Cu(NH_3)_4]^{2+}$（深青色）

(c) 酸性溶液で，硫化水素を通じて沈殿するのは $Pb^{2+} + S^{2-} \longrightarrow PbS\downarrow$

(d) 硫化水素を追い出したのち，過剰のアンモニア水を加えると
$Al^{3+} + 3OH^- \longrightarrow Al(OH)_3\downarrow$　$Zn^{2+} + 4NH_3 \longrightarrow [Zn(NH_3)_4]^{2+}$
よって，沈殿 D は $Al(OH)_3$，溶液 E は $[Zn(NH_3)_4]^{2+}$

[答] 沈殿 A；$Fe(OH)_3$，溶液 B；$[Cu(NH_3)_4]^{2+}$，沈殿 C；PbS
沈殿 D；$Al(OH)_3$，溶液 E；$[Zn(NH_3)_4]^{2+}$

11. (1) 黄緑色の気体は Cl_2 で，その水溶液は次のように反応して強い酸化作用を示す．
$Cl_2 + H_2O \longrightarrow HClO + HCl$　$HClO \longrightarrow HCl + (O)$

(2) 毒性で，還元作用があるのは H_2S，CO．このうち無臭は CO

(3) ガラスに対して腐食作用があるのは HF

(4) 水溶液が強酸性から，HCl，NO_2．このうち無色は HCl

(5) 特異臭と金属イオンを沈殿させることから H_2S

(6) 褐色の気体は NO_2，また，水溶液中では次のように反応して HNO_3 を生じ，強酸性を示す．

$3NO_2 + H_2O \longrightarrow 2HNO_3 + NO$

(7) 固体が昇華しやすいことから CO_2. 水溶液は弱酸性を示す.

[答] (1) l (2) f (3) c (4) d (5) e (6) j (7) g

12. (1) 4

(2) 分子量は $CH_4 = 16$, $SiH_4 = 32$ であるから,$32/16 = 2$ 2 g

(3) a. Si は $+4$, O は -2 なので $x = 4$ b. 鎖状の一次元構造をとり,$[(SiO_3)_n]^{2n-}$ $y = 3$, $z = 2$

c. 三次元構造をとると,$(SiO_2)_n$ の巨大分子構造となる.$u = 2$, $w = 0$

(4) $SiO_2 + 6HF \longrightarrow H_2SiF_6 + 2H_2O$

13. C は塩基性を示すからアンモニア.B と C の反応は $HCl + NH_3 \longrightarrow NH_4Cl$

B と $AgNO_3$ との反応は $HCl + AgNO_3 \longrightarrow AgCl\downarrow + HNO_3$

AgCl はアンモニア水に溶ける.$AgCl + 2NH_3 \longrightarrow [Ag(NH_3)_2]^+ + Cl^-$

黄白色の沈殿は硫黄と考えられる.A と硫化水素との反応は $SO_2 + 2H_2S \longrightarrow 2H_2O + 3S\downarrow$

SO_2 は還元性があり,K_2CrO_4 を Cr^{3+}(緑色)に還元する.

[答] A (f) B (e) C (c)

14. イオン半径がほぼ等しい($8.5 \sim 8.6 \times 10^{-11}$ m).これは,Hf の直前にランタノイドがあり,ランタノイド収縮によるものである.同族であり,電子配置も $5s^2 4d^2$(Zr),$6s^2 5d^2$(Hf)と同様である.

15. $AgNO_3$ では,NaOH では沈殿は溶けない.$Al(NO_3)_3$ では,NH_3 水では沈殿は溶けない.$Cu(NO_3)_2$ では,NaOH では沈殿は溶けない.$FeCl_3$ では,いずれの場合でも沈殿は溶けない.$Zn(SO_4)_2$ では,NH_3 で $Zn(OH)_2$ が沈殿するが,過剰の NH_3 で $[Zn(NH_3)_4]^{2+}$ となる.また,NaOH の過剰では $[Zn(OH)_4]^{2-}$ となって溶ける. [答] 硫酸亜鉛

16. (a) $[Ag(CN)_2]^-$ (b) $[Zn(NH_3)_4]^{2+}$ (c) $[Zn(OH)_4]^{2-}$ (d) $[Cu(H_2O)_4]^{2+}$ (e) $[Fe(CN)_6]^{3-}$
(f) $[Co(NH_3)_6]^{2+}$ (g) $[Co(H_2O)_6]^{2+}$ (h) $[Ni(NH_3)_6]^{2+}$ (i) $[CoCl_2(NH_3)_4]^+$

17. (1) b. $BaSO_4$ (2) d. $Al(OH)_3$ (3) a. AgCl (4) e. $Fe(OH)_3$ (5) c. CuS

18. イオンを含む水溶液と 2 種の金属が接触すると,電池ができる.イオン化傾向は $Al \gg Pt$ であるので,アルミニウムが負極,白金が正極となり,アルミニウムのイオン化が進む.

19. 電子配置では,d 軌道は満たされており,イオンは $+2$ 価のものが主で,外殻の s 電子が失われても d 軌道の電子は 10 個のままで,その点は遷移元素とはいい難い.水溶液中の $+2$ 価のイオンも無色である.単体の性質は典型元素の金属であるが,化合物の型や,種々の錯塩を形成するなど,遷移元素に類似する面もある.

20. (解答例)たとえば酸化ベリリウムは水に不溶である.酸化マグネシウムも比較的溶けにくい.マグネシウムは,アルカリ土類金属と異なり,冷水と反応して水酸化物を生成しない.その他の 2 族元素の酸化物は,水と反応して水酸化物となり強塩基性である.ベリリウムは,$[Be(OH)_4]^{2-}$,$[BeF_4]^{2-}$ のような錯イオンを生成する.気相では,化合物 Be_2Cl_4 など共有結合性のものがある.酸化物,水酸化物も共有性の化合物で両性である.ベリリウムとマグネシウムの硫酸塩は水溶性,他の 2 族元素硫酸塩は難溶性.カルシウム,ストロンチウム,バリウムには顕著な炎色反応が見られる.

第 6 章

1. $C : H : O = \dfrac{51.6}{12} : \dfrac{13.2}{1} : \dfrac{100 - (51.6 + 13.2)}{16}$

$= 4.3 : 13.2 : 2.2 \fallingdotseq 2 : 6 : 1$

よって実験式は C_2H_6O

$$1.01 \times 10^5 \times \frac{40}{1000} = \frac{0.0744}{M} \times 8.31 \times 10^3 \times (273+27)$$

∴ $M = 45.9 \fallingdotseq 46$ $C_2H_6O = 46$ によって分子式 C_2H_6O

[答] a. C_2H_6O b. C_2H_6O c. CH_3OCH_3 （水素がすべて同じ性質）

2. $C : 6.337 \times \dfrac{12}{44} \fallingdotseq 1.728 \text{ (mg)}$ $H : 2.594 \times \dfrac{2}{18} = 0.288 \text{ (mg)}$

 $O : 4.324 - (1.728 + 0.288) \fallingdotseq 2.308 \text{ (mg)}$

 $C : H : O = \dfrac{1.728}{12} : \dfrac{0.288}{1} : \dfrac{2.308}{16} = 1 : 2 : 1$

 実験式は CH_2O でこの式量は 30

 $\dfrac{0.135}{M} = \dfrac{0.1 \times 15.0}{1000}$ ∴ $M \fallingdotseq 90$ $n = \dfrac{90}{30} = 3$ [答] $C_3H_6O_3$ (C_2H_5OCOOH)

3. $CH_3CH_2CH=CH_2$ $CH_3CH=CHCH_3$ $\begin{matrix}H_2C-CH_2\\|\quad\quad|\\H_2C-CH_2\end{matrix}$ $\begin{matrix}H_2C-CH-CH_3\\\diagdown\quad\diagup\\CH_2\end{matrix}$ $(CH_3)_2 \cdot C=CH_2$

4. [構造式: o-クロロトルエン, m-クロロトルエン, p-クロロトルエン, ベンジルクロリド]   [答] 4

5. d ; H 原子の 2 置換体には，エチレンはシス形とトランス形のシス・トランス異性体（幾何異性体）が存在するが，ベンゼンには o-, m-, p- の構造異性体が存在する．

6. ① 乳酸 (h) は $CH_3-{}^*CH(OH)-COOH$ で示され，不斉炭素原子 *C が含まれ，鏡像異性体が存在する．
 ② b と d は，二重結合の両側の原子・原子団が互いに異なりシス・トランス異性体が存在する．
 ③ ギ酸エチル $HCOOC_2H_5$ (f) と酢酸メチル CH_3COOCH_3 (g) は，お互いに構造異性体の関係にある．
    [答] ① h   ② b, d   ③ f, g

7. $CH_3CH_2CH_2OH$, $CH_3CH_2OCH_3$, $CH_3\underset{\underset{OH}{|}}{CH}CH_3$ [答] 3

8. p-ニトロフェノールは，ニトロ基が電子を引き寄せる性質があるから，ベンゼン環の π 電子が引き寄せられ，パラの位置の OH 基の H が H^+ となって離れやすくなり，酸性が強くなる．

9. NH_2 基はオルト・パラ配向性（138 ページの表 6-2 参照）．   [答] [2,4,6-トリブロモアニリンの構造式]

10. (1) [トルエンのニトロ化機構: トルエン + $NO_2^⊕$ → 中間体 → o-ニトロトルエン + $H^⊕$]

 よって [トルエン + HNO_3 → o-ニトロトルエン + H_2O]

 (2) $\overset{\delta-}{CH_2}=\overset{\delta+}{CH}-\overset{\delta-}{Cl} + \overset{\delta+}{H}-\overset{\delta-}{Cl} \longrightarrow \underset{\underset{H}{|}}{CH_2}-\underset{\underset{Cl}{|}}{CH}-Cl$

(3)

$$CH_3-\overset{\overset{O^{\delta-}}{\|}}{\underset{Cl^{\delta-}}{C^{\delta+}}} + :NH_3 \longrightarrow CH_3-\overset{\overset{O^{\delta-}}{|}}{\underset{NH_3^{\delta+}}{C}}-Cl \longrightarrow CH_3-\overset{\overset{O}{\|}}{C}_{NH_2} + HCl$$

第 7 章

1. C_nH_{2n+2} よりアルカンである．$CH_3-CH_2-CH_2-CH_2-CH_3$

$$CH_3-\underset{CH_3}{\underset{|}{CH}}-CH_2-CH_3 \quad CH_3-\underset{CH_3}{\overset{CH_3}{\underset{|}{\overset{|}{C}}}}-CH_3 \quad \text{よって3種} \quad \text{［答］} \ 3\text{種}$$

2. 鎖式飽和炭化水素であるアルカンとすると，分子式は $C_{27}H_{56}$ であり，二重結合または環が一つ存在するごとに H が 2 個少なくなる．この炭化水素 1 mol に水素 1 mol が付加したことから，二重結合が一つ含まれる．よって環の数は

$$\frac{56-2-46}{2}=4\,(\text{個}) \quad \text{［答］}\ 4\text{個}$$

3. $CH\equiv CH + H_2O \longrightarrow CH_3CHO\,(\mathbf{A}) \quad CH_3CHO + (O) \longrightarrow CH_3COOH\,(\mathbf{B})$

$CH_3CHO + (H) \longrightarrow C_2H_5OH\,(\mathbf{C}) + H_2O$

$CH_3COOH + C_2H_5OH \longrightarrow CH_3COOC_2H_5\,(\mathbf{D}) + H_2O$

　　［答］　**A**；アセトアルデヒド　**B**；酢酸　**C**；エタノール　**D**；酢酸エチル

4. a. 無水硫酸銅(II) $CuSO_4$ は白色であるが，水分を吸収すると $[Cu(H_2O)_4]^{2+}$ となって青色を呈する．

b. Na を加えると，エタノールは OH 基をもつため H_2 を発生するが，エチルエーテルは OH 基をもたないので変化しない．

　　［答］　a；無水硫酸銅(II)を加えて青色になれば水を含む．

　　　　　　b；金属ナトリウムを加えて気体（水素）を発生すればエタノールを含む．

5. a. $CH_3CH_2CH_2OH$, $\underset{CH_3}{\overset{CH_3}{>}}CHOH$, $CH_3CH_2OCH_3$

b. CH_3CH_2COOH, CH_3COOCH_3, $HCOOCH_2CH_3$, $CH_2(OH)CH_2CHO$

6. 酢酸；過マンガン酸イオンの赤紫色は消えない．ギ酸；過マンガン酸イオンの赤紫色が消える．

（理由）ギ酸はアルデヒド基をもち酸化されやすい．

7. $C_nH_{2n-6}O_2$ で脂肪酸ならば $C_{n-1}H_{2n-7}COOH$ で，飽和脂肪酸は $C_mH_{2m+1}COOH$ であるから，$C_{n-1}H_{2(n-1)+1}COOH = C_{n-1}H_{2n-1}COOH$ が飽和脂肪酸である．H の数の差は $(2n-1)-(2n-7)=6$

二重結合が一つ存在するごとに H が 2 個減少するから，二重結合の数は $\dfrac{6}{2}=3\,(\text{個})$　　［答］　3個

8. (1) エステルであるから $HCOOCH_3$. (2) アルコールでアルデヒド基をもつから $OHCCH_2OH$.

(3) カルボン酸であるから CH_3COOH.

　　［答］　(1) ギ酸メチル　(2) グリコールアルデヒド（ヒドロキシアセトアルデヒド）　(3) 酢酸

9. ［答］　3種

10.

[答] 5種

11. メタン—b　エチレン—c　ベンゼン—d, e

12. A：塩酸を加えるとアニリンは，アニリン塩酸塩となって水に溶ける．

$C_6H_5NH_2 + HCl \longrightarrow C_6H_5NH_3Cl$

B：アニリン塩酸塩の水溶液に，水酸化ナトリウム水溶液を加えると，アニリンが遊離する．

$C_6H_5NH_3Cl + NaOH \longrightarrow C_6H_5NH_2 + NaCl + H_2O$

C：水酸化ナトリウム水溶液を加えると，サリチル酸がナトリウム塩となって水に溶ける．

$C_6H_4(OH)COOH + 2NaOH \longrightarrow C_6H_4(ONa)COONa + 2H_2O$

D・E：サリチル酸のナトリウム塩に塩酸を加えると，サリチル酸が遊離する．

$C_6H_4(ONa)COONa + 2HCl \longrightarrow C_6H_4(OH)COOH + 2NaCl$

F・G：エチルエーテルとトルエンの混合物を蒸留すると，沸点の低いエチルエーテルが低沸点留分に得られる．

[答]　A—塩酸，B—水酸化ナトリウム，C—水酸化ナトリウム，D—塩酸，E—サリチル酸，
F—エチルエーテル，G—トルエン

第 8 章

1. けん化価は，油脂 1 g をけん化するのに要する KOH の mg 数であり，油脂 1 mol をけん化するのに KOH は 3 mol 要するから，この油脂（グリセリド）の分子量は，KOH = 56 より，$\dfrac{3 \times 56 \times 10^3}{191} \fallingdotseq 880$

ヨウ素化は，油脂 100 g に付加するヨウ素の g 数であり，油脂 1 mol に付加する I_2 の物質量は，油脂 1 分子中の二重結合の数に等しいから，この油脂（グリセリド）1 分子中に含まれる二重結合の数は，$I_2 = 254$ より $\dfrac{174}{254} \times \dfrac{880}{100} \fallingdotseq 6$（個）

脂肪酸中の不飽和結合が二重結合のみで，かつ 1 種類の脂肪酸からなる油脂であるから，脂肪酸 1 分子中の二重結合の数は $\dfrac{6}{3} = 2$（個）

[答]　分子量；880，二重結合の数；2 個

2. 反応した KOH の質量は，KOH = 56 より

$56 \times \dfrac{0.5 \times (30 - 21.6)}{1000} = 0.2352$ (g)

よって，けん化価は $0.2352 \times \dfrac{1}{1.2} \times 10^3 = 196$

要する NaOH の質量は，NaOH = 40 より

$70 \times 10^3 \times 0.196 \times \dfrac{40}{56} \times \dfrac{100}{98} = 10 \times 10^3$ (g) $= 10$ (kg)

[答]　けん化価；196　NaOH；10 kg

3. $22.4 \times \dfrac{112 \times 2000/100}{254} \fallingdotseq 197.5\,(\mathrm{L})$ 　［答］　198 L

4. フェーリング溶液を還元するのは単糖類と，スクロースを除く二糖類である．　［答］　b，d

5. グリコーゲン，デンプン，デキストリンを加水分解すると，マルトースを経てグルコースが生じる．スクロースを加水分解すると，グルコースとフルクトースが生じる．　［答］　b，e

6. マルトース 1 mol から $\mathrm{Cu_2O}$ 1 mol が生じる．$\mathrm{Cu_2O} = 143$ より，生じた $\mathrm{Cu_2O}$ の物質量は

   $\dfrac{0.715}{143} = 0.005\,(\mathrm{mol})$ 　$\mathrm{C_{12}H_{22}O_{11}} = 342$ より，マルトースの質量は $342 \times 0.005 = 1.71\,(\mathrm{g})$

   よって，混合物中の % は $\dfrac{1.71}{3.42} \times 100 = 50\,(\%)$ 　スクロースの % も 50 %　［答］　50 %

7. $2\,\mathrm{NH_2CH_2COOH} \longrightarrow \mathrm{H_2NCH_2CONHCH_2COOH} + \mathrm{H_2O}$

8. (1) $\begin{array}{l}\mathrm{CH_2-COOH}\\ \mathrm{CH_2-CH-COOH}\\ \quad\quad\;\;|\\ \quad\quad\;\;\mathrm{NH_2}\end{array} \longrightarrow \begin{array}{l}\mathrm{CH_2-COO^-}\\ \mathrm{CH_2-CH-COO^-}\\ \quad\quad\;\;|\\ \quad\quad\;\;\mathrm{NH_3^+}\end{array} + \mathrm{H^+}$ 　　(2) $\begin{array}{l}\mathrm{CH_2COONa}\\ \mathrm{CH_2-CH-COO^-}\\ \quad\quad\;\;|\\ \quad\quad\;\;\mathrm{NH_3^+}\end{array}$

9. ビタミンは生物が自ら合成できないが，ホルモンは自ら合成できる．

10. 脂肪は，高級脂肪酸とグリセリンからなるエステルである．　［答］　a

11. e：$n\,\mathrm{CH_2{=}CH} \xrightarrow{\text{付加重合}} {\large(}\mathrm{CH_2{-}CH}{\large)}_n$
    　　　　　$\;\;\;|$　　　　　　　　　　　　　$\;\;\;|$
    　　　　　$\mathrm{OCOCH_3}$　　　　　　　　　$\mathrm{OCOCH_3}$
    　　　　　酢酸ビニル　　　　　　　　　　　ポリ酢酸ビニル

    $\mathrm{CH_2{=}CHOCOCH_3} + \mathrm{H_2O} \xrightarrow{\text{加水分解}} \mathrm{CH_3CHO} + \mathrm{CH_3COOH}$

    　　［答］　e

索　引

ア
RNA　171
IUPAC　7
アインシュタイン　14
アクアイオン　116
アクチノイド　100
アクリル樹脂　180
アクロレイン　146
アジピン酸　177
アスコルビン酸　175
アスピリン　157
アセチルサリチル酸　157
アセチレン　128,143
アセチレン系炭化水素
　　140,143
アセテート　176
アセトアニリド　155
アセトアルデヒド
　　143,146,148,149
アセトフェノン　157
アセトン　148
圧平衡定数　83
アドレナリン　174
アニリン　155
アニリン塩酸塩　155
アニリンブラック　156
油　159
アボガドロ　3
　　——の分子説　3
　　——の法則　8
アボガドロ数　8
アボガドロ定数　7
アミド　155
アミド結合　155,177
アミノ酸　168
アミロース　165
アミロペクチン　165
アミン　154
アモルファスシリコン
　　105
アラバン　163
アラビノース　163
アリルアルコール　144
アルカリ性　88
アルカロイド　172
アルカン　140,141
アルキル基　141

アルキン　140,143
アルケン　140,142
アルコール　144
アルコール発酵　163
アルコキシド　145
アルコラート　145
アルデヒド　146
α-アミノ酸　168
α壊変　20
α線　20
アレニウス　6,86
　　——の酸・塩基　86
　　——の式　75
安息香酸　151,156
アントラセン　151
アンドロステロン　173
アンミン錯イオン　117

イ
EDTA　118
硫黄　103
イオン　6
イオン価　6
イオン化エネルギー　26
イオン化傾向　93
イオン化列　109
イオン結合　28
イオン結晶　55,65
イオン交換樹脂　179
イオン半径　28
イオン反応（有機化合物
　　の）　134
異性体　131
　　位置——　132
　　幾何——　133,142
　　鏡像——　132
　　光学——　132
　　構造——　131
　　シス・トランス——
　　　　133,142
　　立体——　132
　　連鎖——　131
イソプレン　181
1次反応　72
イヌリン　163
陰イオン　6
インゴルド　138

陰性元素　9
インデン　151

ウ
ウェーラー　126
ウォルトン　23
運動量　50

エ
永久双極子　40
エーテル　136,145
液体　46,53
　　——の溶解度　56
液体空気　103
エステル　135,150
エステル化　135,152
s電子　15
エストロン　174
sp混成軌道　33
sp²混成軌道　33
sp³混成軌道　32
エタノール　146
エタン　127,141
エチルベンゼン　151
エチルメチルケトン　146
エチレン　128,142,179
エチレングリコール
　　144,177
エチレン系炭化水素
　　140,142
エフェドリン　172
f電子　15
エボナイト　182
塩基　86
塩基性　88
塩橋　93
鉛室法　77
塩析　64
エンタルピー　78
エントロピー　80
塩の加水分解　88

オ
王水　121
オーキシン　174
オキシム　147,162
オキソ酸　106

オクタン価　144
オストワルド　62
オゾン　102

カ
開環重合　177
『懐疑的化学者』　1
会合コロイド　63
界面活性　65
界面活性剤　65,161
解離エネルギー　34
化学式量　7
化学平衡　81
　　——の法則　82
可逆反応（可逆過程）　80
架橋構造　182
核酸　171
核種　5
核反応　24
核反応式　24
核分裂　23
化合物　2
ガスクロマトグラフィー
　　129
活性化エネルギー　75
活性化状態　76
活性錯体　75
活性炭　62
活性部位　170
果糖　163
カフェイン　173
カプロラクタム　177
紙　175
ガラクタン　163
ガラクトース　163
カリウス法　130
加硫　182
カルバクロール　153
カルボキシ（ル）基　148
カルボニル基　146
カルボン酸　148
カロザース　182
還元　92
還元剤　95
環式化合物　127
緩衝液（緩衝溶液）　90
乾性油　160

索　引　199

官能基　135
γ線　20
カンラン石　114

キ

気液平衡　53
幾何異性体　133,142
希ガス　101
ギ酸　149
キサントプロテイン反応　168
基質　170
キシラン　163
キシレン　151,152
キシロース　163
輝石　114
キセロゲル　65
気体　46,48
　──の状態方程式　48
　──の溶解度　56
気体定数　49
気体反応の法則　3
気体分子運動論　49
気体溶解の法則　57
起電力　93
キニン　172
希薄溶液　57
　──の性質　57
ギブズの自由エネルギー　80
吸着　62
吸熱反応　77
キュリー夫妻　20
凝固点　47
凝固点降下度　59
共重合　182
凝析　63
鏡像異性体　132
共役　87
共有結合　30
　──の結晶　65,67
共有結合半径　35
共有電子対　30
極性　38
極性分子　38
巨大分子　66
キレート　118
キレート滴定　118
均一触媒　77
銀鏡反応　147
金属イオン　119
　──の検出　122
　──の分属　119
　──の分離　120
金属結合　42
金属結晶　66,68
金属元素　9,98
金属性　9
金属のイオン化列　109

ク

クーロン力　28
グッタペルカ　181
クメン法　148,152
クラーク数　102
クラッキング　143
グリコーゲン　165
グリコシド結合　164
グリシン　168
グリセリド　159
グリセリン　144,146
グルコース　162
クルックス　3
グルベリ　82
グレアム　61
クレゾール　152,153,159
クロロフィル　118
クロロプレンゴム　182

ケ

ケイ素　105
ゲーリュサック　3
ケクレ　128
結合エネルギー　34
結合角　35
結合距離　34
結合性軌道　31
ケトン　146
ケラチン　175
ゲル　65
ケルダール法　129
けん化　150,160
けん化価　160
原子　2
　──の構造　3
原子核　3
　──の壊変　20
原子質量　7
原子質量単位　7
原子番号　4
　──の決定法（モーズリーの方法）　4
原子量　7
　──の基準の変遷　7
元素　1
　──の周期表　8

　──の周期律　8
元素分析　129

コ

銅　110
光学異性体　132
硬化油　161
高級（高位）脂肪酸　148
高次構造（タンパク質の）　167
甲状腺ホルモン　174
合成ゴム　182
合成樹脂　178
合成繊維　177
合成洗剤　161
酵素　170
酵素-基質複合体　170
構造異性体　131
硬軟酸塩基（HSAB）　121
黒鉛　34,67,104
国際純正応用化学連合（IUPAC）　7
固体　46
　──の溶解度　55
コッククロフト　23
互変異性　132
ゴム　181
孤立電子対　30
ゴルトシュタイン　3
コロイド　61
コロイド粒子　61
コロジオン　166
混合物　2
混成　32
混成軌道　32

サ

再結晶　56
再生繊維　176
錯イオン　114
　──の呼び方　116
錯塩　114
酢酸　149
錯体　114
鎖式化合物　127
サリチル酸　157
サリチル酸メチル　157
酸　86
酸・塩基反応　86
酸化　91
酸化還元滴定　95
酸化還元反応　92
酸化剤　95

酸化数　11,92
酸化反応（ベンゼン環の）　151
三重点　54
酸性酸化物　107
酸素　102
酸素酸　106

シ

ジアゾ化　155
シアニド錯イオン　117
シアン酸アンモニウム　126
ジエチルケトン　146
ジエン　140
脂環式化合物　127
式量　7
磁気量子数　15
σ結合　31,127
シクロアルカン　140
シクロヘキサノール　144
自己プロトリシス定数　88
シス・トランス異性体　133,142
シス形　134
実験式　130
実在気体　51
質量作用の法則　82
質量数　4
質量分析器（計）　5,6
質量保存の法則　2
脂肪　159
脂肪酸　148,159
脂肪族アミン　155
脂肪族化合物　127,144
ジャモン石　114
シャルル　48
自由エネルギー　80
周期表　9
周期律　9
自由電子　42
縮合　147
縮合重合　164,177
ジュマ法　129
主量子数　14,15
シュレーディンガー　4,15
シュワイツァー試薬　176
純物質　2
昇位　32
昇華　47
蒸気圧　47,53
硝酸セルロース　166
状態図　54

索引

状

状態方程式　48, 52
蒸発　47
蒸発熱　47
触媒　76
植物成長ホルモン　174
女性ホルモン　174
ショ糖　163
ジョリオ・キュリー夫妻　23
シラン　106
人工放射性核種　23
親水コロイド　63
浸透　59
浸透圧　59

ス

水素結合　41
水溶液　54
水和　55
水和イオン　55
スクロース　163
スチレン　151, 179, 182
スチレン・ブタジエンゴム　182
スピン量子数　16

セ

正コロイド　63
石油　143
赤リン　104
セッケン　64, 161
絶対温度　48
セルロイド　166
セルロース　165
セロハン　176
セロビオース　163, 165
繊維　175
遷移元素　10, 100
銑鉄　110

ソ

双極子モーメント　39
双性（両性）イオン　168
族　98
速度式　72
速度定数　72
疎水コロイド　63
ソディ　21
素反応　73
ゾル　65
ゾンマーフェルト　14

タ

第一級（〜第三級）アミン　155
第一級（〜第三級）アルコール　145
対掌体　133
体心立方格子　68
ダイヤモンド　67, 104
多段階反応　73
脱離反応　138
多糖類　164
ダニエル電池　93
炭化水素　140
炭水化物　161
弾性衝突　49
男性ホルモン　173
炭素　104
炭素繊維　178
単体　2
単糖類　162
タンパク質　166
　――の高次構造　167
　――の合成　172
　――の変性　167

チ

チアミン　175
置換基　138
置換反応　135, 136, 137, 151
地球温暖化　107
窒素　103
チモール　153
チャドウィック　3
中性子　3
チロキシン　174
チンダル現象　62

テ

定圧反応熱　78
DNA　171
d 電子　15
低級アルコール　150
低級脂肪酸　150
定比例の法則　2
定容反応熱　78
デオキシリボース　171
デオキシリボ核酸　171
デキストリン　165
テストステロン　173
デバイ　39
デベライナー　8
テレフタル酸　156, 177

転移点　103
転化糖　164
電気陰性度　37
電気泳動　63
電気素量　4
電気分解（電解）　111
典型元素　10, 99
電子　3
電子雲　15
電子親和力　27
電子配置　18
天然ゴム　181
天然繊維　175
デンプン　164
電離定数　85, 89
電離度　61, 85

ト

ド・ブロイ　14
銅アンモニアレーヨン　176
同位体　5
投影式　133
透析　63
同族体　141
同素体　103
等電点　168
糖類　161
特性 X 線　4
トムソン　3
トランス形　134
トリニトロトルエン　154
トルイジン　156
トルエン　152
ドルトン　2, 7
　――の原子説　2

ナ

内遷移元素　100
内部エネルギー　78
ナイロン　177
ナフサ　143
ナフタレン　152
ナフトール　153
生ゴム　181

ニ，ヌ

2 価フェノール　153
ニコチン　172
2 次反応　72
二重らせん構造　171
二乗平均速度　50
二糖類　163

ニトリル・ブタジエンゴム　182
ニトロ基　154
ニトログリセリン　146
ニトロセルロース　166
ニトロベンゼン　137, 154
乳化（作用）　64, 161
乳濁液　64
乳糖　163
ニューランズ　8
尿素樹脂　180
ニンヒドリン反応　168
ヌクレオチド　171

ネ

熱化学方程式　78
熱可塑性合成樹脂　178, 179
熱硬化性合成樹脂　178, 180
熱力学第一法則　79
年代測定　22

ノ

濃度平衡定数　82
ノッキング　144
ノボラック　180

ハ

ハーバー‐ボッシュ法　106
配位化合物　114
配位結合　33
配位子　114
配位数　114
π 結合　31, 128
配向性　138
倍数比例の法則　2
パイロキシリン　166
パウリの排他原理　16
麦芽糖　163
白リン（黄リン）　104
白金黒　94
発酵　163
パッシェン系列　12, 14
発熱反応　77
パルプ　175
バルマー系列　11, 14
ハロゲン元素　101
半金属　99
反結合性軌道　31
半減期　21
半合成繊維　176
半電池　93

索引 201

半導体 69
半透膜 60
反応速度 71
反応熱 77

ヒ
ピアソン 121
pH 88
p電子 15
ビウレット反応 167
非共有電子対 30
非金属元素 9, 98
非金属性 10
非金属単体 101
ピクリン酸 154
非晶質 69
ビスコースレーヨン 176
ビタミン 174
ピッチブレンド 20
ヒドロキシ基 144
ヒドロキシ酸 149
ヒドロキシド錯イオン 117
ヒドロキシルアミン 162
ヒドロキノン 152, 153
ビニロン 177
標準水素電極 94
標準電極電位 94
氷晶石 111
表面活性 65
表面活性剤 65, 161
ピロカテキン 153
ピロガロール 152, 153

フ
ファヤンス 21
ファラデー 6
ファンデルワールスの
　状態方程式 52
ファンデルワールス力 40
ファント・ホッフ 60
フィッシャー 133
フィブロイン 175
フェーリング溶液 147
フェニル基 155
フェノール 137, 152
フェノール樹脂 180
フェノール類 152
付加重合 143, 178
不活性ガス 101
付加反応 138, 151
不乾性油 160
不均一触媒 77

複合タンパク質 166, 167
副腎ホルモン 174
複製 172
負コロイド 63
不斉炭素原子 132
ブタジエン 151, 182
フタル酸 156
物質の三態 46
物質量 7
沸点 47
沸点上昇度 59
ブドウ糖 162
不飽和結合 127
不飽和脂肪酸 159
不飽和炭化水素 140
不飽和度 160
浮遊選鉱（浮選） 110
フラーレン 104
ブラウン運動 62
ブラケット系列 12, 14
プラスチック 178
ブラッグ 4
プランク 12
プランク定数 12
プルースト 2
フルクトース 163
プレーグル法 130
ブレンステッドの酸・塩基 87
プロゲステロン 174
分散コロイド 63
分散質 61
分散相 61
分散媒 61
分子 3
分子間力 37, 40
分子軌道 30
分子結晶 65, 66
分子コロイド 63
分子量 7
プント系列 14
フントの法則 17
分配の法則 56
分配比 56

ヘ
平衡移動の原理 83
平衡定数（濃度平衡定数） 82
ベークライト 180
β壊変 21
β線 20
ヘキサメチレンジアミン 177
ヘキサン 151
ヘキソース 162
ベクレル 20
ヘスの法則 78
PET 177
ペッファー 60
ペプチド結合 167
ヘミアセタール構造 162
ヘム 118
ヘモグロビン 166
ヘモシアニン 166
ベルセリウス 3, 7
ヘルムホルツの
　自由エネルギー 80
変位法則（放射性元素の） 21
ベンジルアルコール 144, 157
ベンズアルデヒド 146, 157
変性（タンパク質の） 167
ベンゼン 128, 152
ベンゼンスルホン酸 151
ベンゼンヘキサクロリド 151
ペントース 162, 163
ペンタン 164
ヘンリーの気体溶解の法則 57

ホ
ボイル 1, 48
ボイル-シャルルの法則 48
ボイル油 160
方位量子数 15
芳香族アミン 155
芳香族アルデヒド 157
芳香族化合物 127, 136, 152
芳香族カルボン酸 156
芳香族炭化水素 140, 150
芳香族ニトロ化合物 154
放射性核種 22
膨潤 65
飽和結合 127
飽和脂肪酸 159
飽和蒸気圧 47
飽和炭化水素 140
飽和溶液 55
ボーア 4, 12
ボーデ 82

ポーリング 32, 37
保護コロイド 64
ポリアクリロニトリル 178
ポリイソプレン 181
ポリエステル 177
ポリエチレン 179
ポリエチレンテレフタラート 177
ポリ塩化ビニル 179
ポリスチレン 179
ポリヌクレオチド 171
ポリプロピレン 178
ポリペプチド 167
ポリマー 177
ホルムアルデヒド 146, 148
ホルモン 173

マ
マイヤー 9
マリケン 37
マルコフニコフ則 143
マルトース 163

ミ
水のイオン積 88
水の特性 41
ミセル 63
ミセルコロイド 63
ミロン反応 168

ム
無機化合物 126
無極性分子 38
無水フタル酸 156
無定形炭素 104

メ
メタクリル樹脂 180
メタノール 145
メタン 127, 141
メタン系炭化水素 140, 141
メチルナフタレン 151
メラミン樹脂 180
面心立方格子 68
メンデレーエフ 9

モ
モーズリー 4
モノマー 177
モル（mol） 7

モル凝固点降下　59
モル質量　7
モル体積　8
モルヒネ　173
モル沸点上昇　59
モル分率　58

ヤ，ユ

冶金　110
融解　47
融解熱　47
有機化合物　126
有機体　126
融点　47
遊離基　74, 134
遊離基反応　134
油脂　159

ヨ

陽イオン　6
溶液　54
溶解度　55
溶解度曲線　56
溶解度積　85
溶解平衡　55
陽子　3
溶質　54
陽性元素　9
ヨウ素価　160
ヨウ素デンプン反応　165
溶媒　54
溶融塩電解　111

ラ

ライマン系列　12, 14
ラウールの法則　58
ラウリルアルコール　144
ラクトース　163
ラザフォード　3, 20
ラジカル　74, 134
ラジカル反応　134
ラセミ体　133
ラテックス　181
ラボアジェ　1
乱雑さ　80
ランタノイド　100
ランタノイド収縮　100

リ

理想気体　48
　——の状態方程式　48
律速段階　73
立体異性体　132
リフォーミング　144
リボース　171
リボ核酸　171
リボフラビン　175
リュードベリ　12
リュードベリ定数　12
量子数　14
リン　104
臨界点　54

ル

ル・シャトリエの平衡移動
　の原理　83
ルイスの酸・塩基　121

レ

励起状態　32
レーヨン　176
レゾール　180
レゾルシン　153
連鎖異性体　132
連鎖反応　74
レントゲン　20

ロ

ローリー　87
六方最密構造　68
ロビンソン　138

著者略歴

長島弘三
(ながしまこうぞう)

1947 年	東京帝国大学理学部化学科卒業
1951 年	東京農工大学助教授
1959 年	東京大学教養学部助教授
1963 年	東京大学理学部助教授
1966 年	東京教育大学理学部教授
1976 年	筑波大学化学系教授
1985 年	逝去

富田 功
(とみた いさお)

1956 年	東京大学理学部化学科卒業
1958 年	東京大学理学部助手
1968 年	東京教育大学理学部助教授
1977 年	筑波大学化学系助教授
1978 年	東京水産大学水産学部教授
1986 年	お茶の水女子大学理学部教授
1998 年	お茶の水女子大学名誉教授

一 般 化 学 (四訂版)

1977 年 1 月 30 日	第 1 版	発行
1991 年 3 月 30 日	改訂 第 19 版	発行
2007 年 1 月 5 日	三訂 第 42 版	発行
2015 年 1 月 30 日	第 45 版 7 刷発行	
2016 年 11 月 15 日	四訂 第 46 版 1 刷発行	
2021 年 2 月 25 日	第 49 版 1 刷発行	
2025 年 1 月 25 日	第 49 版 3 刷発行	

検 印 省 略

定価はカバーに表示してあります.

著作者　　長島弘三
　　　　　富田　功

発行者　　吉野和浩

発行所　　東京都千代田区四番町8-1
　　　　　電　話　03-3262-9166(代)
　　　　　郵便番号 102-0081
　　　　　株式会社　裳 華 房

印刷所　　横山印刷株式会社
製本所　　牧製本印刷株式会社

一般社団法人
自然科学書協会会員

JCOPY 〈出版者著作権管理機構 委託出版物〉
本書の無断複製は著作権法上での例外を除き禁じられています. 複製される場合は, そのつど事前に, 出版者著作権管理機構 (電話03-5244-5088, FAX03-5244-5089, e-mail:info@jcopy.or.jp) の許諾を得てください.

ISBN 978-4-7853-3511-3

© 長島弘三, 富田　功, 1977/1991/2007/2016　Printed in Japan

化学ギライにささげる 化学のミニマムエッセンス

車田研一 著　Ａ５判／212頁／定価 2310円（税込）

大学や工業高等専門学校の理系学生が実社会に出てから現場で困らないための，"少なくともこれだけは身に付けておきたい"化学の基礎を，大学入試センター試験の過去問題を題材にして懇切丁寧に解説する．

【主要目次】0．はじめに　1．化学結合のパターンの"カン"を身に付けよう　2．"モル"の計算がじつはいちばん大事！　3．大学で学ぶ"化学熱力学"の準備としての"熱化学方程式"　4．酸・塩基・中和　5．酸化・還元は"酸素"とは切り分けて考える　6．電気をつくる酸化・還元反応　7．"とりあえずこれだけは"的有機化学　8．"とりあえずこれだけは"的有機化学反応　9．センター化学にみる，"これくらいは覚えておいてほしい"常識

化学サポートシリーズ
化学をとらえ直す －多面的なものの見方と考え方－

杉森　彰 著　Ａ５判／108頁／定価 1870円（税込）

「無機」「有機」「物理」など，それぞれの講義で学ぶ個別の知識を本当の"化学"的知識とするためのアプローチと，その過程で見えてくる自然の姿をめぐるオムニバス．

【主要目次】1．知識の整理には大きな紙を使って表を作ろう －役に立つ化学の基礎知識とは－　2．いろいろな角度からものを見よう －酸化・還元の場合を例に－　3．数式の奥に潜むもの －化学現象における線形性－　4．実験器具は使いよう －実験器具の利用と新らしい工夫－　5．実験ノートのつけ方 －記録は詳しく正確に．後からの調べがやさしい記録－

物理化学入門シリーズ
化学のための数学・物理

河野裕彦 著　Ａ５判／288頁／定価 3300円（税込）

化学系に必要となる数学・物理の事項をまとめた参考書．背景となる数学・物理を適宜習得しながら，物理化学の高みに到達できるよう構成した．

【主要目次】1．化学数学序論　2．指数関数，対数関数，三角関数　3．微分の基礎　4．積分と反応速度式　5．ベクトル　6．行列と行列式　7．ニュートン力学の基礎　8．複素数とその関数　9．線形常微分方程式の解法　10．フーリエ級数とフーリエ変換 －三角関数を使った信号の解析－　11．量子力学の基礎　12．水素原子の量子力学　13．量子化学入門 －ヒュッケル分子軌道法を中心に－　14．化学熱力学

化学英語の手引き

大澤善次郎 著　Ａ５判／160頁／定価 2420円（税込）

長年にわたり「化学英語」の教育に携わってきた著者が，「卒業研究などで困ることのないように」との願いを込めて執筆した．手頃なボリュームで，講義・演習用テキスト，自習用参考書として最適．

【主要目次】1．化学英語は必修　2．英文法の復習　3．化学英文の訳し方　4．化学英文の書き方　5．元素，無機化合物，有機化合物の名称と基礎的な化学用語　付録：色々な数の読み方

裳華房ホームページ　https://www.shokabo.co.jp/